应急管理系列丛书

苏国锋 ◎ 主编

# 典型火灾事故案例50例

## （2010—2020）

米文忠 ◎ 主编

U0318766

应急管理出版社

·北 京·

**图书在版编目（CIP）数据**

典型火灾事故案例50例：2010—2020 / 米文忠主编.
--北京：应急管理出版社，2021

（应急管理系列丛书/苏国锋主编）

ISBN 978 - 7 - 5020 - 9031 - 9

I.①典… Ⅱ.①米… Ⅲ.①火灾事故—案例—中
国—2010-2020 Ⅳ.①X928.7

中国版本图书馆CIP数据核字（2021）第223901号

典型火灾事故案例50例（2010—2020）

| | |
|---|---|
| 丛书主编 | 苏国锋 |
| 主　　编 | 米文忠 |
| 责任编辑 | 罗秀全　郭玉娟 |
| 责任校对 | 邢蕾严 |
| 封面设计 | 天丰晶通 |

出版发行　应急管理出版社（北京市朝阳区芍药居35号　100029）
电　　话　010-84657898（总编室）　010-84657880（读者服务部）
网　　址　www.cciph.com.cn
印　　刷　北京盛通印刷股份有限公司
经　　销　全国新华书店
开　　本　710mm×1000mm $\frac{1}{16}$　印张　28 $\frac{3}{4}$　字数　480千字
版　　次　2022年1月第1版　2022年1月第1次印刷
社内编号　20211282　　　定价　128.00元

# 《典型火灾事故案例50例
## （2010—2020）》

# 编 委 会

**学术顾问**

范维澄　中国工程院院士，清华大学公共安全研究院院长

闪淳昌　国务院应急管理专家组组长，国家减灾委专家委员会副主任，教授

薛　澜　清华大学苏世民书院院长，清华大学文科资深教授

袁宏永　清华大学公共安全研究院副院长，教育部"长江学者"特聘教授

申世飞　清华大学公共安全研究院副院长，教授

**编委会主任**

苏国锋　清华大学公共安全研究院首席研究员

　　　　教育部公共安全与应急管理工程研究中心主任

**编委会委员**

陈　涛　清华大学工程物理系副主任，研究员

黄全义　清华大学公共安全研究院总工程师，研究员

刘文革　应急管理部信息研究院副院长，教授级高级工程师

郭　清　中国人民财产保险公司高级工程师

陈　涛　清华大学公共安全研究院研究员
疏学明　清华大学公共安全研究院副研究员
梁光华　清华大学合肥公共安全研究院副院长，研究员

**主　　编**　米文忠
**副主编**　吴　博　刘　澍
**编审人员**　李　刚　马艳锋　周　扬　魏　娜　许　欢　王　宇
　　　　　　刘志宏　于　龙　董　淳　赵富胜　刘　璇　殷松峰
　　　　　　李长征　徐　国　张　辉　刘　卫　刘　成　周　洋
　　　　　　彭　博　权　威

# 序
## PREFACE

　　当前，我国正在大力推进应急管理体系和能力现代化，强调加强源头管控和精细化治理，这迫切要求我们用科研视角聚焦灾害事故发生机理、演变规律，从管理、技术、文化等不同维度进行全面、深入、系统的研究，切实由表及里找准深层次问题与薄弱环节，提出操作性强的意见与建议，为国家治理能力现代化建言献策，为企业改进安全管理和技术装备提供依据，为广大社会公众的科普教育提供素材。

　　火灾严重威胁人民生命财产安全。开展典型火灾事故案例研究和宣传，是以问题为导向提升消防安全意识和能力的重要途径。本书收集了近10年来具有较大影响的典型火灾事故案例，从发生场所、发生原因等不同维度梳理、分析、总结了同类火灾事故的共性规律及特点，剖析了典型火灾事故中的问题和教训，扩展阅读援引了相关消防法规标准规范等。本书内容丰富，图文并茂，警示作用强，可供社会单位、保险公司相关人员阅读，也可供应急、消防、住建、公安等相关部门人员以及大专院校师生参阅。本书的出版发行，对于社会各方面深刻认识和理解火灾风险，避免和减少火灾事故造成的危害，保障人民生命安全，将起到积极的推动作用。

2022 年 1 月 5 日

# 前 言
## FOREWORD

消防安全是社会公共安全和国家应急救援体系的重要组成部分，是一项事关全民安全的重要工作，是建设平安中国的一项重要内容。习近平总书记先后在一系列讲话中提出"不可逾越的红线"（就做好安全生产工作作出的指示，2013年6月6日）、"把人民群众生命安全放在第一位"（在听取青岛黄岛经济开发区东黄输油管线泄漏引发爆燃事故情况汇报时的讲话，2013年11月24日）、"坚决遏制重特大公共安全事故"（在中央政法工作会议上的讲话，2014年1月7日）、"党政同责、一岗双责、失职追责"（关于做好安全生产工作的批示，2015年8月15日、2016年10月30日）、"加快健全公共安全体系"（在十八届中央政治局第二十三次集体学习时的讲话，2015年5月29日）、"把公共安全放在贯彻落实总体国家安全观中来思考，放在推进国家治理体系和治理能力现代化中来把握"（在十八届中央政治局第二十三次集体学习时的讲话，2015年5月29日）等重要理念和要求，党对公共安全的定位，已然从最初的保护群众生命财产安全的基本要求上升到推进国家治理能力现代化的高度。

随着党和国家不断加强对消防工作的领导，全国消防安全大环境持续向好，全国专业消防力量和防控体系不断加强，重特大恶性火灾事故得到了有效遏制。但是，也应当看到，我国火灾总量依然较大，火灾防控压力仍在不断增加。从传统风险看，老旧商住混合体、"多合一"场所、群租房等火灾隐患多，高层建筑、地下空间、大型商业综合体、化工企业等火灾风险较高；从新风险看，剧本杀、密室逃脱类场所及大型婚纱摄影城等先天性火灾隐患多，锂电、氢能、光伏等新能源火灾风险突出。从近年来火灾形势看，天然气泄漏、高层建筑、大型仓储物流场所等火灾爆炸事故呈增长态势，自建房、彩钢板房、外墙保温材料等时常发生有影响的火灾。因此，火灾防控丝毫不能松懈麻痹。

为了汲取火灾事故教训，避免火灾事故发生，为广大机关、团体、企业、事业单位提供相应指导，编者通过收集、总结全国2010—2020年有代表性的火灾事故，在已经公布的调查报告和相关学术论文基础上，按照事故概况、事故经过、事故原因和责任追究等要素，分析、归纳不同类型火灾事故的经验教训，并邀请业内专家、学者就每个入选案例进行点评，提出了火灾事故预防、处置的意见和建议，形成《典型火灾事故案例50例（2010—2020）》一书。

本书主要面向广大社会单位，可以为机关、团体、企业、事业单位的消防安全责任人、管理人吸取火灾事故教训，总结消防安全管理经验提供借鉴，也可以作为相关行业监管部门的参考资料，亦可以作为消防安全宣传教育参考书目。为了增加可读性，本书还在每个典型案例后开辟了"扩展阅读"专栏，通过专栏有针对性地介绍与典型案例有关的消防安全常识，并且列出与典型案例有关的法律、法规、技术规范、标准和规范性文件，便于读者能够"按图索骥"，根据我们列出的参考资料快速查找有关具体规定，为做好本行业、本单位的消防安全工作提供技术支撑。编者在选取典型案例时力争使同类案例有不同侧重；专家在点评时也尽量从不同角度、不同侧面进行解读、剖析和点评，使得同类案例能够给读者呈现出多样化的信息。

在本书编写过程中，苏国锋、米文忠、吴博、刘澍等精心设计大纲，确定思路、方向，确定结构、内容，并认真推敲，对全书的科学性、可读性作出了贡献。徐国、魏娜、许欢、马艳锋、李刚、刘志宏、张辉等专家提出了很好的意见与建议。参加编写的各位专家分别从各自研究和工作领域出发，对案例进行了剖析和点评。案例16、18、19、32、34主要由王宇、刘志宏点评；案例6、8、33、40、43、44主要由李刚、周扬点评；案例9、12、20、23、24、26、28主要由于龙、彭博点评；案例2、3、15、17、25、27、41、42主要由董淳、周洋点评；案例13、14、47、48、49主要由刘璇、权威点评；其余案例由吴博点评。各部分导读由米文忠、吴博、刘澍、殷松峰、李长征、赵富胜、刘璇、刘卫、刘成统计、编写。附录、后记由吴博编写。全书案例收集、材料整理工作由吴博、赵富胜完成。统稿由米文忠、吴博、马艳锋、李刚完成。

因编者能力有限，疏漏和不妥之处在所难免，敬请广大读者批评指正。引文如有疏漏、不全的，并非本意，一并表示歉意。

编 者

2021年12月31日

# 目 录
CONTENTS

**第八部分 典型电气火灾事故**

**第九部分 典型电动车火灾事故**

# 第一部分

## 典型公众聚集场所火灾事故

按照《中华人民共和国消防法》附则规定，公众聚集场所是指宾馆、饭店、商场、集贸市场、客运车站候车室、客运码头候船厅、民用机场航站楼、体育场馆、会堂以及公共娱乐场所等。公众聚集场所的火灾特点，总体来说主要有以下几个方面。

一是火灾导致人员伤亡大。如1994年新疆克拉玛依友谊宾馆火灾造成325人死亡；2000年河南洛阳东都商厦火灾造成309人死亡；2017年江西南昌红谷滩新区唱天下量贩式休闲会所火灾造成10人死亡，13人受伤；2018年黑龙江哈尔滨松北区北龙汤泉休闲酒店有限公司火灾造成20人死亡，23人受伤。

二是可燃装修多、火灾荷载大，扑救难度大。如2008年新疆德汇国际批发市场火灾，扑救近30小时，造成3名消防官兵牺牲、2名群众遇难，直接财产损失高达3亿元；2015年黑龙江哈尔滨道外区北方南勋陶瓷大市场火灾，扑救过程中起火建筑多次坍塌，造成5名消防员牺牲、14人受伤。

三是火灾诱因多，电气火灾占比高。电气火灾在公众聚集场所火灾中破坏性最大，起数和亡人数量最多，远超其他火灾原因类型引发火灾事故数量和死亡人数。

公众聚集场所各类照明灯具、灯饰及LED显示屏、电梯、空调等电气设备众多，电气设备载荷大，连续工作时间长，且线路敷设隐蔽、复杂，容易产生过负载、线路老化、接触不良、漏电等电气故障，极易导致电气火灾产生，如2017年浙江台州天台县足馨堂足浴中心发生的重大火灾事故造成18人死亡、18人受伤，起因是电热膜故障。大部分规模较大的公众聚集场所位于城市大型商业综合体中，这些综合体体量大，功能复杂多样，人员高度集中，一旦发生火灾，往往因疏散不及时、有毒高温烟气聚集、火灾荷载大而造成严重后果。

本部分选取2011—2020年5起典型的公众聚集场所火灾案例，从事故概况、经过、原因、责任追究等方面进行介绍，并邀请业内专家、学者对事故进行了点评，提出了意见建议。

## 案例1

# 2011年辽宁省沈阳市皇朝万鑫国际大厦"2·3"重大火灾事故[①]
## ——违规燃放烟花爆竹引燃塑料装饰物导致重大财产损失

2011年2月3日0时13分许，辽宁省沈阳市和平区青年大街390号沈阳皇朝万鑫国际大厦发生重大火灾事故，造成该大厦A、B座部分区域过火，过火面积合计约10839平方米，造成直接经济损失9384万元，无人员伤亡。该起火灾是一起违规燃放烟花爆竹导致外墙保温材料大面积立体燃烧的重大事故。事故现场概貌如图1-1所示，立面过火情况如图1-2所示。

沈阳皇朝万鑫国际大厦于2005年设计，2008年完成外墙外保温系统，2009年12月投入使用。大厦呈"品"字形，中间为A座，南北为B、C座。3栋建筑地上1~10层和地下1~3层连通形成整体裙楼，总建筑面积227859平方米。A座高180米，11层为设备层，12~26层为客房，27~45层为写字间；B座高150米，11~37层为公寓，20层为避难层；C座高150米，11~37层为写字

图1-1　沈阳皇朝万鑫国际大厦火灾事故现场概貌

---

① 资料来源：袁国斌．沈阳皇朝万鑫国际大厦火灾事故引发的几点启示 [J]．消防技术与产品信息，2011(10)：55-56．

间，20层为避难层。起火建筑布局如图1-3所示。

## 一、事故经过

2011年2月3日0时左右，沈阳皇朝万鑫国际大厦B座南侧新世界工地更夫

（a）

（b）

图1-2　沈阳皇朝万鑫国际大厦建筑立面过火情况

图1-3　沈阳皇朝万鑫国际大厦建筑布局

李某、熊某和陈某均看到有人在皇朝万鑫国际大厦B座楼下西南角处先燃放鞭炮、后燃放烟花。南侧停车场监控探头拍摄的画面进一步印证了证人的说法。2月3日0时20分40秒开始，火灾自动报警系统显示大厦B座11层1106号探头开始报警，随后，相邻的探头开始依次报警，消防设施动作。

接到报警后，沈阳市消防支队调集27个公安消防中队的98辆消防车、645名官兵和5个企事业专职消防队的10辆消防车、57名消防员赶赴现场，经过6个多小时的艰苦奋战，大火于2月3日凌晨7时许被扑灭。

火灾发生后，皇朝万鑫国际大厦酒店及时启动预案，与到场消防人员共同组织470余名业主疏散，没有造成人员伤亡。

## 二、事故原因

### （一）直接原因

经调查，该起火灾事故是由于在沈阳皇朝万鑫国际大厦A座

住宿的李某、冯某等，在皇朝万鑫国际大厦停车场西南角处燃放烟花，引燃室外平台地面塑料草坪导致。

（二）灾害成因

（1）塑料草坪被引燃后，点着了外墙铝塑板〔又称铝塑复合板，由上下两层的高纯度铝合金板和中间夹芯的低密度聚乙烯（PE）芯板复合而成，具有轻便耐用，装饰效果好的特点，是一种常用装饰、装修材料〕之间结合处的胶条、泡沫棒等可燃物，进而导致贴敷在铝塑板下层的外墙保温材料发生大面积燃烧。建筑外窗受高温火焰作用破碎，火焰进入室内，形成了后续的上下、内外全面立体燃烧。起火建筑外立面装饰、保温结构如图1-4所示。

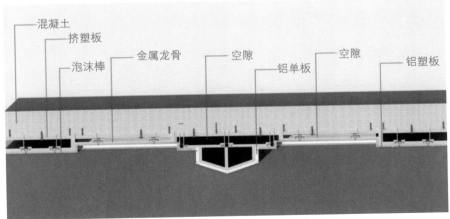

图1-4　沈阳皇朝万鑫国际大厦外立面装饰、保温结构

（2）万鑫国际大厦B座使用的外墙保温材料是绝热用挤塑聚苯乙烯泡沫塑料（XPS），燃烧热值约为4600千焦／千克，该起火建筑外墙贴敷使用100余立方米，总燃烧热约1.472×10$^7$千焦，相当于5660千克标准煤的热量，因此起火后燃烧速度快，火场温度高，难以扑救。

（3）万鑫国际大厦B座11层平台到楼顶高差100米，在−11℃、湿度90%且几乎无风的条件下，外墙燃烧从下至上用时未超过15分钟，蔓延极其迅速，导致难以处置。

（4）万鑫国际大厦内部消防设施完备，发生火灾后全部正常启动，但由于火灾全方位立体蔓延，迅速进入猛烈燃烧阶段，自动喷水灭火设施短时间内大面积启动，喷洒的水量超出了设计扑救能力，高位水箱存水迅速耗尽，消防水泵及室外水泵接合器供水能力不足，自动灭火系统没能扑灭火灾。

（三）其他因素

（1）建筑外墙保温材料燃烧性能等级低。根据检验结果，该酒店外墙使用的保温材料分别为B2、B3级，属于可燃、易燃材料。

（2）建筑外墙保温没有采取设置不燃烧防护层等保护措施。建筑幕墙与每层楼板、隔墙处的缝隙，没有采用防火封堵材料进行封堵。

（3）A座与B座之间的防火间距设置不当。虽然按照当时施行的《高层民用建筑设计防火规范》，当A座使用甲级防火窗后可以缩减防火间距，但没有考虑到外墙保温材料可能对火灾蔓延带来的不利影响。

（4）违规燃放烟花爆竹。李某违反《沈阳市烟花爆竹安全管理规定》，在人员密集场所燃放烟花爆竹导致火灾发生。

三、责任追究

（一）司法机关处理的有关责任人

李某，男，火灾事故发生前入住皇朝万鑫国际大厦酒店A座，在燃放烟花爆竹的过程中因疏忽大意引发火灾，致使公私财产遭受重大损失，其行为构成失火罪，被判处有期徒刑三年。

（二）民事责任追究情况

（1）施工安装单位万鑫公司承担侵权责任。万鑫公司为塑料草坪的铺设者和外墙保温材料的建造安装者，上述两种非阻燃材料的使用是火灾蔓延并最终酿成重大火灾事故的主要原因。

（2）物业管理单位中一公司承担侵权责任。火灾发生在万鑫国际大厦室外停车场，万鑫国际大厦周边属于开放式街区，物业自有区域与市政公共区域并未明显界分，且中一公司未能适当履行物业安全防范职责，与火灾发生存在关联关系。

涉案各方对火灾的发生均有重大过失。《中华人民共和国侵权责任法》第十二条规定，"二人以上分别实施侵权行为造成同一损害，能够确定责任大小的，各自承担相应的责任"。故万鑫公司对损失承担40%的民事赔偿责任，中一公司在全部损失不超过30%的范围内承担补充责任。

## 四、专家点评

### （一）经验教训

这是一起典型的烟花爆竹引燃建筑外墙保温材料导致的重大火灾事故。这起火灾事故的教训主要有：

（1）外墙保温材料燃烧性能等级低。该酒店外墙使用的聚苯乙烯保温材料属于可燃、易燃材料，并且没有设置不燃烧保护层、隔离带，建筑幕墙与每层楼板、隔墙处的缝隙也没有采用防火封堵材料进行封堵，造成火灾迅速蔓延。

（2）烟花爆竹燃放随意。《沈阳市烟花爆竹安全管理规定》对烟花爆竹的限放区域、禁放区域和禁放种类进行了规定，明确人员密集场所为烟花爆竹的禁放区域，但显然当事人李某并不清楚规定的具体内容，或者明知故犯。

（3）物业管理单位责任落实不力。虽然皇朝万鑫酒店确定了消防安全管理人，相关消防安全管理制度相对健全，灭火应急疏散预案较为实际，这次火灾中，及时、有序疏散被困人员，未造成人员伤亡，但物业管理单位没有尽到谨慎注意义务，在明知建筑外墙保温系统存在火灾隐患的情况下，没有积极采取措施推进整改；在节日期间没有尽到特别注意职责，没有采取更加严格的巡查、管理措施，酒店泊车员甚至还帮助当事人李某搬运烟花。

（4）设计单位对消防技术规范的执行不严格。虽然大厦内按消防技术标准设置了消防设施，且基本完好，但设计单位没有充分考虑外墙保温材料燃烧后可能造成的不利影响，依然对建筑物之间的防火间距进行了放宽，最终导致室内消防设施无法应对大面积外墙火灾，造成损失扩大。

（二）意见建议

（1）应严格落实现行《建筑设计防火规范》（GB 50016）中关于建筑保温材料的规定。现行的《建筑设计防火规范》（GB 50016）第6.7节做了"设置人员密集场所的建筑，建筑高度大于50米的非住宅建筑，建筑高度大于100米的住宅建筑，其外墙外保温材料的燃烧性能应为A级；建筑高度大于50米的建筑外墙装饰层，应采用燃烧性能为A级的材料"的明确规定，应当严格执行。

（2）进一步加强城市燃放烟花爆竹的安全管理。在制定有关烟花爆竹安全管理方面的规定时，应当细化禁放场所、禁放区域和禁放时段，并对烟花等级和相应燃放人员资格进行明确，不仅要建立健全大型焰火燃放活动审批制度，而且对公民个人行为也要加强教育和管理，需要在重要时段加强村镇、社区的巡查、检查。

（3）充分认识物业自身管理责任，进一步加强消防安全管理。物业管理单位对于已掌握的有关火灾隐患，应当尽到谨慎注意义务，并且在履行物业安全防范职责时应当更加细致、认真，对外来人员的危险行为应提高防控能力；对属于物业公司监控或巡逻可视范围应加强相关措施，及时发现火情、防范灾害；应当履行节假日期间的特别注意职责，在除夕夜等火灾高发时点应采取能够有效预防火灾发生、排除事故隐患的消防措施，如加强巡逻、实时监控、备足灭火器材等。

（4）加强对既有建筑的"打非治违"和"回头看"。对于没有办理过消防安全手续的违法工程，应当限期整治、改造。对于已经办理过消防手续的建设工程项目，依据《中华人民共和国立法法》第九十三条规定，"法律、行政法规、地方性法规、自治条例和单行条例、规章不溯及既往，但为了更好地保护公民、法人和其他组织的权利和利益而作的特别规定除外"，对不符合现行国家技术规范强制性条文，又容易导致重大人员伤亡和重大财产损失的，应当逐步按照现行规范进行技术改造，以确保安全。

扩展阅读

《烟花爆竹安全管理条例》（国务院令第455号）第二十八条规定：燃放烟花爆竹，应当遵守有关法律、法规和规章的规定。县级以上地方人民政府可以根据本行政区域的实际情况，确定限制或者禁止燃放

典型火灾事故案例50例（2010—2020）

烟花爆竹的时间、地点和种类。第三十条规定，禁止在文物保护单位；车站、码头、飞机场等交通枢纽以及铁路线路安全保护区内；易燃易爆物品生产、储存单位；输变电设施安全保护区内；医疗机构、幼儿园、中小学校、敬老院；山林、草原等重点防火区；县级以上地方人民政府规定的禁止燃放烟花爆竹的其他地点燃放烟花爆竹。

**关联文献**

《物业管理条例》（国务院令第379号）

《烟花爆竹安全管理条例》（国务院令第455号）

《建筑设计防火规范》（GB 50016）

# 2015年云南省昆明市官渡区东盟联丰农产品商贸中心"3·4"重大事故①

## ——酒精泄漏爆燃导致"多合一"场所重大人员伤亡

2015年3月4日凌晨4时36分许，位于云南省昆明市官渡区关上街道办事处和甸营社区的东盟联丰农产品商贸中心发生酒精燃爆重大事故，造成13人死亡、9人受伤（其中4人重伤），烧毁55间商铺及28辆汽车，过火面积3300平方米，直接财产损失8512087.4元。事故现场概貌如图2-1所示，事故发生前后对比如图2-2所示。

图2-1　昆明"3·4"重大事故现场概貌

① 资料来源：云南省应急厅.昆明市官渡区东盟联丰农产品商贸中心"3·4"酒精燃爆重大事故调查报告[EB/OL].[2015-09-22].http://yjglt.yn.gov.cn/yingjigongzuo/guapaiduban/201509/t20150922_986742.html.

图 2-2 昆明 "3·4" 重大事故发生前后对比

　　东盟联丰农产品商贸中心共有建筑物 19 幢，商铺及住宿用房共计 422 间（不含中心加层办公用房部分）。其中，商铺共计 348 间，出租 346 间，空余 2 间；住宿用房 74 间，中心自用 8 间（住宿 7 间、存放工具 1 间），已租住 65 间，空余 1 间。已出租的 346 间商铺中，有 76 人租用了其中的 101 间用于经营，其余的 245 间铺面当作仓库使用。事故现场平面布置如图 2-3 所示。

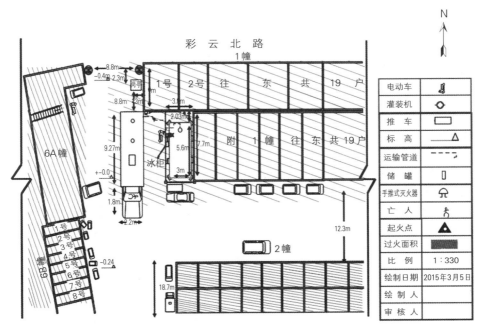

图 2-3 昆明 "3·4" 重大事故现场平面布置

## 一、事故经过

2015年3月4日3时39分34秒，澄江县磷化工华业有限责任公司运输分公司的驾驶员蒋某波及押运员王某昆驾驶牌照为云F56252的罐车，拉载26.14吨浓度为95.4%的食用酒精驶入位于昆明市官渡区彩云北路1502号的东盟联丰农产品商贸中心1号大门，停驻在1号大门东侧、距离昆明市官渡区福萍食用酒精销售部西侧2.6米处，罐车头部朝南、尾部朝北，尾部距离北面1号门岗6.2米。随后，蒋某波协助福萍食用酒精销售部员工刘某福将事先准备好的输液塑料管（内嵌钢丝）进料接口与罐车卸料口连接，并打开海底阀。王某昆爬上罐车顶打开靠近车尾的人孔盖，准备就绪后协助刘某福通过一台防爆饮料泵（型号BAW，功率2.2千瓦，流量10吨/时，扬程24米，放置在罐车与销售部之间室外），将食用酒精抽入福萍食用酒精销售部内的卧式储罐（容积为39.6立方米）；通过另一台泵（欧羽牌，扬程18米，功率0.75千瓦，放置在销售部室内东北角）从罐车顶部人孔向罐体装注约110千克清水（主要用于稀释食用酒精浓度）。之后，王某昆到罐车驾驶室后排休息，卸载食用酒精作业不久，蒋某波也到罐车驾驶室副驾驶位休息，此后作业区域只留有刘某福一人。4时36分左右，食用酒精卸载约15吨时，蒋某波在车上听到刘某福两次大喊他的名字，下车发现罐车正下方已经着火，烧到了第二桥的位置，且火势仍在向车头方向蔓延（事发时，罐车紧急切断装置遇火燃烧自动关闭）。蒋某波喊了一声王某昆后就急忙沿通道往商贸中心里面跑，跑出几米后就看见全身着火的刘某福也往商贸中心里面跑，随即帮助刘某福扑灭身上的火。4时36分47秒，蒋某波听到一声爆炸声响，回头看见福萍食用酒精销售部位置（酒精储罐位置）已燃起大火，并且火势迅速向周边商铺蔓延成灾。

4时38分，昆明消防支队指挥中心接到报警，共调集15个中队、50辆消防车、212名官兵、10头搜救犬参加扑救。3月4日9时，现场明火被扑灭。

事故发生后，省政府成立副省长任总指挥长、省市相关部门参加的现场处置指挥部，指挥部下设现场救援、后勤保障、医疗保障、舆论引导、善后工作、事故调查6个组，按职责分工迅速开展工作。

## 二、事故原因

### （一）直接原因

经现场勘验、现场实验、物证鉴定、监控视频调研、专家咨询论证，结合对相关人员的询（讯）问，排除电气线路故障、机械撞击、人为放火、静电、雷电等引发事故的可能因素。事故直接原因为：

（1）酒精抽卸作业过程中发生泄漏燃烧。卸载食用酒精所使用的防爆饮料泵压力过大，致使输液管发生爆裂（饮料泵工作压力为1.7兆帕，输液管耐压为0.33兆帕），食用酒精发生喷溅型泄漏，部分泄漏的食用酒精流淌出灌区后，继续流向罐车尾部，并沿斜坡流向位于距罐车尾部的1号门岗亭底部，被岗亭内的火桶引燃，随后回燃至卸载作业区域。管嘴及内衬钢丝的管道残骸如图2-4所示，罐车及储罐残骸如图2-5所示。

图2-4　管嘴及内衬钢丝的管道残骸

（2）引燃酒精致储罐发生燃爆。由于储罐进料口呈开启状态，罐内食用酒精在加热状态下产生大量蒸气，并与空气混合后达到爆炸浓度，引起燃烧爆炸

图2-5 罐车及储罐残骸

致使罐体两端爆裂、罐体内剩余酒精液体向外喷射，造成火势向作业区周边扩大蔓延。

（3）酒精燃爆导致人员伤亡并引燃周边易燃物导致事故灾害扩大。在储罐发生燃爆后，火势迅速扩散到邻近部分商铺，由于该市场属于"多合一"场所，事发时正值商铺内人员熟睡状态，迅速蔓延的大火导致商铺内部分人员未能逃离。

（二）间接原因

（1）云南楚龙农业发展有限公司在未取得规划和建设相关审批手续的情况下，非法组织东盟联丰农产品商贸中心项目建设，致该商贸中心不符合国家相关标准规范要求。建成后，在未经相关部门验收的情况下，擅自投入使用。

（2）商贸中心、商户将经营、储存和居住场所合为一体，未配备必要的消防设施设备、器材，违规装卸、储存、经营危险化学品。

（3）违法委托不具备危险化学品经营资格的人员进行酒精销售，违法将酒精销售给不具备危险化学品经营资质条件的酒精销售部。

（4）运输公司虽然取得了危险货物道路运输许可，但在实际经营管理过程中放任对挂靠车辆失管，任由车主自行安排，未履行对挂靠车辆的营运安全管理职责。

（5）保安服务有限公司对派驻东盟联丰农产品商贸中心市场保安的管理、培训和安全检查不到位。相关保安人员不具备安全管理和事故隐患排查能力，平时的安全检查流于形式，未能对市场存在的危险源和火灾隐患进行有效检查和管理，也未向政府相关监管部门报告。对值班保安人员在危险物品和危险装置邻近动火取暖放任不管，导致泄漏酒精因火源引燃发生事故。

（6）相关部门监管履职不到位。

### 三、责任追究

（一）被移送司法机关处理的有关责任人（6人）

（1）周某，云南楚龙农业发展有限公司法定代表人、云南联丰商贸有限公司实际控制人，涉嫌重大责任事故罪。

（2）马某，昆明市宏弛利商贸有限公司法定代表人，涉嫌重大责任事故罪。

（3）郭某，玉溪金信酒精经销储运有限责任公司法定代表人，涉嫌危险物品肇事罪。

（4）杨某，云南中保联诚保安服务有限公司保安队长，涉嫌重大责任事故罪。

（5）高某，运输车辆车主，涉嫌危险物品肇事罪。

（6）蒋某波，驾驶员，涉嫌重大责任事故罪。

（二）被给予党纪处分的人员（19人）

相关职能部门等19人被依法依纪严肃问责。其中，时任昆明市发展和改革委员会党组成员、副主任，以及时任官渡区农林局副局长在任职期间，将云南楚龙农业发展有限公司招商引资到官渡区后未跟踪督促办理相关手续，跟踪服务不到位；在官渡区城市综合管理行政执法局对云南楚龙农业发展有限公司下达行政处罚决定书后，向官渡区关上办事处综合执法中队出具书面情况说明，"要求支持招商引资暂缓处罚"，在一定程度上干预了行政执法，对非法建设市场负有重要领导责任。

（三）被实施行政处罚的单位及人员

对9个单位及个人分别处以停产停业，罚款总计1000余万元。

（1）业主方云南楚龙农业发展有限公司因非法开展市场建设，未经消防审核、验收擅自投入使用等多项违法行为，被依法实施停业整顿，依法承担相应的赔偿责任，由昆明市安全生产监管局处以300万元罚款。

（2）非法经营东盟联丰农产品商贸中心的云南联丰商贸有限公司因未履行安全管理职责，未采取措施制止和消除东盟联丰农产品商贸中心长期存在的非法违法经营问题和事故隐患，被依法实施停业整顿，依法承担相应的赔偿责任，由昆明市安全生产监管局处以200万元罚款。

（3）租赁方昆明市宏弛利商贸有限公司，因将商铺出租给不具备基本安全生产经营条件和无危险化学品经营许可的销售部，安全管理不到位，未制止销售部非法储存、销售、装卸酒精等违法行为，被依法实施停业整顿，依法承担相应的赔偿责任，由昆明市安全生产监管局处以200万元罚款。

（4）昆明市官渡区福萍食用酒精销售部，因非法储存、经营食用酒精，使用不具备基本安全条件的酒精储罐，违规进行危险品（酒精）装卸，被相关部门依法注销有关证照，予以取缔。

（5）云南中保联诚保安服务有限公司，因对该市场安全管理不到位，未对市场"三合一""多合一"问题进行检查督促整改，也未向政府相关监管部门报告，值班保安违规动火取暖，导致引燃泄漏的酒精等，被处以100万元罚款。

（6）玉溪金信酒精经销储运有限责任公司，因违规委托不具备危险化学品经营资质的个人进行酒精销售，被处以100万元罚款。

（7）澄江县磷化工华业有限责任公司下属运输公司，未对挂靠车辆进行安全监管，被处以100万元罚款，并实施停业整顿，如经停业整顿后仍不具备安全生产条件，由相关部门依法吊销有关证照。

### 四、专家点评

（一）经验教训

这起事故暴露出的主要问题有：

（1）违规装卸易燃易爆危险品。一是卸载食用酒精所使用的防爆饮料泵压力过大，致使输液管发生爆裂；二是押运员未监督、阻止不具备危险货物装卸技能的人员违规进行危险品（酒精）卸载；三是在周围岗亭存在明火源的情况下进行装卸操作；四是装卸时没有采取任何安全防护措施。

（2）违法经营、储存、销售危险化学品。一是玉溪金信酒精经销储运有限责任公司违法委托不具备危险化学品经营资质的云F56252车主进行酒精销售；二是昆明市官渡区福萍食用酒精销售部在未取得危险化学品经营许可证的情况下，非法储存、经营危险品，违法安装、使用不具备安全生产条件的危险品储存容器。

（3）"多合一"场所管理不力。一是东盟联丰农产品商贸中心、商户无视安全生产、消防安全法律法规规定，将经营、储存和居住场所合为一体，事发时人员多处于熟睡状态，影响疏散反应时间和反应速度，扩大了人员伤亡；二是未按防火要求标准配备必要的消防设施设备，对市场内任意使用明火的行为放任不管；三是有关部门向执法机关提出"请予支持招商引资项目，暂缓执行处罚"，一定程度上干预了行政执法。

（二）意见建议

（1）严把源头关。在商场、市场，尤其是大型集贸市场、农贸市场、杂货市场、专业市场招商引资、项目初期就要把好准入关，从源头杜绝安全隐患。在新建、改建、扩建项目时，必须依法依规进行许可、备案、登记，不具备消防安全条件的，应当责令整改。

（2）厘清职责，健全消防安全监管责任体系。防止各职能管理部门"只批不管""不批不管"。各职能部门都负有消防管理责任，应对市场（商场）内经营、使用易燃易爆等危险品情况开展排查、摸底，对于存在大量储存、经营、使用酒精、生物柴油（脂肪酸脂）等危险化学品作为日常生活燃料的，应当建立台账，落实政府部门间抄告、抄送制度，研究解决方案，出台地方标准进行规范。要进一步健全"五个全覆盖"（党政同责全覆盖、一岗双责全覆盖、三个必须全覆盖、政府主要负责人担任安委会主任全覆盖、各级安监部门向同级组织部门通报安全生产情况全覆盖）的安全生产责任体系。

（3）严格执法，严厉打击市场非法建设营运行为。对已经建成的各类市场应当摸清底数。对各种历史原因形成的先天性隐患制定计划、逐一督促整改，不欠旧账。对隐患突出，整改难度大的市场，采取停业整顿、缩小规模的防范措施，经整改仍然不能满足安全条件的，应当取缔或者转换项目功能。

（4）加强"多合一"场所的消防安全管理。"多合一"场所应当符合《住宿与生产储存经营合用场所消防安全技术要求》（XF 703）的相关规定，对于建筑防火技术措施不符合要求的，应当指导、督促市场经营管理方和商户进行改造；消防设施设备不完善的，应当统筹考虑、统一建设、区别对待。对不落实消防安全责任的，应当予以问责。

乙醇装卸作业应当严格遵守以下规定：进入作业现场的人员必须穿防静电工作服、鞋，作业人员作业前要消除身体静电，卸车前应消除罐车本身积累的静电；禁带火种，禁止使用非防爆移动设备，必须使用防爆工具；现场安全管理员应对现场、汽车槽车和乙醇浓度监测报警器进行检查，同时对装、卸鹤管和管道连接件进行检查，确认无安全隐患后，方可作业；禁止在作业区域30米内进行任何产生火花或静电的作业。

**关联文献**

《消防安全责任制实施办法》（国办发〔2017〕87号）

《防止静电事故通用导则》（GB 12158）

《液体石油产品静电安全规程》（GB 13348）

《重大火灾隐患判定方法》（XF 653）

《散装液体化学品罐式车辆装卸安全作业规范》（T/CFLP 0026）

# 案例 3

## 2017 年江西省南昌市红谷滩新区唱天下量贩式休闲会所"2·25"重大火灾事故[①]

### ——违规切割金属引燃易燃可燃物

2017年2月25日，江西省南昌市红谷滩新区唱天下量贩式休闲会所（以下简称唱天下会所，其概貌如图3-1所示）在拆除施工过程中发生重大火灾事故，致10人死亡、13人受伤。

图3-1　南昌市红谷滩新区唱天下量贩式休闲会所概貌

① 资料来源：江西省应急管理厅．南昌市"2·25"重大火灾事故调查报告 [EB/OL].[2017-12-08].http://yjglt.jiangxi.gov.cn/art/2017/12/8/art_37575_1804910.html.

唱天下会所位于南昌市红谷滩新区红谷中大道348号5号楼裙楼。348号小区占地34亩，由5栋主要建筑组成，其中1~4号楼为住宅楼，5号楼为商业楼，分为A、B两座塔楼及其之间的裙楼，占地2887平方米，2008年8月整体竣工验收备案，总建筑面积44770.53平方米。地下1层，地上分别为裙楼4层、A塔楼24层、B塔楼16层，房屋用途性质为综合楼。裙楼一层为唱天下会所和其他营业网点，二层为唱天下会所，三层为办公室，有17家其他公司，四层为办公室，有18家公司。A塔楼5~12层为酒店，13~24层为公寓。B塔楼5~16层为公寓。各功能分布如图3-2所示。

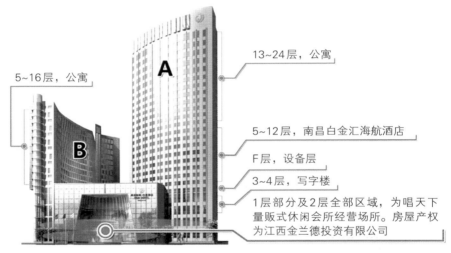

5~16层，公寓

13~24层，公寓

5~12层，南昌白金汇海航酒店

F层，设备层

3~4层，写字楼

1层部分及2层全部区域，为唱天下量贩式休闲会所经营场所。房屋产权为江西金兰德投资有限公司

图3-2　南昌市红谷滩新区唱天下量贩式休闲会所分布示意图

## 一、事故经过

　　2月25日7时12分起，施工人员陆续进入唱天下会所2层开始施工。7时47分许，3名废品收购人员驾驶面包车携带3个氧气瓶、1个液化石油气罐、1把气割枪和1只手持式电动切割机到达唱天下会所。吃过早饭后，于8时许进入唱天下会所，其中李某中安装好氧焊切割设备及手持式电动切割机，开始切割和拆卸会所大堂北部弧形楼梯两侧的金属扶手。至8时18分许，当李某中在会所大堂北部弧形楼梯中部切割南侧金属扶手时，其助手高某发现位于切割点正下方堆积的废弃沙发着火。发现火情后，高某大声呼救并将着火点周围的沙发移开；李某中

立即停止切割，四处寻找灭火器材；正在弧形楼梯上准备去2层查看施工进度的万某国听到叫喊，立即返回1层，与高某一起搬移沙发，移开四五张沙发后，发现火势变大，万某国便离开火场；高某在试图寻找消火栓未果后，与李某中一同将气割工具搬出火场，丢弃在唱天下会所大门外侧地面，并将带来的氧气瓶、液化石油气罐、手持式电动切割机搬运至李某中开来的面包车内。8时21分许，南昌白金汇海航酒店保安部经理发现火情，立即叫酒店保安取来2只灭火器进行灭火，高某随后也从酒店取来1只灭火器进行灭火；李某中与酒店保安一起从A座公寓大堂内的消火栓及消防卷盘接出水管拉至唱天下会所进行灭火，但火势已控制不住，均放弃扑救。8时22分许，路过的群众发现火情后立即拨打119报警。

8时22分，南昌市公安消防支队指挥中心接到报警后，迅速调派8个中队、20辆消防车、160余名消防官兵赶赴现场，11时30分，现场火势基本控制。消防官兵从A、B塔楼疏散共260余人。12时8分，明火基本被扑灭。

接事故报告后，南昌市委、市政府立即启动应急响应，组织公安、消防、民政、安全监管、医疗卫生等部门成立现场指挥部，全力展开灭火、搜救、善后及维稳工作，及时发布、上报和更新事故信息。省直有关部门和单位主要负责同志赶赴事故现场，指导开展应急救援和善后处置工作。

### 二、事故原因

（一）直接原因

唱天下会所改建装修施工人员使用气割枪在施工现场违法进行金属切割作业，切割产生的高温金属熔渣溅落在工作平台下方，引燃废弃沙发造成火灾。现场切割用的焊枪如图3-3所示。

（二）间接原因

（1）唱天下量贩式休闲会所安全生产主体责任不落实。①未经批准非法组织改建装修施工。其改建装修工程未进行消防设计并报公安机关消防机构审核，未制定安全施工措施并报建设主管部门核发建设工程施工许可，擅自组织改建装修施工。②违规肢解、发包改建装修工程。将改建装修工程中的拆除工程肢解并发包给不具备任何资质的个人，规避监管。③违法拆除、停用消防设施并堵塞疏散通道。在实施改建装修工程前，擅自拆除火灾自动报警系统控制器，关闭自动喷水灭火系统阀门，撤走场所内灭火器。同时将大量杂物堆放在2层5号、6号疏

图 3-3　现场切割用的焊枪

散通道楼梯间前室内，堵塞了疏散通道。④未认真履行场所内安全管理和消防安全管理责任。工程发包给个人后，未明确双方对施工现场的消防安全责任，未安排人员对施工组织、施工现场进行安全管理和监督。

（2）工程施工承包方安全管理责任不落实。①无资质承揽工程并违规层层分包。工程承包人刘某等未取得任何建设工程承包资质，违规承揽工程，并将工程层层转包、分包给同样不具备任何资质的个人。②施工人员违法动火作业。施工人员在不具备特种作业资质的情况下擅自动火作业；施工现场动火作业未履行审批手续，未清理动火区域可燃物，未配备相应的灭火器材，未落实安全监护措施。③施工现场组织混乱、安全管理缺失。施工现场组织无序、野蛮作业，在施工现场大量堆积拆除垃圾、沙发等，影响过道通行；安全责任不落实，安全管理极其混乱，安全措施严重缺位。

（3）南昌白金汇海航酒店有限公司（起火建筑公共消防设施管理责任单位），作为消防安全重点单位，未依法依规实施严格的消防安全管理。①未认真履行消防设施管理、巡查职责。未与施工单位共同采取措施，保证使用范围的消防安全；每日防火检查不认真、不细致，未在火灾发生前发现4层1号疏散通道楼梯间防火门上方固定亮子窗的防火玻璃缺失及4号疏散通道楼梯间北侧防火门未关闭的问题。②未按期进行消防设施检测、测试。未每月组织对消防设施进行测试检查，未能确保防排烟系统在火灾发生时有效启动。③未按要求严格消防控制室管理。消防控制室操作人员仅有1人取得消防控制室操作职业资格证书，其他值班和操作人员均未持证上岗，未能掌握保证防排烟系统在火灾发生时有效启动的操作技能。④聘请无资质消防技术服务机构负责酒店消防维保服务。聘请不具备资质的南昌文英消防安装工程有限公司对酒店消防设施进行维修保养。

（4）江西三星气龙消防安全有限公司未依法依规正确履行消防技术服务机构职责。①指派无相应从业资格人员从事消防技术服务。②违法拆除、关闭消防设施。在明知行为违法、后果严重的前提下，对唱天下会所要求拆除、停用消防设施的要求未予拒绝和制止；与唱天下会所签订无效的"免责说明"并帮助其拆除了火灾自动报警系统主机，关闭了消防喷淋系统阀门。

（5）南昌文英消防安装工程公司非法从事社会消防技术服务活动。未取得相应资质，擅自从事消防技术服务活动，为南昌白金汇海航酒店有限公司提供消防技术服务并获利，且在开展消防技术服务中，未能发现并提出防排烟系统在火灾发生时不能有效启动的问题。

（6）江西金兰德投资有限公司未依法依规履行产权方安全管理责任，对产权房屋安全管理缺失。未与唱天下会所签订安全生产管理协议，未明确消防安全责任，未明确消防设施管理责任。公司在得知并发现唱天下会所在进行改建装修施工的情况下，未督促、提醒其依法办理施工报批手续，也未报请有关部门进行查处。

（7）文化、消防、城建、街道等政府有关部门把关、执法不严，落实行业安全监管责任不到位，没有认真贯彻落实"管行业必须管安全、管业务必须管安全、管生产经营必须管安全"的要求，在全省全面开展安全生产大排查、大整治期间，对红谷滩新区娱乐场所排查整治不彻底，未及时发现唱天下会所违法违规改建装修的行为。

## 三、责任追究

（1）事故直接责任人李某中（焊割操作人员）涉嫌重大责任事故罪被逮捕。

（2）南昌市红谷滩新区唱天下量贩式休闲会所10人涉嫌重大责任事故罪被逮捕。

（3）工程施工队伍9人涉嫌重大责任事故罪被逮捕。

（4）中介服务机构2人涉嫌重大责任事故罪被逮捕。

（5）相关职能部门工作人员1人涉嫌玩忽职守罪被取保候审。

（二）被给予党纪政纪处分的人员（16人）

文化部门4人，消防机构3人，城乡建设部门2人，唱天下会所经营区域产权方3人，以及南昌市红谷滩新区其他相关单位4人分别被给予党纪政纪处分。

（三）被实施行政处罚的单位及人员

唱天下会所、业主单位、中介服务机构等单位分别被给予行政处罚。

（四）其他处理

红谷滩新区管委会、南昌市文化广电新闻出版局及南昌市城乡建设委员会分别向南昌市人民政府做出书面检查，南昌市公安消防支队向省公安消防总队做出书面检查。

## 四、专家点评

（一）经验教训

这起事故除了有关单位主体责任不落实之外，造成火灾并且导致人员重大伤亡的主要教训有以下4个方面：

（1）违法违章进行施工操作。一是施工人员不具备特种作业资质，不懂施工作业的基本安全常识；二是施工现场动火作业未履行审批手续，未清理动火区域可燃物，未配备相应的灭火器材，未落实安全监护措施；三是改建装修工程未报有关部门批准，擅自组织改建装修施工。

（2）堵塞疏散通道。施工过程中，施工队伍将大量杂物堆放在2层5号、6号疏散通道楼梯间前室内，堵塞了疏散通道。多人由于疏散路径不畅，在建筑内进行多次折返，疏散过程中不幸吸入过量有毒烟气死亡。部分人员由于疏散门口堆放大量垃圾、杂物，不得不通过挑檐或跳窗逃生。

（3）擅自停用消防设施。江西三星气龙消防安全有限公司在唱天下会所要求下，关闭了该会所2处消防喷淋系统阀门，同时拆除了火灾自动报警系统主机，将会所内所有灭火器收至室外移动板房内；由于包厢内消防喷淋头被施工人员不慎破坏并喷水，施工人员遂又将控制2层北部消防喷淋系统的阀门关闭。火灾发生时，由于主机处于"自动禁止"状态，无法及时开启排烟系统，导致烟气在建筑内大量蔓延。

（4）产权、租赁、施工各方消防安全责任不明确。产权单位和公共设施管理单位简单地认为谁租赁、谁负责；租赁单位简单地认为谁施工、谁负责；施工人员临时拼凑，没有资质且缺乏安全常识，根本负不了责，最终的结果就是没人负责。

（二）意见建议

（1）严格落实施工现场动火用电安全措施。人员密集场所必须完善和落实动火用电作业安全制度，严格程序确认、审批，加强作业现场监管、监护。对于需要进行焊接、气割等特种作业的，必须核对施工人员资格。对于公共娱乐场所，严禁边施工、边营业。

（2）切实落实单位消防安全主体责任。机关、团体、企业、事业单位应当依法落实消防安全主体责任，防止未批先建、边建边批、无证经营。需要取得相应消防行政许可的，应当备案承诺，并对承诺负责。对于多产权建筑（包括对外租赁的多单位建筑），在签订租赁、买卖合同时，必须依法明确各方的消防安全责任，同时确定公共消防设施管理单位。

（3）进一步加强消防宣传教育培训。切实定期开展消防安全宣传和技能培训，对新入职人员全面深入开展岗前消防安全教育，强化对单位消防管理人员和操作人员的技能培训，尤其是要加强本单位职工组织和自我疏散逃生能力。对外来施工人员，应当有针对性地加强施工现场宣传培训，提高其消防安全意识和扑救初期火灾、逃生自救能力。

（4）严格建筑消防设施的维护管理。聘请符合国家有关部门颁布的从业条件的、具有相应能力的技术服务机构开展建筑消防设施的维护、管理，定期进行检测、维保。建筑（群）内有消防设施分控制系统的单位，信号应按规定传送至总控制室，并满足联动控制要求。火灾自动报警系统主机（控制室）、防排烟风机、消防水泵、消防水池、消防水箱等公用核心设备、设施，必须由统一的管理单位进行管理，确保完好有效。

施工现场用火应符合下列规定：焊接、切割、烘烤加热等动火作业前，应对作业现场的可燃物进行清理；作业现场及其附近无法移走的可燃物应采用不燃材料对其覆盖或隔离；裸露的可燃材料上严禁直接进行动火作业[①]。

《消防技术服务机构从业条件》（应急〔2019〕88号）

《建筑防烟排烟系统技术标准》（GB 51251）

《建设工程施工现场消防安全技术规范》（GB 50720）

《建筑消防设施的维护管理》（GB 25201）

《消防控制室通用技术要求》（GB 25506）

《社会单位灭火和应急疏散预案编制及实施导则》（GB/T 38315）

---

① 中华人民共和国住房和城乡建设部. 建设工程施工现场消防安全技术规范：GB 50720—2011[S]. 北京：中国计划出版社，2011.

## 案例4

# 2018年黑龙江省哈尔滨市北龙汤泉休闲酒店有限公司"8·25"重大火灾事故①
## ——短路致易燃内饰起火，消防设施瘫痪

2018年8月25日4时12分许，哈尔滨市松北区哈尔滨北龙汤泉休闲酒店有限公司发生重大火灾事故，过火面积约400平方米，造成20人死亡，23人受伤，直接经济损失2504.8万元。

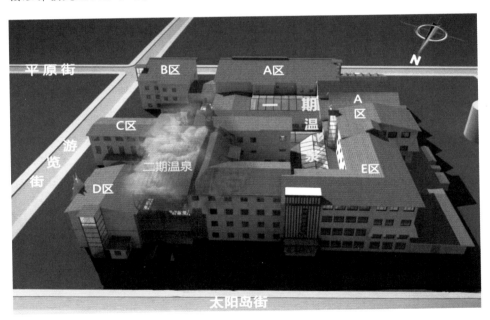

图4-1 北龙汤泉火灾事故现场概貌复原图

① 资料来源：黑龙江省应急厅. 关于哈尔滨北龙汤泉休闲酒店有限公司"8·25"重大火灾事故结案的通知[EB/OL].[2019-01-31].http://yjgl.hlj.gov.cn/#/NewListDetail?id=49538&parentName.

起火建筑主体分A、B、C、D、E区及一、二期温泉区。A区西侧三层，东侧四层，主要为客房、餐饮包房，四层局部为厨房。B区共三层，主要为客房。C区共三层，一层为餐饮包房，二层为会议室和库房，三层为客房。D区共三层，主要为客房。E区共四层，主要为客房和自助餐厅。A、B、C、D、E区为砖混结构，加高改扩建部分为彩钢板结构。一期温泉区位于A区、E区建筑合围区，二期温泉区位于C区、D区、E区建筑合围区，均为利用建筑之间的空地采用钢屋架彩钢板结构搭建。事发时整个建筑的消防系统未能启动。该酒店处于未经消防许可，无证经营状态。起火建筑概貌如图4-1所示。

## 一、事故经过

8月24日晚，共有115名客人入住北龙汤泉酒店。8月25日4时20分左右，北龙汤泉酒店锅炉工陈某给室外汤泉加完水，走出E区北门便闻到烧焦气味，观察发现二期温泉区二楼平台有火光后立即呼救，并电话向工程部经理巩某报告。保安员宋某听到呼喊后，电话通知了保安队长张某。张某接到电话后，先跑到E区北门观察，确认发生火情后，到消防控制室通知消控员吕某。火灾发生后，消控员吕某试图启动消防水系统实施自动灭火，但由于消防控制室主机存在总线故障，与消防水泵无法联动，无法实施自动灭火。吕某又到水泵房试图手动启动灭火系统，但喷淋系统和消火栓内均无水，消防灭火系统完全处于瘫痪状态，使得初期火灾未得到有效控制。当班保安员利用灭火器自发进行灭火，因火场内部烟雾较大、火势猛烈，未能抵近起火点，灭火自救未能成功。

4时29分10秒，哈尔滨市消防指挥中心接到报警后，先后调派8个中队、1个战勤保障大队，40辆消防车，148名指战员，6只搜救犬到现场实施救援。6时30分，火势得到有效控制，7时50分大火被彻底扑灭。

事发后，哈尔滨市政府立即启动《哈尔滨市火灾事故应急预案》，现场成立了火灾事故处置工作领导小组，以及医疗救治、现场清理、新闻发布、事故调查、善后处置和综合保障6个工作小组，调集各方力量，全力开展现场灭火和人员搜救。

## 二、事故原因

（一）直接原因

二期温泉区二层平台风机机组电气线路短路，引燃周围塑料装饰物蔓延成

图4-2 起火部位复原图

灾。起火部位如图4-2所示。

（二）间接原因

1.有毒烟气蔓延迅速

北龙汤泉酒店三层客房常闭式防火门未关闭，起火后，塑料燃烧产生的含有大量有毒有害物质的浓烟通过敞开的防火门，迅速扩散至E区三层客房走廊并进入房间，导致多人中毒眩晕丧失逃生能力。三层死亡人员平面分布如图4-3所示。

2.消防设施未发挥作用

酒店室内外消火栓系统控制阀处于关闭状态，消火栓系统管网无压力水，自动灭火系统处于瘫痪状态。

3.报警较晚

确认火灾后，酒店工作人员仅层层上报领导，均未在第一时间拨打报警电话。厨师周某某报警时，已是酒店发现火情9分钟后，延误了最佳灭火救援时间。

4.北龙汤泉酒店单位主体责任不落实

（1）消防安全责任和制度不落实。北龙汤泉酒店未明确消防安全管理人、消

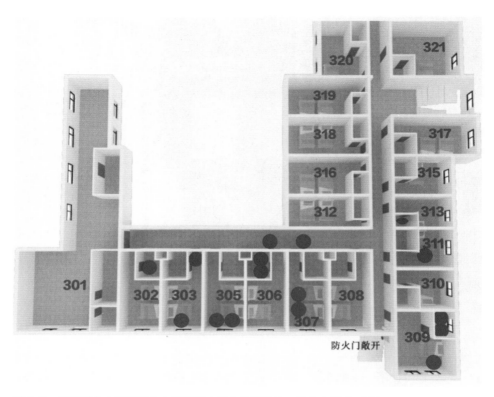

图4-3 三层死亡人员平面分布示意图（红点代表尸体，集中在E区三层）

防安全责任人及管理人员法律意识淡薄，在违法投入使用后，未履行消防安全职责，消防安全管理制度不健全。

（2）未对员工进行消防安全教育培训，未制定预案并演练。员工不具备引导顾客逃生疏散和扑救初期火灾能力。现场人员不会使用消防器材，未在第一时间拨打报警电话。

（3）未及时整改火灾隐患，未定期对消防设施进行检测、维护、保养。北龙汤泉酒店消防控制柜、电气线路、消防管网等存在诸多火灾隐患，大量使用易燃可燃材料进行装饰装修，虽然消防监管部门多次下达行政整改指令，但该单位拒不整改，且未对消防设施定期进行检测维修。

（4）违法建筑结构不符合消防安全要求。北龙汤泉酒店违建部分消防设计不符合要求，未设置有效的防火分隔措施，大量使用易燃可燃材料进行装饰装修，电气线路的敷设和电气设备的选型均不符合要求，存在重大火灾隐患。

5.北龙汤泉酒店的实际投资管理方燕达宾馆违法组织改扩建和装修施工

燕达宾馆租赁建银置业有限责任公司和哈尔滨市太阳岛风景区资产经营有限公司房屋后,未经批准违法组织改扩建和装修施工,未将消防设计报公安机关消防机构审核。在原始建筑基础上,用彩钢板进行加高接层,并将各单体建筑采用钢结构进行连接,违建面积11136.56平方米。同时,将改扩建和装修工程分解,发包给不具备施工资质的个人。燕达宾馆违规建设过程中大量使用易燃可燃材料进行装饰装修,电气线路敷设和电气设备选型不符合规范要求,电气线路没有穿管保护,起火过程中电气线路多次短路,设置的短路保护装置未有效动作。

6.吉林建银实业有限责任公司、太阳岛风景区资产经营有限公司对产权房屋安全管理职责落实不到位

未与燕达宾馆签订专门的安全生产管理协议明确安全管理职责。发现燕达宾馆违法建设行为,既未制止也未向有关部门报告。

7.属地政府及相关部门监管责任落实不到位

(1)松北区行政执法局:违法建设初期,松北区行政执法局发现燕达宾馆违法建设行为,虽多次制止,但未取得实质成效,未依法履行强制拆除程序。

(2)哈尔滨市城市管理局:对松北区行政执法局查处燕达宾馆违法建设工作指导、监督不力。

(3)太阳岛风景区管理局:发现燕达宾馆持续进行违法建设,多次向松北区行政执法局进行督办无果,未向太阳岛风景区管委会报告。

(4)松北区安监局:对城市安全风险管控工作落实不到位,对安全生产网格化管理工作落实不到位。

(5)哈尔滨市公安局松北分局:在北龙汤泉酒店申报面积与实际经营面积和房产证面积不相符的情况下违规发放特种行业许可证。

(6)哈尔滨市公安局松北分局太阳岛派出所:未对北龙汤泉酒店提供的申请材料进行认真审核。

(7)哈尔滨市消防支队松北区大队:发现北龙汤泉酒店未经消防安全检查,擅自投入使用、营业等问题,责令停产停业、罚款、临时查封后,未再进行过消防安全检查,对执法中发现的重大火灾隐患以罚代管,未严格执行临时查封、停止使用等强制措施,处罚卷宗弄虚作假。

(8)哈尔滨市消防支队:监督、检查、指导松北区消防大队工作不到位。

（9）松北区人民政府：对辖区消防安全隐患排查和违建工程排查工作督促指导不到位，对辖区消防隐患和违法建设失管失察。

（10）哈尔滨市人民政府：落实安全生产"一岗双责"不到位，对太阳岛风景区安全工作领导不力，缺乏有效监管，对存在的安全隐患和违法建设行为失管失察。

### 三、责任追究

（一）被追究刑事责任人员（20人）

（1）北龙汤泉酒店实际控制人、法定代表人、原法定代表人、总监、消控员、领班等6人分别涉嫌消防责任事故罪、重大责任事故罪被依法逮捕。

（2）租赁单位副总经理涉嫌消防责任事故罪被依法逮捕。

（3）公安机关、行政综合执法部门、消防部门等的11人涉嫌玩忽职守罪被依法逮捕。

（4）业主单位董事长涉嫌受贿罪，国有公司、企业人员滥用职权罪被移送司法机关。

（5）太阳岛风景区管理局党组书记、局长涉嫌受贿罪、玩忽职守罪被移送司法机关。

（二）被给予党政处分、处理人员（25人）

（1）给予党纪、政务处分人员：相关行政部门20人被分别给予警告、严重警告、记过、记大过、撤职等处分。

（2）给予组织处理人员：5人被组织诫勉谈话。

（三）被实施行政处罚的单位

（1）北龙汤泉酒店负直接责任，被罚款499万元，责令其停产停业，如整改后仍不具备条件，由有关部门依法吊销其相关证照。

（2）责令燕达宾馆限期拆除违法建筑，并处建设工程造价百分之十以下的罚款。

（3）吉林建银实业有限责任公司被罚款4.9万元（吉林建银实业有限责任公司受建银置业有限责任公司委托管理其位于哈尔滨市太阳岛风景区房产）。

（4）太阳岛风景区资产经营有限公司被罚款4.9万元（将位于哈尔滨市太阳岛平原街一处房产出租给燕达宾馆）。

## 四、专家点评

（一）经验教训

这起事故集中暴露出当前一些公共娱乐场所存在的，可能造成群死群伤恶性火灾事故的主要原因：

（1）防火、防烟分隔不严密、不到位。火灾前，员工没有及时关闭防火门，反而用灭火器挡住门扇，直接导致有毒烟气迅速蔓延、扩散。

（2）报警迟缓。员工第一时间没有在向上级报告的同时进行报警并疏散客人，间接导致伤亡扩大。

（3）消防设施未能发挥作用。北龙汤泉酒店消防水池储水量不足，补水控制阀被关闭，消防水池被挪作他用。消防增压泵组电气控制柜处于"停止"模式。增压罐一个被挪作他用，另一个无压力。室内外消火栓系统控制阀处于关闭状态，消火栓系统管网无压力水。自动灭火系统压力开关输出线未接入喷淋泵组电气控制柜和火灾自动报警系统。连接延时器、压力开关、水力警铃的管路控制阀被关闭。

（4）违法建设，存在先天性火灾隐患。一是有关单位取得房屋使用权后，在未经规划、住建等相关部门审批的情况下，在原有五幢单体建筑基础上，组织房屋改扩建和装修施工，五幢单体建筑之间空地采用钢屋架彩钢板结构搭建，加高接层部分为彩钢板结构；二是内部采用大量易燃、可燃装修材料，直接成了点火源引燃的对象并产生大量有毒有害烟雾。

（5）多产权建筑设施管理责任不清。业主单位未与承租方签订协议明确各方管理责任，这起事故中的多产权建筑消防设施停用已经很长时间了，甚至还把消防设施挪作他用。这种"破窗效应"，在多产权建筑中尤其多见。

（6）行政监管单位执法不严格、不彻底。松北区行政执法局、哈尔滨市消防支队松北区大队虽多次对有关违法行为进行制止和处罚，但未取得实质成效，未依法履行强制拆除、临时查封等强制措施，未强制该单位执行停止使用处罚决定。

（二）意见建议

1.积极整改火灾隐患，拆除易燃、可燃装修材料

对于娱乐场所，我国现行国家标准《建筑内部装修设计防火规范》

（GB 50222）有明确规定，其顶棚装修材料的燃烧性能等级为A级（不燃烧），其他不低于B1级（难燃烧）；对于设在地下的，墙面材料也应当是A级；对于房间是无窗房间的，除了已经是A级的，其他装修材料的燃烧性能等级还要在原基础上提高一级。对于走道和出口等重要部位的装修材料也有明确要求：地上建筑的水平疏散走道和安全出口的门厅，其顶棚应采用A级装修材料，其他部位应采用不低于B1级的装修材料；地下民用建筑的疏散走道和安全出口的门厅，其顶棚、墙面和地面均应采用A级装修材料。需要注意的是，即使场所设置了自动喷水灭火系统，装修材料的燃烧性能等级也不能降低。当需要设置装饰材料时，不应靠近电气线路、火源或热源，或采取隔离措施。据此，广大从业单位应当仔细检查本单位的装饰、装修情况，有不符合要求的，应当及时拆除、更换。

2.加强对共用消防设施的管理

《多产权建筑消防安全管理》（XF/T 1245）规定，多产权建筑的产权方、使用方应协商确定或委托统一管理单位，明确消防安全管理职责，对多产权建筑的消防安全实行统一管理。实行委托统一管理单位管理消防安全工作时，当事人各方应签订合同并在合同中明确消防安全工作的权利、义务及违约责任，明确对消防设施的管理职责，明确对消防设施保养、维修、更新或改造所需经费的管理办法。实行承包、租赁或委托经营、管理时，当事人在订立的相关租赁、委托等合同中应明确第一消防安全责任人及各方的消防安全责任。没有约定或约定不明的，产权方为第一消防安全责任人，消防安全责任由产权方和使用方共同承担。实行承包、租赁或委托经营、管理时，产权方应提供符合消防安全要求的建筑物。产权方应提供经公安机关消防机构验收合格或竣工验收备案抽查合格或已备案的证明文件资料。当与使用方签订合同时，明确消防专有、共用部位，以及专有、共用消防设施的消防安全责任、义务。因此，有关各方应当明确各自职责，做好共用消防设施，尤其是消防水泵、防烟、排烟风机等关键核心设备的维护管理。

3.加大执法力度，彻底消除火灾隐患

政府主导，建立健全各行政执法部门之间的火灾隐患整治长效机制，形成有效合力，着力解决区域性热点、难点问题，坚决彻底整改各类火灾隐患。对于需要采取强制措施或需要进行强制执行的违法行为，集中联合整治一批、警示一批，切实形成舆论氛围和高压态势，从而营造良好的消防安全环境。

**扩展阅读**

火灾中产生的烟气成分是什么？有哪些危害？火灾中烟气的蔓延速度有多快？火灾烟气中通常含有火灾生成的气体，如$CO$、$CO_2$、$Cl_2$、$NH_3$、$HCl$、$H_2S$、$HCN$、光气等，以及醛类、苯类、悬浮在空气中的颗粒。火灾烟气的危害主要是：①窒息与毒害：当烟气中的含氧量低时，人的活动能力就会减弱，发生认知障碍，直至窒息死亡；当烟气中的各种有毒气体超过人生理允许的范围时，就会中毒死亡。②造成减光：烟气弥漫时，可见光受到烟粒子的遮蔽而大大减弱，能见度大大降低；③心理恐慌：使人产生恐惧心理，严重影响疏散；④高温损伤：导致烧伤，引起休克、呼吸道水肿气阻。烟气在水平方向的扩散流动速度为0.1~0.8米/秒，在垂直方向的扩散流动速度为1~5米/秒，在楼梯间或管道竖井中，由于烟囱效应可达6~8米/秒甚至更大。

**关联文献**

《建筑内部装修设计防火规范》（GB 50222）

《建筑防烟排烟系统技术标准》（GB 51251）

《消防给水及消火栓系统技术规范》（GB 50974）

《火灾自动报警系统设计规范》（GB 50116）

《自动喷水灭火系统设计规范》（GB 50084）

《重大火灾隐患判定方法》（XF 653）

# 2020年山西省太原市台骀山滑世界农林生态游乐园有限公司"10·1"重大火灾事故①②

## ——违章操作电气设备致重大人员伤亡

2020年10月1日，位于太原市迎泽区郝庄镇小山沟村的太原台骀山滑世界农林生态游乐园有限公司冰雕馆发生重大火灾事故，造成13人死亡、15人受伤，过火面积约2258平方米，直接经济损失1789.97万元。事故现场概貌如图5-1所示。

台骀山滑世界农林生态游乐园（以下简称台骀山游乐园）项目位于太原市迎泽区郝庄镇小山沟村，由太原台骀山滑世界农林生态游乐园有限公司（以下简

图5-1 冰雕馆火灾事故现场概貌

① 资料来源：应急管理部.应急管理部公布2020年全国应急救援和生产安全事故十大典型案例[EB/OL].[2021-01-04].https://www.mem.gov.cn/xw/bndt/202101/t20210104_376384.shtml.
② 资料来源：太原台骀山滑世界农林生态游乐园有限公司冰雕馆"10·1"重大火灾事故调查报告全文来源于山西省应急管理厅微信公众号.

称台骀山游乐园公司）投资运营，2013年3月开工建设，2014年7月开始对外营业，逐步建成滑世界乐园、碉堡文化园、根祖文化园、野生植物园四大主题园，年接待游客约40万人次，高峰期每天游客约5000人次，平时约1000人次。起火的冰雕馆项目位于台骀山游乐园西北处，依山谷而建，南北两侧为山体，东西长133.85米、东口宽32.8米、西口宽8.96米，高8.2米，总建筑面积2258平方米。冰雕馆主体为钢架结构，南北两侧外墙4米以上用彩钢板围护，顶部用彩钢板封闭。内部喷涂约15厘米厚的聚氨酯作保温层，同时用约14厘米厚的聚苯乙烯夹芯彩钢板隔离成两个相对独立的部分，南侧为小火车通道，北侧为冰雕游览区（主体建筑一层、局部二层）。小火车通道照明线路均采用铰接方式连接，敷设在聚苯乙烯夹芯彩钢板上，并被聚氨酯保温材料覆盖。冰雕游览区共有5个安全出口，分别是东侧一楼入口、东侧二楼出口、西侧出口、南侧2个出口。该冰雕馆项目主体工程无专业设计、无资质施工、无监理单位、无竣工验收。

## 一、事故经过

2020年10月1日7时34分35秒，台骀山游乐园10千伏线路发生故障，为保证正常营业，8时50分许，景区水电部工作人员卢某开启4台自备发电机供电；随后，水电总监李某通知郝庄供电所工作人员董某维修线路，董某联系山西明业电力工程有限公司小店工程部工作人员牛某协助其处理故障。故障排除后，12时49分许，牛某电话联系董某得知可以供电后将市电接通；12时51分44秒，卢某在未将低压用电设备及发电机断开的情况下，直接将单刀双掷隔离开关从自备发电机端切换至市电端；12时57分49秒，火车通道内装饰灯具熄灭；12时59分22秒，火车通道西口开始冒烟，12时59分37秒出现明火；12时59分38秒，冰雕游览区内西南侧开始冒烟；13时8秒，浓烟从火车通道及冰雕游览区东口涌出。事故发生时，冰雕游览区内共有28名游客被困。

13时1分31秒，太原市消防救援支队指挥中心接到报警后，省、市、区三级立即启动应急响应。山西省、太原市、迎泽区党委、政府有关领导率领工作组赶赴现场指挥抢险救援。各级应急、公安、文旅、卫健、消防等部门积极参与，迅速组织19支应急队伍、276名专职救援人员，并调集48辆消防救援车辆赶赴现场，全力开展现场灭火和人员搜救行动。救援过程中，太原市公安局迎泽分局、迎泽区森防基地以及郝庄镇政府等组织450余人，积极做好协调保障工作。太原市急救中心派出24辆救护车（含2辆指挥车）、73名医护人员进行医疗救治。

## 二、事故原因

（一）直接原因

当日景区10千伏供电系统故障维修结束恢复供电后，景区电力作业人员在将自备发电机供电切换至市电供电时，进行了违章带负荷快速拉、合隔离开关操作，在火车通道照明线路上形成的冲击过电压，击穿了装饰灯具的电子元件造成短路；通道内照明电气线路设计、安装不规范，采用的无漏电保护功能大容量空气开关无法在短路发生后及时跳闸切除故障，持续的短路电流造成电子元件装置起火，引燃线路绝缘层及聚氨酯保温材料，进而引燃聚苯乙烯泡沫夹芯板隔墙及冰雕馆内的聚氨酯保温材料。

（二）间接原因

1. 台骀山游乐园公司责任不落实

（1）企业无视国家法律法规和政策规定，在未取得有关部门行政审批手续的情况下，长期进行违法占地、违法建设等活动。

（2）企业在游乐场馆建设中没有使用正规的设计、施工、监理、验收单位进行建设，致使电气线路敷设、接地短路保护和逃生通道、安全出口的设置等不符合安全要求，甚至人为封堵冰雕馆安全出口。

（3）企业违规在人员密集场所使用聚氨酯、聚苯乙烯等易燃可燃保温材料。

（4）企业负责人安全意识淡薄，未建立安全生产管理机构、配备专兼职安全管理人员、健全全员安全生产责任制，安全隐患排查、整治、整改走过场，安全管理流于形式。

2. 地方政府没有正确处理安全与发展的关系，有关部门安全监管责任不落实

1）文化和旅游部门

迎泽区文化和旅游局（原迎泽区文体广电新闻出版局）将未取得消防验收许可证、不符合消防安全条件的台骀山游乐园推荐为国家4A级旅游景区；在组织对台骀山游乐园进行检查时不认真、不细致、不严格，未能及时发现冰雕馆长期存在的安全出口封堵、电气线路布置不规范等问题；2017年3月对台骀山游乐园采取停业整顿措施后，对其未经同意擅自恢复开放的行为没有采取相应措施予以纠正。

太原市文化和旅游局（原太原市旅游局）将未取得消防验收许可证、不符合

消防安全条件的台骀山游乐园推荐为国家4A级旅游景区；在组织对台骀山游乐园进行检查或者复核时，未能及时发现冰雕馆存在的重大消防安全隐患；指导迎泽区文化和旅游局履行旅游安全监管职责不力。

山西省旅游景区质量等级评定委员会将未取得消防验收许可证、不符合消防安全条件的台骀山游乐园确定为国家4A级旅游景区，在2019年8月对其复核时也未认真把关。

2）消防救援机构

迎泽区消防救援大队未对台骀山游乐园公司建设工程未取得消防行政许可或进行备案擅自投入使用的问题予以查处；未将其确定为消防安全重点单位进行监督检查；对台骀山游乐园公司多个场馆使用易燃可燃的聚氨酯、聚苯乙烯等材料，以及冰雕馆消防疏散通道和安全出口不通畅等问题查处不到位；在2017年3月联合执法检查中，对发现的冰雕馆部分电线脱皮、电表箱电线未穿管、现场人员不会使用灭火器和消火栓等问题未依法进行查处；在开展的多次执法检查中，未按规定制作使用并下达执法文书。

太原市消防救援支队对迎泽区消防救援大队消防安全监管工作指导监督不力，对其开展消防监督检查不到位的问题失察。

3）林业部门

迎泽区林业局未认真履行景区主管部门责任，没有依法查处台骀山游乐园未经安全风险评估、不符合景区开放条件违规接待游客的行为；在组织开展的森林专项督查和日常检查中，未依法对台骀山游乐园多次擅自占用林地建设的行为进行查处。

4）原国土资源部门

原太原市国土资源局迎泽分局未认真履行土地管理职责，对辖区内违法占地行为监管执法不到位；作为区政府土地矿产卫片执法专项监督检查行动领导小组办公室，在2013年以来卫片执法专项监督检查行动中，对制止和拆除台骀山游乐园违法占地建设行为督导不力，没有形成打击违法占地建设行为的整体合力。

原太原市国土资源局对原太原市国土资源局迎泽分局国土资源执法监察工作指导、监督不到位。

5）城乡管理部门

迎泽区城乡管理局（原迎泽区城市管理局）对台骀山游乐园违法占地建设行

为查处打击不力。

迎泽区城乡管理综合行政执法大队（原太原市城市管理行政执法局迎泽区分局、太原市城乡管理行政执法局迎泽区分局）未对台骀山游乐园违法占地建设行为及时制止和查处。

6）地方党委政府

太原市迎泽区郝庄镇贯彻城乡规划、土地管理、安全生产等法律法规不到位。对台骀山游乐园在集体土地上违法占地行为查处不力；对辖区内消防安全工作组织领导不力；对检查中发现的应急通道布局不合理、灭火器材配备不达标、小吃城使用易燃可燃材料等问题督促企业整改不到位，在日常检查中未发现其多处违规使用聚氨酯等易燃可燃材料。

太原市迎泽区"人民至上、生命至上"理念树得不牢，没有正确处理经济发展与安全生产的关系，重项目引进、轻服务监管；贯彻落实地方党政领导干部安全生产责任制规定不认真；未建立旅游景区综合协调机制；在重大节假日前，区领导组织有关部门对台骀山游乐园安全检查时不严不细不实；对国土资源部门多次报请拆除台骀山游乐园违法占地建设未研究部署，未按照规定组织对台骀山游乐园违法占用集体土地擅自建设的行为进行查处和拆除。

太原市未严格执行"安全第一、预防为主、综合治理"的方针，贯彻落实党中央、国务院及省委、省政府关于安全生产的决策部署不够有力，组织开展安全生产专项整治三年行动、"三零"单位创建工作不扎实，落实地方党政领导干部安全生产责任制规定不到位，推动有关部门落实"管行业必须管安全、管业务必须管安全、管生产经营必须管安全"要求不力，强化安全风险管控和隐患排查治理工作上有差距，对有关部门履行监管职责不到位和迎泽区未认真履行属地管理职责失管失察。

## 三、责任追究

事故发生后，太原市迎泽区政府已对台骀山景区实施全面关停，并将景区负责人及相关人员移送司法机关调查处理。

（1）台骀山游乐园公司13人因涉嫌重大责任事故罪，隐匿会计凭证、会计账簿、财务会计报告罪被采取刑事措施。

（2）政府及相关部门35人被给予党纪政务处分。其中，文化和旅游部门8

人，消防救援机构6人，林业部门4人，原国土资源部门3人，城乡管理部门2人，太原市迎泽区郝庄镇4人，太原市迎泽区4人，太原市2人，其他人员2人。

（3）被诫勉谈话、批评并责令做出检查等组织处理3人。

## 四、专家点评

（一）经验教训

这是一起文化旅游场所的典型火灾事故。诚然，受新冠肺炎疫情影响，我国文旅产业遭受前所未有的冲击，旅游市场在经历五一、端午小长假缓慢复苏之后，迎来2020年十九年一遇的"中秋+国庆"8天长假，企业想尽快凭借假期缓解经济压力无可厚非，但违法经营导致重大事故反而得不偿失。这起事故除了政府公布的"没有正确处理安全与发展的关系、涉事企业建设运营管理混乱、有关部门审批监管不负责任、隐患排查治理流于形式"等教训外，有三个主要原因直接导致了火灾发生。

（1）违章倒闸操作。操作人员没有依次切断断路器和隔离开关，而是进行了违章带负荷快速拉、合隔离开关操作。由于隔离开关没有消弧设备，合闸时照明线路上形成冲击过电压击穿装饰灯具的电子元件造成短路。

（2）电气线路的保护装置不符合要求。起火场所没有按照《民用建筑电气设计标准》（GB 51348）和《低压配电设计规范》（GB 50054）有关在低压配电线路上设置短路保护和剩余电流保护的要求，选择、安装相应的电气设备。火车通道内照明电气线路采用的无漏电保护功能大容量空气开关无法在短路发生后及时跳闸切除故障，持续的短路电流造成电子元件装置起火，引燃了线路绝缘层及周围保温材料。

（3）大量采用易燃、可燃材料装修。违反《建筑设计防火规范》（GB 50016）和《建筑内部装修设计防火规范》（GB 50222）的强制性规定，在公共娱乐场所大面积使用易燃、可燃保温材料和装饰、装修材料，导致火灾和有毒烟气迅速蔓延。

（二）意见建议

（1）加强对景区、游乐设施、娱乐场所电力、供水、供气等关键公共设施的管理。必须建立安全操作规程，严格用火用电和施工管理审批，防止电气设备违章操作。景区往往点多线长，供水管线故障率相对较高，应当严防检修导致关阀停用消防设施。餐饮服务方面，需要对气源和用火加强管理，尤其是加强液化气、煤油、柴油、酒精等燃料的入户、使用管理，禁止违规购买、存放。

（2）强化人工景点和游乐设施的技术措施与安全检查。文化、旅游、体育建筑往往有别于其他公共建筑，有其特殊的建筑形式和功能要求。尤其是许多旅游建筑采取建筑物与构筑物相互搭配、结合的方式来达到使用功能的要求，因而往往忽视对建筑构件耐火等级、装修材料燃烧性能等级的要求。还有一些游乐设施是商家成套提供，导致管理运行方认为是户外、平时人不多、可燃物少、成套产品应该没问题忽视了火灾风险。由于地处偏远，行政主管部门也很难做到经常性地逐栋、逐个全部检查一遍。因此，对于这些建（构）筑物和设施，运营单位应当切实履行主体责任，有针对性地进行排查、检查，对于不符合相关要求的，必须改正或积极采取技术措施进行改造。

（3）结合文化旅游场所实际做好安全管理工作。对于景点多、线路长的场所，应当按照就近原则划定若干责任片区，每个片区以及片区内的每个景点都应设置安全员，并配备必要的通信设备；对于等级较高的景区，尤其是知名度高、人流量大、面积大，含有森林、湖泊等不同地貌、水文环境的，应尽可能采取设置视频监控系统、3S系统（地理信息系统、定位系统和遥感系统）实时对全域进行监控，以便及时发现火灾。

**扩展阅读**

为什么不允许带负荷操作隔离开关？这是因为隔离开关没有消除电弧的装置，直接用它切断负荷会产生高温电弧，可能会造成重大事故。因此停电必须先切断断路器，再切断隔离开关，送电时相反。我要倒闸，又不想停电，该怎么办呢？对于负载不大，特殊设备又有不停电要求的场合，可以使用UPS（不间断电源）。其他情形需要根据现场实际判断。

**关联文献**

《旅游安全管理办法》（国家旅游局令第41号）

《民用建筑电气设计标准》（GB 51348）

《电气装置安装工程　接地装置施工及验收规范》（GB 50169）

《建筑物防雷设计规范》（GB 50057）

# 第二部分

## 典型社会福利机构火灾事故

我国社会福利机构火灾事故暴露出的问题主要有以下几个方面。

**一是建筑消防设计达不到要求，消防设施设置严重不足。**民办福利机构此类情况较多。受限于当地经济，多数福利机构由其他建筑改造而成，耐火等级、防火分区、安全疏散、消防设施等不符合现行国家标准的规定。如2013年河北省承德市围场县围场镇常乐福老年公寓"12·24"火灾，起火建筑原为居民王某个人住房，内部仅设1部疏散楼梯，未配备任何灭火器材及火灾自动报警设备。

**二是夜间值班人员数量不足，缺乏有针对性的应急演练。**福利机构火灾事故绝大多数发生在夜间，人员处于睡眠状态，火灾初期不易被发现，加之夜间值班人员少，且普遍缺乏应急处置技能，一旦发生事故易造成较大人员伤亡。如2015年河南省鲁山县康乐园老年公寓"5·25"火灾事故中不能自理区住宿52名老人，值班护工仅4人；2017年吉林省通化市辉南县朝阳镇聚德康安老院"1·4"火灾，值班人员发现起火后，不能准确判断着火房间，而是逐个房间寻找起火部位，延误了初期火灾处置。

**三是消防管理制度不落实，用火、用电管理混乱。**由于一些社会福利机构管理粗放，缺乏基本的管理体系，对一些常见隐患视而不见，久而久之养患成灾。用火不慎、电气故障是社会福利机构火灾的直接原因，耐火等级低、可燃杂物多、人员疏散困难是间接原因。如河南省鲁山县康乐园老年公寓"5·25"火灾因吊顶内电气线路接触不良发热，引燃周围易燃可燃材料起火。

2015年以来，民政部、公安部会同有关部门修订了《社会福利机构消防安全管理十项规定》，推行消防安全标准化建设，有效控制了社会福利机构火灾数量。据应急管理部消防救援局数据，2016年至2020年五年间，全国养老机构火灾起数、死亡人数、受伤人数同比前五年分别下降17%、66.9%、31.4%，没有发生重大以上火灾事故。

本部分选取2011—2020年3起典型的社会福利机构火灾进行剖析、点评。

## 案例6

# 2013年河北省承德市围场县围场镇常乐福老年公寓"12·24"较大火灾事故[①]

### ——电气故障或为元凶

2013年12月24日3时许，河北省承德市围场县围场镇常乐福老年公寓发生火灾，造成4人死亡，2人受伤。现场概貌如图6-1所示，室内过火情况如图6-2~图6-4所示。

图6-1 常乐福老年公寓火灾事故现场概貌

该老年公寓位于围场满族蒙古族自治县围场镇锥峰路的2层房屋，共300.89平方米，无相应建筑消防设施。

---

① 资料来源：安厦系统科技成都有限责任公司网．河北省围场满族蒙古族自治县人民法院刑事判决书（2014）围刑初字第49号[EB/OL]．[2020-03-13].http://www.isa-hsse.com/index.php?a=show&catid=191&id=6335.

## 一、事故经过

2013年12月24日凌晨，常乐福老年公寓住户石某正在睡觉，觉得脚底下特别热，醒来发现电视柜边上的插座起火，连接插座的电线也起火了。其对门居住的崔某冲了几次冲不出去，回到屋里，把一位80多岁的老人从窗户转移出去后，喊人救火。后来火越着越大，经老年公寓工作人员扑救，未果。24日凌晨3时许，附近居民武某发现火灾并打电话报警。火灾经消防队扑救熄灭。

## 二、事故原因

### （一）直接原因

可以排除物品自燃、放火、用火不慎、吸烟、雷击等原因，不能排除老年公寓住户石某卧室电气故障引发火灾。

图6-2 楼梯过火现场

图6-3 室内过火现场

### （二）间接原因

单位消防安全主体责任不落实。围场镇常乐福老年公寓自开业以来，没有设置相应的消防设施，导致在起火后不能有效地控制火势和灭火；未建立消防安全防范制度及相关的应急预案，没有专职值班人员和相应的巡查制度。

## 三、责任追究

（1）老年公寓法定代表人马某，因重大责任事故罪被判处有期徒刑3年。

图6-4　石某房间电视机上方屋顶过火现场

（2）老年公寓管理人林某，因重大责任事故罪被判处有期徒刑3年，缓期执行4年。

### 四、专家点评

（一）经验教训

该起事故暴露出社会单位消防安全主体责任不落实，消防安全管理不到位，建筑存在重大火灾隐患等问题，也反映出负有安全监管职责的相关行政管理部门工作存在履职不到位、失控漏管问题。

（1）建筑物存在严重隐患。一是该公寓仅设一部疏散楼梯，不符合《建筑设计防火规范》（GB 50016）关于该类场所安全疏散楼梯不少于2个的要求；二是室内木质装修材料较多，不符合《建筑内部装修设计防火规范》（GB 50222）关于此类场所顶棚、墙面装修材料为A级（不燃烧材料），地面、隔断不低于B1级（难燃烧材料）的要求。

（2）消防宣传教育和应急演练不到位，对火灾处置不当。火灾第一发现人未及时采取扑救措施，未第一时间报警；工作人员对火灾处置不当，管理人员未对入驻人员进行有效疏散。

（3）缺乏应有的消防设施。该建筑没有按照《建筑设计防火规范》（GB 50016）的要求设置室内消火栓，也未配备任何灭火器材，是导致火灾未能及时控制的主要原因。

（4）该公寓无用火、用电等安全管理制度。没有按照《中华人民共和国消防法》和《机关、团体、企业、事业单位消防安全管理规定》依法履行职责。

（5）行政机关履职不到位。该建筑存在严重火灾隐患，但当地行政机关在检查中并未指出，也未处理，导致问题没有得到整改。

（二）意见建议

（1）落实消防安全主体责任。养老院、疗养院、医院、幼儿园等弱势群体集中场所应当进一步加强和落实消防安全责任制，落实各项防火检查、巡查制度，加强用火、用电管理，通过加大夜间巡查频次，增设视频监控系统、电气火灾监控系统等人防、技防措施，杜绝类似事故发生。

（2）加大隐患排查检查力度。街道、社区（村）以及负有监管责任的行政管理部门应当对辖区养老院、福利院等社会福利机构开展经常性的消防安全检查，摸清社会福利机构的底数和存在的主要安全问题，严防失控漏管。对建筑结构存在耐火等级低、结构设计不符合消防安全要求等自身难以整改的问题，应当由人民政府统筹考虑，落实整改。

（3）严把开办准入关。对新建、改建和扩建的老年人居住与活动建筑，必须严格执行《建筑设计防火规范》（GB 50016）等国家标准，提高此类场所建筑的安全性。对不符合有关消防安全标准要求的，不得批准开办。

（4）加强消防安全教育培训和疏散演练。社会福利机构有关人员应当积极组织、参加消防安全教育培训，针对老、弱、病、残、幼等的认知特点，定期组织开展针对性强的疏散逃生演练，切实提高消防安全素质和能力，做到一旦出现险情能够快速有效组织人员疏散逃生。

**扩展阅读**

**重大责任事故罪：** 在生产、作业中违反有关安全管理的规定，因而发生重大伤亡事故或者造成其他严重后果的，构成重大责任事故罪，处三年以下有期徒刑或者拘役；情节特别恶劣的，处三年以上七年以下有期徒刑①。我国2012—2020年特大事故中，以玩忽职守罪、重大责任事故罪被追究的人员最多，分别为158人、134人，占被追究刑事责任总人数的30.9%、26.2%。

现行《建筑设计防火规范》（GB 50016）规定：老年人照料设施的疏散楼梯或疏散楼梯间宜与敞开式外廊直接连通，不能与敞开式外廊连通的室内疏散楼梯应采用封闭楼梯间。建筑高度大于24米的老年人照料设施，其室内疏散楼梯应采用防烟楼梯间。建筑高度大于32米的老年人照料设施，宜在32米以上部分增设能连通老年人居室和公共活动场所的连廊，各层连廊应直接与疏散楼梯、安全出口或室外避难场地连通。供失能老年人使用且层数大于2层的老年人照料设施，应按核定使用人数配备简易防毒面具。

**关联文献**

《中华人民共和国刑法》

《社会福利机构消防安全管理十项规定》（民函〔2015〕280号）

《养老服务机构消防安全须知八条》（民政部、应急管理部2019年8月）

《建筑设计防火规范》（GB 50016）

---

① 中国人大网.中华人民共和国刑法修正案（十一）[EB/OL].[2020-12-26].http://www.npc. gov.cn/npc/c30834/202012/850abff47854495e9871997bf64803b6.shtml.

# 2015年河南省平顶山市鲁山县康乐园老年公寓"5·25"特别重大火灾事故①
## ——接触不良发热引燃彩钢板房易燃可燃物

2015年5月25日19时30分许，河南省平顶山市鲁山县康乐园老年公寓发生火灾，共造成39人死亡，6人受伤，过火面积745.8平方米，直接经济损失2064.5万元，起火建筑概貌如图7-1所示。

① 资料来源：应急管理部.河南平顶山"5·25"特别重大火灾事故调查报告[EB/OL].[2015-10-14].
https://www.mem.gov.cn/gk/sgcc/tbzdsgdcbg/2015/201510/t20151014_245219.shtml.

图7-1　康乐园老年公寓起火建筑概貌

康乐园老年公寓占地面积40亩，总建筑面积2272平方米，设能自理区2个、半自理区1个、不能自理区1个，另有办公室、厨房、餐厅等，所有建筑均为单层。主业为养老、托老，兼业为康复、医疗。有工作人员25人，常住老人130人。起火建筑为不能自理区，建筑面积745.8平方米，长56.5米、宽13.2米，采用钢结构彩钢夹芯板搭建。房柱采用空心方形钢，墙体、屋顶均采用镀锌板夹聚苯乙烯泡沫板，吊顶采用白色塑料扣板，吊顶骨架采用木方条，吊顶内空间整体贯通。共设4个安全出口，其中东西向走廊两端各设一个，南北墙中间位置各设一个，均可直通室外。养老院整体概貌如图7-2所示，平面布置如图7-3所示。

一、事故经过

2015年5月25日19时30分许，康乐园老年公寓不能自理区女护工赵某、龚某在起火建筑西门口外聊天，突然听到西北角屋内传出异常声响，两人迅速进屋，发现建筑内西墙处的立式空调以上墙面及顶棚区域已经着火燃烧。赵某立即大声呼喊救火，并进入房间拉起西墙侧轮椅上的两位老人往室外跑，再次返回救

图7-2 康乐园养老院鸟瞰复原图

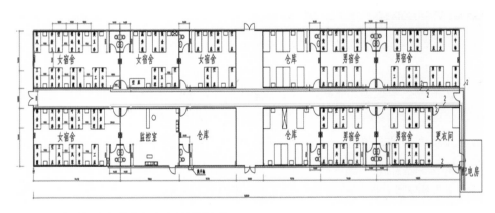

图7-3 康乐园老年公寓起火建筑平面布置

人时，火势已大，自己被烧伤，龚某向外呼喊求助。不能自理区男护工石某、常某、马某，消防主管孔某和半自理区女护工石某等听到呼喊求救后，先后到场施救，从起火建筑内救出13名老人。在此期间，范某等人发现起火后先后拨打119电话报警。

19时34分4秒，鲁山县消防大队接到报警后，迅速调集5辆消防车、20名官兵赶赴现场，并通知辖区两个企业专职消防队2辆水罐消防车、14名队员到达火灾现场协助救援。20时10分现场火势得到控制。20时20分明火被扑灭。

河南省及平顶山市政府接到火灾事故报告后，立即启动应急预案。省长、副省长，平顶山市委、市政府主要负责同志等带领省、市有关部门负责同志赶赴事故现场，成立现场指挥部，组织开展应急救援和伤员救治工作。火灾发生后，鲁山县委、县政府启动应急响应，组织公安、消防、民政、安全监管、医疗卫生等部门人员全力展开灭火、搜救、善后及维稳工作。医疗卫生部门共调派27辆救护车、14个医疗单位，出动医务人员81人次。

## 二、事故原因

### （一）直接原因

康乐园老年公寓不能自理区西北角房间给电视机供电的电气线路接触不良发热，高温引燃周围的电线绝缘层、聚苯乙烯泡沫、吊顶木龙骨等易燃可燃材料起火。

### （二）间接原因

1.康乐园老年公寓违规建设运营，管理不规范，安全隐患长期存在

（1）违法违规建设、运营。康乐园老年公寓发生火灾建筑没有经过规划、消防设计审查、验收，使用无资质施工队施工，违规使用聚苯乙烯夹芯彩钢板和不合格电器电线；未按照国家强制性行业标准《老年人建筑设计规范》（JGJ 122）要求，在床头设置呼叫对讲系统，不能自理区配置护工严重不足。

（2）日常管理不规范，消防安全防范意识淡薄。没有建立相应的消防安全组织和消防制度，没有制定消防应急预案，没有组织员工进行应急演练和消防安全培训教育，员工对消防法律法规不熟悉、不掌握，消防安全知识匮乏。

2.地方民政部门违规审批许可，行业监管不到位

（1）鲁山县民政局日常监管不到位，违规审批许可。一是未发现其使用彩钢板扩建经营、安全组织管理缺失等问题；二是在康乐园老年公寓未提供建设、消防、卫生防疫等部门的验收报告和审查合格意见书的情况下，违规通过了康乐园老年公寓审批。

（2）平顶山市民政局违规批准康乐园老年公寓，贯彻落实法规政策不到位。一是未按照审批程序审查康乐园老年公寓相关证照，违规向其颁发批准证书；二是重部署通知，轻检查落实，指导督促不到位。

（3）河南省民政厅督促落实法规政策不到位，指导下级安全管理工作不到位。未及时出台养老机构护工人员比例标准，未及时落实《民政部关于贯彻落实

〈养老机构设立许可办法〉和〈养老机构管理办法〉的通知》（民函〔2013〕222号）、《河南省养老机构设立许可管理办法》（豫民〔2013〕7号），没有及时有效组织指导下级规范开展养老机构设立许可工作。

3.地方公安消防部门落实消防法规政策不到位，消防监管不力

（1）鲁山县公安局董周派出所落实消防法规政策不到位，消防日常监管不力。没有认真贯彻执行消防安全重点单位界定标准要求，未能及时发现和纠正康乐园老年公寓违规彩钢板建筑物的消防安全隐患。

（2）鲁山县公安消防大队执行消防法规政策不严格，日常监管有漏洞。未严格执行《平顶山市消防安全重点单位界定标准》，对鲁山县公安局董周派出所日常消防监督检查、培训指导不到位，对康乐园老年公寓的有关信息掌握不准、底数不清，没有及时排查出康乐园老年公寓存在的重大消防安全隐患。

（3）鲁山县公安局对鲁山县公安消防大队和董周派出所消防安全工作指导、督促检查不到位。

（4）平顶山市公安消防支队指导下级开展工作、督促工作落实不到位。对如何申报、怎样界定消防安全重点单位等级以及消防安全重点单位界定登记工作，没有明确市公安消防支队与派出所、县公安消防大队之间如何对接等要求。

（5）平顶山市公安局开展消防安全专项行动不力，指导检查消防工作不实。

（6）河南省公安消防总队对下级落实有关消防安全法律法规督促落实不到位。

4.地方国土、规划、建设部门执法监督工作不力，履行职责不到位

（1）鲁山县国土资源局监督执法不彻底。琴台国土资源所巡查发现康乐园老年公寓未经批准违法占用耕地1066平方米用于建设彩钢板房，除行政处罚10660元的决定得到落实执行外，没有依法采取有效措施继续对非法占地行为予以纠正，导致非法占地建筑最终建成并投入使用。

（2）鲁山县城乡规划局落实法规政策不实，督促指导执法监察大队工作不到位。起火建筑自2013年开工建设至事故发生，鲁山县城乡规划局执法监察大队未检查并发现其违法建设行为。

（3）鲁山县住房和城乡建设局执法检查不到位。起火建筑于2013年建设期间，城建监察大队从未发现其违法建设行为，查处违法建设工作有漏洞，检查不到位。

5.地方政府安全生产属地责任落实不到位

（1）鲁山县琴台街道办事处贯彻落实国家有关法规政策不到位，属地监管不力。对康乐园老年公寓的属地监管职责推诿扯皮、失控漏管，没有履行属地监管职责。琴台街道办事处民政所贯彻落实国家有关法律法规不到位，未落实县民政部门对养老机构认真开展安全检查的工作要求。

（2）鲁山县委、县政府贯彻落实国家民政、公安消防等法规政策不到位，履行安全生产属地监管职责不到位。

（3）平顶山市政府督促指导下级政府和有关部门贯彻落实国家及河南省民政、公安消防等法规政策不到位，督促指导安全工作不力。

### 三、责任追究①

（一）失火单位相关责任人追究情况（6人）

（1）康乐园老年公寓法定代表人范某、彩钢板房建筑商冯某构成工程重大安全事故罪，分别判处9年有期徒刑、罚金50万元和6年6个月有期徒刑、罚金10万元。

（2）康乐园老年公寓副院长刘某、马某，消防专干孔某和消防安全小组成员翟某构成重大责任事故罪，分别被判处有期徒刑5年至3年6个月不等的刑罚。

（二）政府监管部门相关责任人追究情况（15人）

（1）鲁山县民政局局长刘某，被依法以滥用职权罪判处有期徒刑6年，以受贿罪判处其有期徒刑2年6个月、罚金10万元，以贪污罪判处其有期徒刑6个月、罚金10万元，合并执行有期徒刑8年、罚金20万元。

（2）鲁山县民政局党组成员王某、城福股原股长铁某、鲁山县公安局原党委委员高某、鲁山县消防大队原大队长梁某、鲁山县城乡规划局（城市）执法监察大队原大队长孙某等10名国家机关工作人员分别被以滥用职权罪或玩忽职守罪判处有期徒刑6年至2年6个月不等的刑罚。

（3）鲁山县董周派出所所长曹某、鲁山县消防大队防火参谋冯某、鲁山县住房和城乡建设局城建监察大队大队长邢某、鲁山县城建监察大队四中队中队长郜某4人分别被以玩忽职守罪判处有期徒刑4年6个月至3年6个月不等的刑罚。

---

① 安平．河南鲁山特大火灾事故案一审宣判 [J]．中国消防，2017(24):57.

## 四、专家点评

目前，我国民办福利机构普遍存在资金投入不足，国家优惠扶持政策难以落实，缺乏专业服务人员，建设、管理不规范等问题。其中，配套建筑消防设施不足、工作人员不具备扑救初起火灾及组织疏散逃生的能力，装修、电气线路敷设不规范、吸烟、违规使用电热器具和燃气具等诱发火灾因素较多等问题尤为突出。这起火灾事故暴露出的主要问题如下：

（1）电气线路敷设不符合要求。起火部位电气线路在吊顶内及穿过墙体和吊顶处均未穿管保护，分线处接头直接铰接，未使用接线盒，存在电线接触不良现象。电气线路敷设部位存在聚苯乙烯泡沫、吊顶木龙骨等易燃可燃材料，吊顶上部贯通，起火后，火灾通过吊顶内迅速蔓延。吊顶内电气线路敷设情况如图7-4所示。

图7-4　吊顶内电气线路敷设情况

（2）建筑耐火等级和保温材料燃烧性能等级低。起火建筑为彩钢板搭建，且未采取耐火保护措施，耐火性能差，受高温作用短时间内即垮塌（图7-5）。采用易燃聚苯乙烯板作为夹芯材料，燃烧后产生大量有毒有害气体和高温熔融滴落物，造成火灾事故迅速蔓延扩大。

图7-5　建筑钢结构垮塌情况

（3）人员疏散不及时。起火区域的住宿人员基本为不能自理的老人，无逃生自救能力。火灾发生当晚，不能自理区住宿老人52人，值班护工仅有4人，未能及时有效组织疏散。起火单位也未按要求设呼叫器，致使最先发现火灾的老人不能在第一时间通知工作人员。

（4）单位未按要求对员工进行消防安全教育培训。没有按要求开展消防安全教育培训和疏散演练，员工缺乏应急处置和组织人员疏散的能力。

（5）地方有关行政部门对养老院开办把关不严。

（二）意见建议

（1）加强社会福利机构建设工程管理。对新建、改建和扩建的老年人居住与活动建筑，必须严格执行《老年人照料设施建筑设计标准》（JGJ 450）和《建筑设计防火规范》（GB 50016）等相关国家标准，提高此类场所建筑的安全性。现有养老机构内居住建筑耐火等级不符合要求的，应停止使用、依法拆除或采取技术措施积极整改。

（2）加强养老机构行业管理。针对社会福利机构的现状及问题，进一步完善行业安全管理制度，落实国家优惠帮扶政策以加大安全投入，实行标准化管理，推动单位落实主体责任，加强日常巡查检查，完善事故应急预案，组织开展安全培训和疏散演练，切实提高自我管理能力。

（3）明确养老机构护理人员配备比例。合理确定养老机构护理人员的配备数量，尤其是对不能自理的老人，要参照医院ICU（重症加强护理病房）的护患比例增加护理人员数量，并加强业务培训，提升人员素质，确保一旦出现突发情况，能够及时有效处置。

（4）严格用火用电管理。开展此类建筑用火用电专项检查，对于电气线路敷设方式、接线方式、线径、电气保护措施不符合要求的，必须按照国家有关电气标准进行整改；对于配电箱、电器插座、插头、接头附近存在可燃物的，必须督促单位进行清理；对于违规使用电热器具、高温灯具，以及燃气、液体燃料和煤、柴等固体燃料的，必须予以制止，并指导单位制定相关管理规定。对于材料储存设施和供给设施与建筑物没有保持安全距离，且未采取技术措施的，应当责令单位予以改正。

**扩展阅读**

老年人照料设施建筑的墙体保温材料、吊顶装修材料都必须是不燃烧材料。老年人照料设施最好独立建造，当设在有其他用途的建筑中时，应当与其他部分进行防火分隔；其耐火等级不能低于三级，当为三级时不能超过2层。开办此类场所需要进行建筑消防设计审查、验收，并经过民政部门批准同意后方可开办。

**关联文献**

《老年人照料设施建筑设计标准》（JGJ 450）

《城镇老年人设施规划规范》（GB 50437）

《疗养院建筑设计标准》（JGJ/T 40）

《托儿所、幼儿园建筑设计规范》（JGJ 39）

《综合社会福利院建设标准》（建标〔2016〕296）

《无障碍设计规范》（GB 50763）

案例8

# 2017年吉林省通化市辉南县朝阳镇聚德康安老院"1·4"较大火灾事故[①]

## ——电气故障致多名老人殒命

　　2017年1月4日4时许，吉林省通化市辉南县朝阳镇聚德康安老院（图8-1）发生火灾，造成7人死亡，烧毁室内装修、家具、衣物等物品，过火面积约28.44平方米，直接经济损失213.452万元。

图8-1　聚德康安老院概貌

---

① 资料来源：该案例来源于辉南县聚德康安老院"1·4"较大火灾事故调查组2017年4月26日公布的《辉南县聚德康安老院"1·4"较大火灾事故调查报告》。

聚德康安老院建筑为砖混结构，共三层，建筑高9米，耐火等级为二级，建筑面积480平方米，设有室内楼梯一部、室外楼梯一部。共有房间12间，每层4间，发生火灾事故的房间为二楼东侧第一个房间，室内用石膏板和木质骨架做隔断，房门为木门，外楼梯与楼主体连接处设有防火门。该养老院每个房间内均设有感烟探测器和1个消防水桶，楼道口设有应急照明灯和安全疏散标志牌。每个楼层配备2具8千克干粉灭火器。事故发生时，该养老院居住39名老人（一层7人、二层17人、三层15人），全部是行动不便或者失去自理能力的人员。

## 一、事故经过

2017年1月4日凌晨3时55分，该养老院值班负责人邢某、护工王某听到火灾自动报警控制器报警后，便起床一同从一层开始寻找火源，二人赶到二层后，发现东侧第一个房间内西北角床下着火，邢某将该床上老人抱到西南角的床边地上后，到一层将总电源关闭，此时王某与随后赶到的3名护工一起参与救火。邢某返回火灾现场途中，拿起一、二层中间的2具灭火器参与灭火，并让护工把养老院的其他4具灭火器都拿来灭火，6具灭火器用完后火势仍未得到有效控制，在此期间，邢某让王某拨打电话报警。

4时15分，辉南县消防大队赶到事故现场。4时27分，明火被扑灭，经现场搜救确认，起火房间内7名老人不幸遇难，其余房间共32名老人成功获救。县卫计委紧急调配12辆救护车、31名医护人员，将营救出的32名老人全部转移至县医院。

县委、县政府立即成立了事故应急处理工作组，由专人全力做好家属抚慰、善后处置、沟通协调等工作。

## 二、事故原因

### （一）直接原因

聚德康安老院2层东侧第一个房间西北角床铺下方（由南向北数第二张床铺）墙壁电源插座与充气气垫插头接触不良，引燃周围可燃物蔓延成灾。起火部位及起火房间如图8-2、图8-3所示。

### （二）间接原因

（1）该养老院自2013年3月1日开始经营，一直未取得养老机构设立许可

图8-2　起火部位清理后情况

证等相关证照，本身安全条件差。

（2）安全管理混乱。该养老院多数床位下方堆放尿不湿、纸尿裤等可燃物，是火灾迅速蔓延、造成大量人员死亡的主要原因。

（3）安全培训不到位。消防安全教育只停留在口头上，没有制定应急预案，未开展过应急演练。发现起火房间后，该养老院工作人员不能熟练操作使用火灾报警控制器，无法准确判断起火房间，错过了疏散救人和扑救火灾的最佳时机，未在第一时间正确救援、组织疏散。

（4）护理人员配备不到位。该养老院居住的39名老人，全部行动不便或不能自理，火灾发生后，由于护理人员少，未能有效及时组织疏散救人。

（5）人数超员。《吉林省养老机构设立许可实施办法》规定，"老年人单人间居室使用面积不小于10平方米，双人间不小于16平方米，三人以上居室每张床位的使用面积不小于6平方米"。该养老院起火房间面积约为28平方米，摆放8张床位，居住7名失能老人，人员密度严重超出规定。

（6）辉南县民政局未按照规定采取有效措施，对非法经营的民办养老机构予以整改、取缔。在多次到聚德康安老院进行检查过程中，没有采取有效措施督促

图8-3 起火房间概貌

该养老院及时整改隐患。

（7）辉南县社区管理服务中心在本单位受朝阳镇政府委托对城区经营性单位实施安全生产监督检查、日常监管工作中，贯彻落实国家有关法规政策不力，对聚德康安老院的属地监管职责推诿扯皮、失控漏管。

（8）朝阳镇政府对社区管理服务中心受委托行使安全生产监管职责工作监督管理不力，没有及时发现和纠正社区管理服务中心存在的失控漏管问题。

（9）辉南县公安局富兴派出所在发现聚德康安老院存在消防安全隐患问题后，未督促该养老院进行有效整改，未按规定对该养老院进行处罚。

（10）辉南县消防大队对富兴派出所履行培训指导职责后，未进一步指导、督促落实。

（11）辉南县安全生产监督管理局未正确履行综合监管职责，对本级政府有关部门和下级政府未严格落实安全监管职责的问题没有及时督促、纠正，未正确履行指导协调、监督检查、巡查考核等综合监管职责。

（12）辉南县委、县政府对有关单位未正确履行职责的问题失察，未及时研究、有效解决辖区内养老机构非法经营的突出问题，未有效督促各有关单位严格落实安全责任、履行安全生产监督管理职责。

### 三、责任追究①

（一）刑事责任追究情况（4人）

（1）对辉南县聚德康安老院予以取缔，2名养老院负责人犯消防责任事故罪，分别被判处有期徒刑4年。

（2）民政系统2人被移交司法机关依法处理。

（二）给予党纪政纪处分、问责情况（24人）

（1）辉南县民政局3人、辉南县社区管理服务中心1人、辉南县朝阳镇党委/政府3人、辉南县公安局5人、辉南县消防大队2人、辉南县政府2人、通化市消防支队2人、通化市公安局2人，共计20人分别被给予相应的党纪政纪处分。

（2）辉南县安全生产监督管理局3人、辉南县政府1人，共计4人给予行政问责。

### 四、专家点评

（一）经验教训

（1）涉事养老机构属于非法经营，疏于安全管理教育，未严格执行有关消防法律、法规和技术标准，不落实消防安全主体责任。其中最为重要的是：从业人员的消防安全教育培训走过场，火灾初期处置不力，导致造成严重后果；建筑内部没有室内消火栓，仅靠灭火器，火灾初起阶段控火不力；用电管理不规范，电器插座周围大量堆放可燃物。

（2）有关部门依法行政意识不强、执法不严，对于长期非法经营的养老机构没有依法采取整改、取缔措施，属地监管职责未有效落实。

（二）意见建议

（1）始终高度重视消防安全工作。切实按照"党政同责，一岗双责"的要求，进一步加强党委、政府领导，强化督查、检查、抽查、考核等措施，强化责任落

---

① 通化市辉南县聚德康安老院"1·4"火灾事故调查结果公布 养老院负责人被追究刑责 26名责任人员受到处理 [J]. 吉林劳动保护，2017（8）：2.

实，确保消防安全责任制落实到位。

（2）疏、堵同步，加大整治力度。要充分认识到违法生产、经营、建设行为，尤其是非法开办养老院、福利院等弱势群体较为集中的人员密集场所可能导致的严重后果，组织力量对本地、本行业生产经营单位全面排查。对于发现的违法行为，要采取果断措施依法关停、取缔。对于确有社会需要的，应当组织有关部门积极开展服务，告知具体要求，指导其尽快改造、完善，办理相关许可后方可投入运营。

（3）有针对性开展消防安全宣传教育。各单位应结合自身特点，开展有针对性的消防安全教育培训工作，科学制定应急疏散预案并组织演练，不断提升负责人、管理人员和从业人员的应急处置能力。

**扩展阅读**

导致电气火灾的一个直接原因是接触电阻过大。在电气线路、设备接头的接触面上形成的电阻称为接触电阻。如果接头处理良好，通常不会过热；如果接头连接不牢固，或存在其他原因导致接触不良，就会在接触点逐渐产生高温，引发火灾。引发电气火灾的四个主要原因分别是漏电、短路、过负荷以及接触电阻过大（俗称接触不良）。

**关联文献**

《民用建筑电气设计标准》（GB 51348）

《建筑电气工程施工质量验收规范》（GB 50303）

# 第三部分

典型文物古建筑（聚落）火灾事故

近年来，俄罗斯新圣女修道院、巴西国家博物馆、法国巴黎圣母院、意大利皇家马厩与马术学院等世界著名的文化遗产相继发生大火，损失惨重，造成无法挽回的损失①。我国文物古建筑火灾也时有发生，近十年来，全国共接报文物古建筑火灾近400起，直接财产损失近3000万元。从起火原因看，电气原因约占30.2%，用火不慎约占19.8%，玩火约占5.3%，吸烟约占5.3%，放火约占5.0%，生产作业不当约占2.8%，自燃约占1.9%，雷击约占0.8%，原因不明约占8.5%，其他原因约占20.4%。

从引发文物古建筑的直接原因来看，电气因素引发火灾占比最大。每年文物古建筑火灾中，电气线路故障或用电器具使用不当引起的火灾起数占三成左右，有的年份甚至达四成以上。如2015年云南大理州拱辰楼因电气线路故障引燃周围可燃物，蔓延扩大造成火灾，使600多年历史的古迹全被烧毁。2019年四川省江油市武都镇窦圌山景区的云岩寺东岳殿因插线板故障引燃周围可燃物引发火灾，造成国家级文物保护单位范围内的复建建筑东岳殿及殿内部分物品烧毁。2014年云南省香格里拉独克宗古城火灾，烧毁房屋242栋，烧损、拆除房屋面积近6万平方米，烧损（含拆除）房屋直接损失近9000万元。

此外，生活用火不慎引发的火灾不容忽视。近十年来，文物古建筑火灾中生活用火不慎为引发火灾的第二大因素。如2019年贵州铜仁建于1939年的陈公馆因明火烤火引发火灾，造成国家重点文物保护建筑被烧毁。

生产作业违规行为引发火灾也时有发生。在文物古建筑维护和修复过程中，使用电气焊、切割，或使用明火烧烤等作业极易引发火灾。如2017年四川省绵竹市九龙镇九龙寺大雄宝殿施工中，工人使用氩弧焊对金属瓦进行焊接作业产生的高温致金属瓦下木结构阴燃起火蔓延成灾，致使大雄宝殿、祖师殿、木塔烧毁，过火面积800余平方米。2019年武汉百年老建筑江汉饭店在停业维修中，电焊工在二楼室外阳台用电焊切割铁架的火星引发火灾，过火面积约500平方米。

本部分选取2起较为典型的文物古建筑（聚落）火灾事故进行剖析、点评。

---

① 国家文物局督察司.日本冲绳首里城火灾的启示 [N].中国文物报，2019-11-05（1）.

## 案例9

# 2013年河北省承德市普陀宗乘之庙东罡殿"2·28"火灾事故①
## ——取暖设备烤燃可燃物导致火灾

2013年2月28日12时许，世界文化遗产、国家级文物保护单位普陀宗乘之庙东罡殿二层（图9-1）发生火灾。火灾烧毁东罡殿内吊顶、门窗、室内装修、佛像、佛龛、柜台内佛珠、书籍及"吉祥福宝"纸袋等物品。过火面积104平方米，直接财产损失182886元，无人员伤亡。

图9-1　普陀宗乘之庙东罡殿鸟瞰图

---

① 资料来源：陈秀丰，韩文利，孙伟楠. 承德普陀宗乘之庙火灾引发的消防监督思考 [J]. 消防科学与技术，2013（12）：1430-1431.

普陀宗乘之庙位于承德避暑山庄北部，是仿西藏拉萨布达拉宫修建的，有"小布达拉宫"之称，国家级文物保护单位，占地22万平方米，为藏传佛教建筑风格，承德外八庙中规模最宏大者，建成于清乾隆三十六年（1771年）。"普陀宗乘"是藏语"布达拉"的汉译。东罡殿（图9-2）分前后两院，后院由两座碉房组成，前院由正楼和东厢房组成，平面成曲尺形，砖木结构，20世纪80年代按原址修复，总建筑面积约300平方米，内存国家级文物13件，东侧、北侧为林地，西侧、南侧为景区内道路（消防车道）。建筑二层由某公司租用，为员工内部更衣、休息、进餐等，旅游季节出售工艺品。

图9-2　普陀宗乘之庙东罡殿内院

## 一、事故经过

2013年2月28日11时58分许，员工王某在用餐时闻到带有烧焦的异味，并看到有少量烟雾从二层楼梯向下蔓延，经王某上至二层查看，发现二层内烟气很大，柜台处有火苗窜动。王某立即告知楼下其余工作人员报警并利用灭火器和室外消火栓灭火开展自救，13件国家级文物全部救出。12时12分，承德市消防支队119作战指挥中心接到报警，迅速调派24辆消防车、90名官兵赶赴现场处置。13时10分火灾被彻底扑灭，建筑整体完整。

## 二、事故原因

### （一）直接原因

起火原因为四管碳纤维取暖器烤燃粘有报纸的原包装纸箱蔓延所致（图9-3、图9-4）。

图9-3　取暖器加热包装燃烧对比实验

图9-4　现场取暖器残骸

### （二）间接原因

（1）建筑灭火设施问题多。该场所内火灾自动报警装置正在施工，处于停用状态，仅视频监控完整好用。

（2）部门监管存在漏洞。据调查，发生火灾的对外租摊点属于合法经营，但在营业中违章使用电热器具并未得到相关部门的及时发现与制止。

（3）员工缺乏消防安全意识。该租赁单位工作人员法律观念比较淡薄，缺乏消防安全常识，没有参加过消防培训，擅自设置并违章使用大功率电热器具。

## 三、责任追究

### （一）被移交司法机关处理人员（9人）

（1）直接责任人员孙某、刘某因犯过失损毁文物罪，分别被判处有期徒刑8个月和6个月，并处罚金101886元。

（2）原文保所所长门某、副所长裴某犯玩忽职守罪，免于刑事处罚。

（3）对其他5名责任人员治安拘留3至10天。

### （二）被追究党纪政纪责任人员（15人）

原文物局长免职，行政记大过；原副局长免职，行政记过。

涉及其他13人，分别予以免职、撤职、行政处分和工资待遇降级处理。

## 四、专家点评

### （一）经验教训

这是一起典型的在文物古建筑中违规使用取暖设备，引燃可燃物造成古建筑火灾事故。据不完全统计，2014年至2019年冬春期间（每年11月1日至次年3月31日），全国共发生博物馆、文物古建筑火灾106起，其中全国重点文物保护单位发生火灾11起。这起火灾的经验教训主要有：

（1）涉事人员消防安全意识淡漠，用火用电较为随意。违规使用电暖器担心被发现，故意用纸箱并粘贴报纸遮挡，缺乏基本常识。

（2）管理单位安全责任不重视、不落实，没有及时组织开展防火巡查、检查，对于木结构文物古建筑区内的用火用电管理不严格。

### （二）意见建议

（1）严格安全监管责任。按照国务院办公厅《消防安全责任制实施办法》（国办发〔2017〕87号），认真贯彻《文物建筑消防安全管理十项规定》《关于加强文物建筑电气防火工作的通知》等文件，健全消防安全制度，压实各级岗位责任，加强消防巡查检查，及时消除各类风险隐患。

（2）落实日常消防管理。推动文物建筑管理使用单位进行自查自改，重点检查日常用火用电用油用气，消防设施，应急处置能力，大殿、偏殿、文物库房、厨房、外租商户和居民、宗教、工作人员居住生活建筑，以及建筑周边和室外环境。突出整治火源管理不善、电气故障、燃香烧纸和施工现场违规动火等火灾隐患和违法行为。对存在重大火灾隐患的，应当督促落实整改责任、措施和资金等，跟踪督办，限时整改。

（3）强化技防、物防措施，结合文物修缮同步改造增设消防设施。大力推广安装自动报警、远程监控、电气监测、安全用电、气体灭火等先进技防设施设备，不断提高本质消防安全水平。按规定建立专职消防队或微型消防站，配备必要的消防装备器材，制定应急处置预案，严格落实值班值守制度，提升灭火救援战斗力。

（4）有针对性地开展消防安全培训。对文物单位从业人员开展消防安全培训，重点讲授文物单位消防安全责任、常见火灾风险隐患、检查整改方法和火灾应急处置措施，提升文物单位消防安全管理能力和从业人员消防安全素质。

扩展阅读

　　据统计，我国共有123座历史文化名城、252个名镇、276个名村、8630家文物保护单位、3744个古村寨，文物古建筑大多是砖木或纯木结构的三级、四级耐火等级建筑，以松、柏、杉、楠木材为主要材料，耐火等级低，火灾荷载高。多数文物古建筑是以各式各样的单体建筑为基础，组成各种庭院和建筑群，庭院布局基本采用"四合院"和"廊院"形式，院内建筑高低错落相互连通，缺少防火分隔和防火间距。一些古建筑地处偏僻、依山而建，水源匮乏，交通不便，消防救援困难。一些古建筑错落分布在城市老旧街道居民区、木质连片村寨中，居（村）民住宅或小商业场所与其毗邻而建，防火间距不足，消防车通道不畅，致灾因素多，火灾风险大，发生火灾后扑救困难。加之，文物古建筑中主要殿屋内大量设置帷幕、经幢且未经阻燃处理。部分寺庙、古村寨有人居住，集中存放大量古书籍、木质家具、灯油等易燃可燃物品。僧侣或居士生活区设置在寺庙区域，违规随意引入燃气管道，违规使用液化石油气钢瓶、燃油燃气锅炉等。一些文物古建筑在修缮改造或拍摄影视剧过程中，现场堆放大量易燃可燃材料和道具，违规搭建易燃可燃临时用房，一旦起火，势必迅速蔓延，甚至火烧连营。

　　近年来国内外有影响的文物古建筑火灾见表9-1。

表9-1　近年来国内外有影响的文物古建筑火灾案例举例

| 发生时间 | 发生地点 | 火灾原因 | 结　果 |
|---|---|---|---|
| 2015-01-03 | 全国重点文物保护单位云南省大理自治州巍山县拱辰楼 | 电气线路故障 | 烧毁面积约765平方米，直接财产损失380余万元 |
| 2016-04-10 | 印度西南部喀拉拉邦科拉姆地区一座有几百年历史的印度教寺庙 | 燃放烟花引燃庙方堆放烟花爆竹的仓库 | 造成至少110人死亡，另有390人受伤 |

**续表**

| 发生时间 | 发生地点 | 火灾原因 | 结　果 |
|---|---|---|---|
| 2018-09-02 | 巴西国家博物馆（美洲地区最大的人文和自然历史博物馆之一） | 电气故障或热气球引燃 | 博物馆整个三层建筑基本被烧毁，90% 馆藏被烧毁 |
| 2019-04-15 | 法国巴黎圣母院 | 排除人为纵火，推测为"电力系统故障"和"未熄灭的烟头"等 | 已有852年历史的中轴塔在火中坍塌 |
| 2020-12-05 | 美国纽约市建于1892年的中学院教堂（美国"自由钟"所在地） | 疑似电气线路故障 | 遭受严重损毁 |

**关联文献**

《文物建筑防火设计导则（试行）》（文物督函〔2015〕371号）

《文物建筑电气防火导则（试行）》（文物督发〔2017〕3号）

《关于进一步加强文物消防安全工作指导意见》（文物督发〔2019〕19号）

《文物建筑消防安全管理十项规定》（文物督发〔2015〕11号）

《建筑灭火器配置设计规范》（GB 50140）

《文物建筑消防安全管理》（XF/T 1463）

《文物建筑火灾风险防范指南（试行）》（应急〔2021〕90号）

《文物建筑火灾风险检查指引（试行）》（应急〔2021〕90号）

《博物馆火灾风险防范指南（试行）》（应急〔2021〕90号）

《博物馆火灾风险检查指引（试行）》（应急〔2021〕90号）

# 案例10

# 2014年云南省迪庆州香格里拉县独克宗古城"1·11"重大火灾事故[①]
## ——电热取暖器使用不当导致重大财产损失

　　2014年1月11日1时10分许，云南迪庆州香格里拉县独克宗古城发生火灾（图10-1），造成烧损、拆除房屋面积59980.66平方米，烧损（含拆除）房屋直接经济损失8983.93万元（不含室内物品和装饰费用），无人员伤亡。

---

① 资料来源：云南省安监局. 迪庆州香格里拉县独克宗古城"1·11"重大火灾事故调查报告 [EB/OL]. [2014-06-19].http://yjglt.yn.gov.cn/yingjigongzuo/guapaiduban/201406/t20140619_986734.html.

图10-1 独克宗古城失火前后对比

　　独克宗古城以大龟山为中心，呈放射状扩展布局（图10-2），面积36.9公顷。辖北门、仓房、金龙3个社区办事处，9个村民小组，主要交通道路4条，巷道23条，最宽处5.2米，最窄处3.3米。古城共有传统民居515幢，非传统民居105幢，新建民居83幢，民居1682户。常住人口8287人，流动人口4521人。古城内有各类经营户共1600余户。古城居民住房和经营商户用房均为个人财产，个人招租行为，古城管委会为财政拨款单位，不收取费用。此次火灾造成建筑物过火面积98.56亩，损毁文物占地面积2.92亩，占过火面积的3%，损毁文物保护单位面积2220.45平方米，占损毁建筑面积的3.7%。国家级文物保护单位红军长征博物馆（中心镇公堂）、金龙街建筑群、大龟山大佛寺、吉祥胜利幢、金龙街民居群、白鸡寺、州博物馆等国家、省、州重点文物保护单位和标志性建筑未受到损害。

一、事故经过

　　2014年1月10日，迪庆州香格里拉县独克宗古城仓房社区池廊硕8号"如意客栈"经营者唐某，从吃晚饭开始，先后3次大量饮酒至23时20分左右，回到客栈卧室躺下睡着。11日凌晨1时左右，唐某醒后发现其房间里小客厅西北角

图 10-2 独克宗古城布局鸟瞰

电脑桌处着火，遂先后两次用水和灭火器灭火，但没有扑灭。于是唐某让小工和某报警并跑到一楼配电房拉下电闸，用手机再一次报警，并从餐厅跑出。

1月11日凌晨1时22分，迪庆州消防支队接到火灾报警后，迅速调集支队特勤中队奔赴火灾现场。1时37分，特勤中队首战力量到达古城火灾事故现场；1时41分，出水控火。经15分钟扑救后，火势被控制在起火建筑如意客栈范围。之后，参战部队连续开启附近4个室外消火栓（古城专用消防系统消火栓）进行补水，但均无水，便迅速调整车辆到距离现场1.5千米外的龙潭河进行远距离供水，并组织力量从市政消火栓运水供水。此时，火势开始蔓延。从2时20分起至4时，公安民警、消防、武警及军分区官兵先后分5批到达现场，共计1600余人。5时许，挖掘机等大型机械设备陆续到场。7时许，在全体救援力量的共同努力下，火势得到有效控制。1月11日10时50分许，明火基本扑灭。

按照省委、省政府的工作部署，迪庆州政府迅速成立由州、县领导牵头的善后工作指挥部，集中安置532名受灾人员。省政府下拨500万元，迪庆州、香格里拉县两级政府下拨643.3万元，专项用于应急及受灾群众的慰问和救助，7家保险公司共接到报损2968万元，通过勘查定损共兑现赔付1135.5万元。

## 二、事故原因

### （一）直接原因

古城经营户唐某入睡前未关闭电源，使用五面卤素取暖器不当，致取暖器引燃可燃物发生火灾。

### （二）间接原因

（1）消火栓因上冻无法出水。独克宗古城消防系统改造工程设计方案中，未充分考虑消火栓防冻措施；施工过程中亦未严格按要求敷设管线，部分消火栓管顶覆土深度不达标，不能有效防止低温冰冻；监理虽发现施工中存在管线敷设埋深问题，但没有进行跟踪督促整改；建设方进行保温处理时，保温材料堵塞了消火栓的泄水孔，残留水冻结后堵塞消火栓。

（2）相关部门对"独克宗古城消防系统改造工程"建设督促指导不到位。该工程是专门进行消防设计的建设工程，按照《中华人民共和国消防法》第十条规定，建设单位应当自依法取得施工许可之日起7个工作日内，将消防设计文件报公安机关消防机构备案，公安机关消防机构应当进行抽查。但在实际建设过程中，建设单位、设计单位同时将相关文件资料上门向迪庆州消防支队进行报审咨询，支队防火处人员认为公共消防设施不归消防部门管辖，不属于消防审批。之后，建设单位未依法向公安消防部门申请备案，州、县消防部门在知道这一建设工程的情况下，也未督促指导建设单位依法办理相关手续。工程建设过程中也未开展抽查、检查和督查。

（3）独克宗古城内通道狭小，纵深距离长，大型消防车辆无法进入或通行（图10-3），古城内建筑物多为木质，耐火等级低，大量酒吧、客栈、餐厅使用柴油、液化气等易燃易爆物品。市政消防给水管网压力不足，且在扑救火灾时未能及时联动，并提供加压保障。

## 三、责任追究

### （一）被移交司法机关处理人员

唐某涉嫌失火罪，移送司法机关。

### （二）被立案侦查人员

（1）昆明市某勘测设计院未设计消火栓防冻措施，相关人员涉嫌犯罪。

图 10-3　独克宗古城街区实景

（2）迪庆某工程安装有限责任公司在施工中管线埋深不够，相关人员涉嫌犯罪。

（三）被给予处分的人员（10人）

古城管委会、消防、住建、公安、供排水公司等10名干部被给予党纪、政纪处分。

（四）其他处理

（1）香格里拉县人民政府向迪庆州人民政府做深刻检查。

（2）迪庆州人民政府向云南省人民政府做深刻检查。

（五）实施行政处罚的相关单位

对设计单位、施工单位和监理单位分别根据有关法律法规做出上限处罚。

## 四、专家点评

（一）经验教训

独克宗古城火灾事故是一起典型的传统聚落火灾事故。传统聚落有许多珍贵的文化遗产，有很多是文物古建筑。传统聚落由于是历史形成，达不到现行防火标准，主要问题是木结构建筑居多，建筑耐火等级低[1]；老街巷狭窄，防火间距不足；基础设施老旧，规划缺位，公共消防设施建设滞后；老街新用，用火用电量激增，电气线路敷设随意，火灾诱因增多。独克宗古城火灾事故提供了如何加强古建筑群、乡村居民聚居区消防安全防范工作的启示。这起火灾事故的主要教训如下：

（1）关键消防设施无法使用。虽然独克宗古城保护计划自2002年即开始运作，2012年5月又编制了《香格里拉县城市总体规划（2010—2030）》《香格里拉县独克宗古城市政基础设施建设项目可行性研究报告》（含专项消防工程），成立了专职消防应急队，但相关部门对"独克宗古城消防系统改造工程"指导、督促不到位。迪庆州消防部门未受理相关设计备案，工程建设过程中也未开展抽查、检查和督查。设计、施工、监理和管理使用方的一系列问题导致消火栓上冻不能出水，错过了最佳灭火时机。

（2）火灾蔓延迅速。过火建筑多为木结构建筑，耐火等级低。独克宗古城历史悠久，房屋绝大多数为自建民房，忽视了建筑本身的耐火等级要求。虽然从2010年开始，香格里拉县工商行政管理部门着手规范市场经营行为，对城区内的经营户进行登记，截至火灾事发时，已登记有限公司或个体经营户60%，但由于古城人员承载负担过重，居民及旅游从业者为接待大批游客，对老旧住宅建筑进行了改造，电气设备、柴油、液化气等易燃易爆物品大量增加，其中大部分不符合相关安装规范和使用要求。

（3）防火间距不足。古城过去在建造房屋时消防意识淡漠，道路不宽，也没有预留消防通道，4条主要交通道路，23条巷道中，最宽处5.2米，最窄处只有3.3米。间距不足为火灾蔓延提供了通路，也限制了救援车辆的通行。

（二）意见建议

（1）科学编制消防规划，把消防规划纳入聚落整体改造升级规划统筹考虑。把聚落功能区划分、道路扩建、公共消防设施建设、应急避难场所建设、搬迁改造等作为重点进行安排。

（2）适当提高公共消防设施的建设标准。增建消防车可以方便取水的公用消

① 钱佳.传统聚落防火技术体系研究 [D].北京：北京建筑大学，2016.

防水池，增加市政消火栓、消防水鹤密度，合理设置公共避火围墙，采取标准站与小型站、微型站结合的方式，建设多种形式的消防队站。明确公共消防设施的建设、审批、管理、使用责任。

（3）多管齐下、自救互助。采取网格化管理，成立邻里互助队伍，签订安全公约，加强联防联治和消防宣传，编制应急预案并定期演练。加强对聚落、村寨的统一管理，尤其是民房新、改、扩建和装修要制定符合当地实际的管理办法，进行严格管理和指导；对改变建筑用途设立商业场所的，应当符合规定，并签订相关安全责任书。

（4）全面评估，重点管理。定期全面评估和利用物联网建立智慧消防平台进行动态评估相结合，掌握整体消防安全运行状况。加强对明火、电气设备使用状况，以及电气线路敷设状况的重点排查，必要时开展专项整治。

**扩展阅读**

居委会、村委会在消防安全管理方面有哪些职能？《中华人民共和国消防法》第三十二条规定：乡镇人民政府、城市街道办事处应当指导、支持和帮助村民委员会、居民委员会开展群众性的消防工作。村民委员会、居民委员会应当确定消防安全管理人，组织制定防火安全公约，进行防火安全检查。

2014年，全国文物古建筑、传统村寨聚落发生的火灾事故见表10-1。

表10-1 2014年全国文物古建筑、传统村寨聚落火灾事故

| 发生时间 | 发生地点 | 文物历史 | 价　值 | 结　果 |
|---|---|---|---|---|
| 2014-01-11 | 云南独克宗古城 | 1300余年 | 独克宗古城为滇、川、藏茶马互市枢纽，是中国保存得最好、最大的藏民居群[1] | 古城核心区一半变成废墟，历史风貌严重破坏，部分文物建筑不同程度受损[2]，财产损失8000余万元 |

---

[1] 唐克然. 古建筑群消防体系建设探索 以歙县古城为例 [J]. 城市住宅，2021(5):146–147.

[2] 郭文轩. 防止过度商业开发 加强文物消防管理 对独克宗古城、报京侗寨火灾的几点思考 [J]. 中国民族，2014（3）：54–57.

| 发生时间 | 发生地点 | 文物历史 | 价　值 | 结　果 |
|---|---|---|---|---|
| 2014-01-25 | 贵州报京乡侗寨 | 300余年 | 曾是中国保存最完整的侗寨 | 100余间房屋被毁 |
| 2014-02-17 | 湖南怀化洪江古城 | 300余年 | 洪江古商城古建筑群属于江南古代民居经典，有18栋建筑被列为全国重点文物保护单位 | 2死1伤 |
| 2014-03-31 | 山西圆智寺千佛殿 | 1000余年 | 始建于唐朝贞观年间，是第七批全国重点文物保护单位 | 千佛殿屋顶几乎被毁，殿内壁画受损 |
| 2014-04-05 | 上海浦东新场古镇 | 800余年 | 江南盐商历史古镇 | 无人员伤亡 |
| 2014-04-06 | 云南丽江东河古镇 | 1000余年 | 纳西先民在丽江坝子中最早的聚居地之一，是茶马古道上保存完好的重要集镇，也是纳西先民从农耕文明向商业文明过渡的活标本，世界文化遗产① | 10间铺面损毁 |
| 2014-05-02 | 河南鸡公山近代建筑群 | 100年 | 鸡公山近代建筑群位于信阳市，现存建筑119处，2013年国务院核定公布其为全国重点文物保护单位 | 火灾造成119号别墅屋顶、大部分门窗及地板烧毁，一度危及古建筑活佛寺 |
| 2014-07-28 | 宁波老外滩天主教堂 | 140年 | 现存较早中西建筑融合的重要实例，具有较高的历史、科学、艺术价值，2006年被国务院公布为全国重点文物保护单位 | 火灾为教堂建筑群的1层砖木结构主教堂着火，本次事故实际过火面积约500平方米，无人员伤亡 |
| 2014-10-06 | 宁海前童古镇 | 780年 | 浙江省历史文化名镇和浙江省旅游城镇 | 数十间房屋被毁 |
| 2014-12-12 | 贵州剑河久吉苗寨 | 200余年 | 剑河县最大的苗族村寨之一，也是剑河县苗族传统文化留存保护较为完整的村落，2006年久吉苗寨入选中国世界文化遗产预备名单 | 200余间房屋被毁 |

---

① 唐小飞，黄兴，夏秋馨，等.中国传统古村镇品牌个性特征对游客重游意愿的影响研究　以束河古镇、周庄古镇、阆中古镇和平遥古镇为例 [J]. 旅游学刊，2011（9）：53-59.

**关联文献**

《历史文化名城名镇名村保护条例》（国务院令第524号）

《关于切实加强中国传统村落保护的指导意见》（建村〔2014〕61号）

《关于加强历史文化名城名镇名村及文物建筑消防安全工作的指导意见》（公消〔2014〕99号）

《古城镇和村寨火灾防控技术指导意见》（公消〔2014〕101号）

《乡镇消防队》（GB/T 35547）

《农村防火规范》（GB 50039）

《住宿与生产储存经营合用场所消防安全技术要求》（XF 703）

# 第四部分

## 典型居住建筑火灾事故

近十年间，全国居住建筑，尤其是居民住宅类建筑较大以上火灾事故中，电气火灾、生活用火不慎、电动车辆及锂电池火灾是主要原因。从上述火灾类型看，究其原因，主要是：家庭电热器具使用过程长时间无人看管，导致热量累积引起火灾发生；祭祀香火、烤火火盆、蜡烛等燃烧物质长时间燃烧无人注意或人员离去等导致周边可燃物被引燃起火；住宅用电不规范，私拉乱接电线、插座老化等引起漏电、接触不良等故障起火；卧床吸烟或室内吸烟乱扔烟头；人为报复性放火通常为矛盾得不到化解，通过极端放火手段泄愤引起火灾。

从发生火灾的居住建筑类型看，自建房火灾占比最大，次为住宅小区和公寓。住宅外墙保温材料引发火灾多在小区、公寓等建筑中，如上海静安区教师公寓特大火灾事故。

从发生火灾的季节看，5月、7月、1月、2月、12月为火灾多发月份，其中电气火灾和生活用火不慎各约占三分之一。从案例分布看，5月和7月电气火灾占比较高，主要为用电不规范及用电量增加导致此类火灾占比较高。1月、2月、12月生活用火不慎案例占比较高，主要是冬季过年期间，人们祭祀活动大量增加及偏远地区使用明火取暖引起的火灾增加。

从较大以上亡人火灾发生的时段看，居住类建筑火灾发生时间段主要集中在晚上11点至凌晨4点，其中凌晨2点左右发生亡人火灾的案例较多，主要原因为夜间居民处于熟睡阶段，使用的取暖类电气设备长时间无人看管，容易引起火灾发生，且夜晚是多数电动车辆充电时间，电动车辆长时间过充也容易导致火灾发生。

本部分选取4个典型居住建筑火灾案例进行剖析、点评。

# 2010年上海市静安区胶州路公寓大楼 "11·15" 特别重大火灾事故①②
## ——违规电焊导致外墙保温立体燃烧

2010年11月15日，上海市静安区胶州路728号公寓大楼发生一起因企业违规电焊引发的特别重大火灾事故，造成58人死亡，71人受伤，建筑物过火面积12000平方米，直接经济损失1.58亿元。大楼火灾实景如图11-1所示。

事发728号公寓大楼位于静安区胶州路余姚路路口，与东侧的718弄2号、常德路999号共为一个居民小区，3幢建筑呈东西向并排排列。大楼地上28层，地下1层，高度约85米，建筑底层为

---

① 资料来源：中国法院网.国务院安委办通报上海特大火灾事故调查处理结果 [EB/OL].[2011–06–23]. https://www.chinacourt.org/article/detail/2011/06/id/454873.shtml.

② 资料来源：支同祥.上海市静安区"11·15"胶州路公寓大楼特别重大火灾事故 [Z].中国安全生产年鉴，2010:482–483.

图11-1　静安区胶州路公寓大楼火灾实景

沿街商业网点，1至4层主要为办公用房和部分居住用房，5至28层为居民住宅，每层6户，整幢建筑实有居民156户、406人。大楼所在的胶州路教师公寓小区于2010年9月24日开始实施节能综合改造项目施工，主要包括外立面搭设脚手架、外墙喷涂聚氨酯硬泡体保温材料、更换外窗等。

## 一、事故经过

上海市静安区建设总公司承接728号公寓的节能综合改造项目工程后，将工程转包给其子公司上海佳艺建筑装饰工程公司（以下简称佳艺公司），佳艺公司又将工程拆分成建筑保温、窗户改建、脚手架搭建、拆除窗户、外墙整修和门厅粉刷、线管整理等，分包给7家施工单位。其中上海亮迪化工科技有限公司出借资质给个体人员张某分包外墙保温工程，上海迪姆物业管理有限公司（以下简称迪姆公司）出借资质给个体人员支某邦和沈某丰合伙分包脚手架搭建工程。支某邦和沈某丰合伙借用迪姆公司资质承接脚手架搭建工程后，又进行了内部分工，其中支某邦负责胶州路728号公寓大楼的脚手架搭建，同时支某邦和沈某丰又将胶州路教师公寓小区三栋大楼脚手架搭建的电焊作业分包给个体人员沈某新。2010年11月15日14时14分，电焊工吴某略和工人王某亮在加固胶州路728号公寓大楼10层脚手架的悬挑支架过程中，违规进行电焊作业引发火灾。

14时15分23秒，市应急联动中心接到报警，先后调派56个消防中队、122辆消防车、1300余名消防官兵组成60个攻坚组，疏散营救了200多名被困人员。全市公安、供水、供电、供气、医疗救护等10余家应急联动单位紧急到场协助处置。18时30分，整幢建筑物明火被基本扑灭。次日凌晨4时，收残和清理任务基本完成。

## 二、事故原因

（一）直接原因

在胶州路728号公寓大楼节能综合改造项目施工过程中，施工人员违规在10层电梯前室北窗外进行电焊作业，电焊溅落的金属熔融物引燃下方9层位置脚手架防护平台上堆积的聚氨酯保温材料碎块、碎屑引发火灾。

（二）间接原因

一是建设单位、投标企业、招标代理机构相互串通、虚假招标和转包、违法分包；二是工程项目施工组织管理混乱；三是设计企业、监理机构工作失职；四是上海市、静安区两级建设主管部门对工程项目监督管理缺失；五是静安区公安消防机构对工程项目监督检查不到位；六是静安区政府对工程项目组织实施工作领导不力。

## 三、责任追究

这次事故对54名责任人做出严肃处理，其中26名责任人被移送司法机关依法追究刑事责任，28名责任人受到党纪、政纪处分，同时由上海市安全生产监督管理局对事故相关单位按法律规定的上限给予经济处罚。

（一）被移交司法机关人员（26人）

（1）项目建设单位4名相关责任人分别因涉嫌滥用职权罪、玩忽职守罪、涉嫌受贿罪被依法批准逮捕。

（2）总包单位5名相关责任人因涉嫌重大责任事故罪被依法批准逮捕。

（3）分包单位、监理单位、物业管理单位等7名相关责任人涉嫌重大责任事故罪被依法批准逮捕。

（4）4名供应商、项目承揽人因涉嫌行贿罪被依法批准逮捕。

（5）6名施工人员因涉嫌重大责任事故罪被依法批准逮捕。

（二）被建议给予党纪政纪处分人员（28人）

（1）设计单位3人被建议分别给予行政撤职、撤销党内职务、行政降级、党内严重警告处分。

（2）总包单位2人分别被建议给予行政撤职、行政降级、党内严重警告处分。

（3）监理单位1人被建议给予行政撤职、撤销党内职务处分。

（4）物业单位1人被建议给予行政记大过处分。

（5）公安、消防系统民警、消防监督人员等4人分别被建议给予降级、党内严重警告、记大过、记过处分。

（6）建设系统9人分别被建议给予降级、撤职、党内严重警告、记大过、撤销党内职务处分。

（7）相关各级党委、党组、人民政府等8人分别被建议给予降级、撤职、党内严重警告、记大过、撤销党内职务处分。

四、专家点评

在现行国家消防技术标准对各类建筑的保温和外墙装饰做出明确规定以前，燃烧性能等级较低的建筑保温材料，如普通聚氨酯、聚苯乙烯等，因其低廉的价格和良好的保温性能在各类建筑中均得到了普遍应用。在这期间，全国发生了许多影响较大的建筑保温材料导致的火灾，如央视新址、沈阳皇朝万鑫酒店等火灾事故，造成了重大财产损失。国外如英国格伦费尔塔高层公寓楼2017年6月14日火灾，造成70人遇难，另有74人受伤。外墙保温材料起火，形成立体燃烧，扑救极其困难，这在高层建筑中尤为突出。目前，我国超过24米的高层建筑近75.5万幢，百米以上超高层建筑9700余幢，数量均居世界第一。近十年全国共发生高层建筑火灾3.1万起，死亡474人，直接财产损失15.6亿元。静安区这起火灾事故涉及外墙保温材料、高层居住建筑、违章施工等多重因素耦合，十分典型。

（一）经验教训

（1）外墙保温材料燃烧性能低。设计企业、监理机构工作失职，没有对外墙保温材料的燃烧性能进行严格把关。外墙保温材料和尼龙防护网短时大面积立体燃烧产生的浓烟高温是造成这起火灾事故众多人员伤亡的主要原因。火灾仅6分钟左右就已形成全面、立体燃烧；搭建的脚手架尼龙防护网、聚氨酯泡沫都是高分子材料，燃烧时烟雾大，毒性强，极易使人中毒窒息。

（2）高层居住建筑疏散、救援困难。这起火灾中，每户住宅靠外窗布置有大量布艺窗帘等可燃物，加之正在施工期间建筑外还有可燃的脚手架等因素，因此外墙着火后迅速蔓延至建筑所有立面，疏散核心筒被包围其中，难以向外疏散和排烟排热。这起火灾，遇难居民多数是老、弱、病、残、幼及行动不便者，大多选择待在室内，并紧闭门户。消防队员在救援中被迫破拆入户门118扇，火灾中遇难的58人中，55人在房间内遇难，3人在逃生过程中遇难。

（3）违法分包、违章作业。违法分包直接导致总包单位对施工现场管理的弱化甚至缺失，疏于对施工人员资质的审查和管理，现场施工人员的资质无法有效保障。施工人员凭经验施工，对现场施工的安全要求不了解，或者根本不落实。此次事故中，施工人员没有依规清理可燃物，做好安全防护，直接导致火灾发生。

（二）意见建议

（1）严格落实建设工程施工现场消防安全责任制。加强对动火作业的审批和监管，制定切实可行的初期火灾扑救及人员疏散预案，定期组织消防演练。确定专职消防安全管理人，督促配备消防设施和灭火器材，检查特种作业人员持证上岗情况。

（2）进一步完善建筑节能保温系统施工安全措施。从严管控建筑保温材料，对采用易燃可燃保温材料的既有高层建筑，进一步研究如何逐步按照现行国家消防技术标准对已有建筑保温材料进行逐步替换，未拆除前，要跟进严格的管理措施，设立警示标志。严格控制施工时保温材料在外墙上的直接裸露时间和范围。

（3）进一步深入开展消防安全宣传教育培训。特别是针对分包单位、具体施工人员开展工地消防安全要求，消除工地火灾隐患、扑救初期火灾等教育培训。

在工地充分利用警示牌、告示栏等宣传阵地进行宣传。

（4）确保高层建筑，尤其是高层居住建筑疏散安全。住宅建筑发生火灾"向上跑、向下跑，还是不跑（待在室内等待救援）"一直是学界讨论的重要问题。在高层住宅建筑火灾中，如果疏散楼梯内没有冒烟起火，应当尽快通过疏散楼梯进行疏散；如果疏散楼梯有烟有火，则不能贸然通过楼梯疏散。因此，确保高层住宅建筑，尤其是塔式高层住宅建筑的防烟、排烟安全性能，以及保证能够双向疏散和直通室外的安全出口安全畅通，是重中之重。在进行建筑设计时，还需考虑加强楼梯口附近走廊的排烟能力，提高楼梯的安全性能；在建筑使用时，严禁在楼梯内堆放可燃物，严禁将电动车停放在楼内并在楼内充电。

（5）充分运用物防技防措施。在工地推广使用视频监控系统，以督促施工人员、施工单位落实工地消防安全要求，利用物联网技术实时监测工地消防设施工作状态，并纳入"智慧城市"管理。

**扩展阅读**

按照现行的《建筑设计防火规范》（GB 50016），下列场所的保温及装饰材料必须是不燃烧材料：

（1）人员密集场所；用火、燃油、燃气等具有火灾危险性的场所以及各类建筑内的疏散楼梯间、避难走道、避难间、避难层等场所或部位。

（2）保温系统的防护层；水平防火隔离带。

（3）设置了人员密集场所的建筑。

（4）独立建造的老年人照料设施；与其他建筑组合建造且老年人照料设施部分的总建筑面积大于500平方米的老年人照料设施。

（5）建筑外墙外保温系统与基层墙体、装饰层之间无空腔时，建筑高度大于100米的住宅建筑，建筑高度大于50米的其他建筑。

（6）建筑外墙外保温系统与基层墙体、装饰层之间有空腔时，建筑高度大于24米的其他建筑。

（7）建筑高度大于50米的建筑外墙的装饰层。

除此之外，建筑外墙外保温系统与基层墙体、装饰层之间的空腔，应在每层楼板处采用防火封堵材料封堵。电气线路不应穿越或敷设在燃烧性能为B1或B2级的保温材料中；确需穿越或敷设时，应采取穿金属管并在金属管周围采用不燃隔热材料进行防火隔离等防火保护措施。设置开关、插座等电器配件的部位周围应采取不燃隔热材料进行防火隔离等防火保护措施。

近几年国内外有代表性的涉及高层建筑外墙保温及装饰材料的火灾见表11-1。

表11-1 近几年国内外有代表性的涉及高层建筑外墙保温
及装饰材料的火灾

| 发生时间 | 发生地点 | 建筑概况 | 原因及损失情况 |
|---|---|---|---|
| 2009-02-09 | 在建的中央电视台电视文化中心（又称央视新址北配楼） | 共30层，高159米，建筑面积103648平方米 | 燃放烟花导致外墙装饰材料发生火灾，直接经济损失1.6亿元，1名消防战士牺牲 |
| 2015-05-29 | 张家口市桥西区西坝岗路附近一在建建筑 | 18层 | 电焊，无人员伤亡 |
| 2016-07-20 | 迪拜高层住宅楼 | 75层，高285米 | 铝合金敷面板起火，共有16层受到影响，无人员伤亡 |
| 2017-06-14 | 英国北肯辛顿地区格伦费尔塔高层公寓楼 | 24层，共127个住宅单位 | 冰箱起火引燃外墙材料，70人死亡，74人受伤 |
| 2018-02-01 | 郑州郑东新区绿地原盛国际办公楼 | 地上20层，地下2层，高67.2米 | 遗留火种，无人员伤亡 |
| 2019-12-02 | 沈阳市浑南新区SR国际新城住宅102号楼 | 共25层 | 插线板起火，无人员伤亡 |
| 2021-03-09 | 石家庄众鑫大厦 | 26层，高111.6米 | 未熄灭的烟蒂等引燃杂物，引发外墙保温材料和铝塑板造成火灾 |
| 2021-08-27 | 大连凯旋大厦 | 31层 | 电动平衡车充电器电源线插头与插座接触不良发热引燃周围可燃物 |

**关联文献**

《建筑材料及制品燃烧性能分级》（GB 8624）

《材料产烟毒性危险分级》（GB/T 20285）

《建筑幕墙》（GB/T 21086）

《建筑外墙外保温防火隔离带技术规程》（JGJ 289）

《外墙外保温工程技术标准》（JGJ 144）

《外墙内保温工程技术规程》（JGJ/T 261）

典型火灾事故案例 50 例（2010—2020）

# 案例12

## 2015年河南省郑州市金水区西关虎屯新区"6·25"重大火灾事故①
### ——电气线路接地短路致重大人员伤亡

　　2015年6月25日2时45分许，河南省郑州市金水区东风路19号西关虎屯新区4号楼2单元1层楼梯间发生火灾（图12-1），共造成15人死亡、2人受伤，过火面积4平方米，直接经济损失996.8万元。

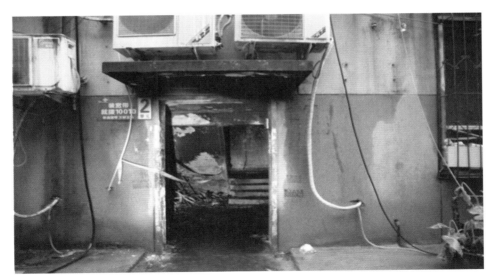

图12-1　郑州"6·25"重大火灾事故着火楼梯间火灾事故现场

---

① 资料来源：安阳市应急管理局.郑州市金水区西关虎屯新区"6·25"重大火灾事故调查报告[EB/OL].
[2016-08-20].http://yjj.anyang.gov.cn/CaseAnalysis/article2041_1.html.

西关虎屯新区内共有5栋楼房，砖混结构，总建筑面积约38000平方米，由北向南依次为1至5号楼，均为7层单元式住宅。每栋建筑均含4个单元，由东向西依次为1至4单元。小区设南、北2个出入口，北侧出入口为人员和车辆出入主通道。小区内设有室外消火栓2个。起火建筑为4号楼。该小区新建时实行总表供电，4号楼用户电表集中装设在楼梯间1层入口处，表箱嵌入1层入口东侧墙上。2002年6月20日原郑州市电业局东区分局受理了西关虎屯新区280户居民的一户一表照明用电申请，7月6日检验合格，10月10日装表送电。新装设的表箱位于楼梯间1至2层转角平台墙上，原电表箱废弃空置，原电表箱下部用户接线箱仍在使用，原电表箱与用户接线箱之间隔板内侧留有宽7厘米的间隙。原有的每幢住宅楼总电源进线空气开关废弃。

一、事故经过

2015年6月25日2时47分许，金水区西关虎新区4号楼2单元1层楼梯间用户接线箱内起火冒烟，2时48分接线箱内出现火苗，火苗引燃箱内存放的纸张，火势通过接线箱上方间隙，引着了原电表箱内存放的可燃物，烟气、火势从箱体缝隙和孔洞突破，向上作用于1至2层转角平台孔洞处导线束，引燃并烧毁绝缘皮，导致线路短路、熔断；向外作用于电表箱下方可燃物。同时，导线束短路喷溅的熔珠和燃烧掉落的绝缘层引燃下方可燃物，楼梯间内放置的电动自行车、自行车、座椅等被引燃后产生大量高温有毒烟气，沿楼梯间向上蔓延。7层西户集体宿舍居住人员获知火情后，在着火过程中相继逃出房间，1人烧伤后逃出楼栋，16人未能逃离起火建筑。事故造成15人死亡，2人受伤。

6月25日2时50分，郑州市119指挥中心接到报警后，先后调集特勤二中队、经五路中队共8辆消防车40名官兵到场处置。3时18分，明火被扑灭，搜救组逐层搜救被困人员，先后在楼梯间1层搜救出1人，在1至2层楼梯转角平台处搜救出7人，在2至3层楼梯转角平台处搜救出4人，在4至5层楼梯转角平台处搜救出2人，在6至7层楼梯处搜救出1人，在7层屋面平台搜救出1人，共搜救出16名被困人员，由120急救车送往医院救治。

火灾发生后，金水区区委、区政府和郑州市委、市政府迅速启动应急预案，组织开展救治处置工作。省政府副省长、公安部消防局、省安全监管局、省消防总队有关负责同志先后赶赴现场指导火灾扑救和善后处理。

## 二、事故原因

### （一）直接原因

起火部位位于4号楼2单元1层楼梯间用户接线箱内，起火原因为电气线路单相接地短路，引燃箱内存放的纸张等可燃物（图12-2、图12-3）。

图12-2 起火配电箱火烧痕迹　　　　　　　图12-3 配电箱内部痕迹（右下为接地端子）

### （二）间接原因

（1）小区用电安全管理混乱。郑州东城建筑工程配套有限公司项目经理邢某在居民照明用电工程改造中，对原有的每幢住宅楼总电源进线空气开关废弃不用，新改造工程没有按规定装设短路保护和过负荷保护，电气线路发生单相接地短路时不能有效切断电源；用户接线箱内布线混乱，导线铰接现象普遍，部分接线端子采用热熔塑料制品。

（2）疏散通道内存放大量可燃物品（图12-4）。居民照明用电工程改造后，原电表箱未拆除，且与用户接线箱均未加锁具保护，用户接线箱与原电表箱内存放纸张、电动自行车充电器、雨伞、鱼篓、渔具袋、马扎等可燃物；楼梯间1层放有自行车、电动自行车、转椅、金属椅、折叠椅、马扎等物品，起火后释放大量高温有毒烟气，烟气沿楼梯间迅速蔓延，形成"烟囱效应"，人员无法安全逃生（图12-5、图12-6）。

图12-4 楼梯间内堆放杂物情况

图12-5　楼梯间1层烟熏情况　　　　　图12-6　楼梯间4层烟熏情况

（3）逃生措施失当。1层楼梯间起火后，7层西户人员无法判断火势大小。遇难人员在不明火情情况下强行沿楼梯盲目逃生，因受高温有毒烟气作用，造成群死群伤。17名逃生人员中1人逃离起火建筑，1人通过上人孔逃至7层屋面平台，15人死伤于建筑楼梯间内。

（4）西关虎屯村开展防火检查巡查工作不力。西关虎屯村民委员会未按规定组织制定村民防火公约，组织开展防火检查巡查工作不力，检查中未能及时排查清理楼道内杂物和长期占用消防通道等安全隐患。

（5）电力部门用电安全管理不到位。原郑州市电业局东区分局对其下属的农电所违规批准和办理关虎屯三组申请装表业务监督管理不力。原郑州市电业局配电工程处履行工作职责不到位，没有按照一户一表工程管理规范进行接火送电管理和验收。原郑州市电业局用电处对配电工程处和东区分局工作督导不到位。原郑州市电业局城网建设改造工程领导小组办公室贯彻落实国家、省、市电力部门一户一表改造工程有关规定不严格。

（6）公安、消防部门履行消防安全监管职责不到位。郑州市公安局文化路分局履职不到位，督促和指导村（居）民委员会落实消防安全措施、开展日常消防监督检查不力。金水区消防大队落实保消、巡消工作和督促火灾隐患整改不到位；组织民警进行消防监督业务培训不到位；对文化路公安分局开展日常消防监督检查工作不到位问题失察。

（7）金水区文化路街道办事处履行消防安全职责不到位。文化路街道办事处督促指导西关虎屯社区按规定组织制定村民防火公约、开展防火检查巡查工作不力，未能发现并督促西关虎屯村民委员会排查清理楼道内杂物和长期占用消防通道等消防安全隐患。

## 三、责任追究

### （一）被移交司法机关人员（4人）

原郑州市城乡建筑配套公司项目经理，西关虎屯村委第三村民组副组长兼综治办主任，原郑州电业局东区分局农电管理所所长，农科路社区民警等4人分别涉嫌重大责任事故罪、玩忽职守罪、滥用职权罪、玩忽职守罪被检察机关立案侦查。

### （二）被建议给予党纪政纪处分人员（15人）

西关虎屯社区居民委员会、西关虎屯村居民委员会、国网河南省电力公司、国网郑州供电公司、文化路公安分局治安管理服务大队、金水区公安消防大队、文化路街道办事处等15名党员干部被分别给予记大过、记过、严重警告、警告处分。

## 四、专家点评

### （一）经验教训

这是一起典型的因电气线路引发的火灾事故，其经验教训主要有以下两点：

（1）电气线路敷设不符合规范要求。该小区配电线路未装设短路保护和过负荷保护装置，不符合《低压配电设计规范》（GB 50054）的规定；每幢住宅的总电源进线未设剩余电流动作保护或剩余电流动作报警，电气线路发生单相接地短路时不能有效切断电源。每套住宅进户线截面均为4平方毫米铜质导线，不符合《住宅设计规范》（GB 50096）的规定；该小区用户接线箱内布线混乱，导线绞接现象普遍，部分接线端子采用热熔塑料制品，部分导线连接未采用端子排或汇流排，不符合《建筑电气工程施工质量验收规范》（GB 50303）的规定。一户一表改造后，原电表箱未拆除，且与用户接线箱均未加锁具保护。

（2）居民楼院消防安全管理不到位。一是楼院缺乏专人管理，建筑内部（疏散楼梯间、电表箱、接线箱）违规存放大量可燃物品；二是社区未按规定组织制定村民防火公约，组织开展防火检查巡查工作不力，检查中未能及时排查清理楼道内杂物和长期占用消防通道等安全隐患；三是监管部门对社区楼院没有及时开展检查、指导。

（二）意见建议

（1）加强住宅楼电气设施建设、维护和管理。对新建住宅楼应确保电气设施的设计、施工、安装等符合法律法规和相关标准规范要求。按照《住宅设计规范》（GB 50096）、《建筑电气工程施工质量验收规范》（GB 50303）和《民用建筑电气设计标准》（GB 51348）等的要求，在每幢住宅的总电源进线端设置剩余电流动作保护或剩余电流动作报警装置。对现有居民住宅楼，特别是老旧住宅楼的电气设施，相关管理单位应当定期组织专业技术人员进行全面、彻底的检查与维护，及时发现并消除安全隐患。加强住宅楼电气设施管理，对所有电气设施箱、柜、管道井等部位采取锁闭措施，严禁在此类部位及周边堆放可燃物品。对于一户一表等改造工程中遗留的废弃、半废弃或局部转为其他功能的配电箱、计量箱、接线箱等电气设施，进行拆除、封堵或锁闭，防止违规占用。电气设施安装、更换时，应选用具有法定资质的生产厂家生产的合格产品，布线用导管、线槽及附件应采用非火焰蔓延类制品。建议借鉴燃气企业入户检查的形式，组织供电企业对居民户内用电情况进行入户检查。

（2）全面清除居民住宅楼公共部分堆放的杂物。对楼道、楼梯间、门厅、水电管道井、配电间等居民住宅建筑的公共部分，特别是用于安全疏散的楼梯间、安全出口等重点部位，管理单位要组织人员进行全面检查，彻底清除堆放的易燃可燃物品和影响逃生疏散的障碍物，保证居民紧急情况下能安全、迅速撤离。针对住宅楼公共部分停放电动自行车的问题，要进一步规范管理，严禁私拉乱接电线为电动自行车充电，严禁在住宅建筑门厅、楼梯间、疏散通道等部位停放电动自行车。进一步推进居民住宅小区电动自行车集中充电棚（库）建设，规范集中充电棚（库）的使用和管理，广泛宣传电动自行车火灾危险性，积极引导居民形成正确的电动自行车使用、停放习惯。

（3）严格落实物业管理单位安全职责。实行物业管理的住宅小区，物业管理单位应当建立健全消防安全管理制度，明确管理责任，加大投入，配齐配足消防设施器材。物业管理单位应当加强消防安全巡查，及时发现、整改隐患，制定应急预案，定期开展演练。住建部门要强化对物业管理单位的监督管理，督促物业管理单位落实消防安全责任。对于无物业管理单位的住宅小区，乡镇、街道办事处要切实履行法定消防职责，采取针对性措施，切实保障安全。

（4）加强针对性消防安全宣传教育。针对住宅建筑火灾特点，开展有针对性的消防宣传教育培训，提升居民初起火灾处置能力和自救逃生能力。加大进村入户和错时宣传力度与频次，采取居民喜闻乐见的形式，提升各类人群对消防常识的接受度，确保宣传效果，有效提升居民安全意识，养成时常清走道、清阳台、清厨房，出门关火源、关电源、关气源的"三清三关"安全习惯，学习掌握不同火灾情况下的正确自救方式。当火灾发生在疏散楼梯内，如楼梯间内杂物或电动车起火时，切忌贸然从楼梯内逃生，防止火灾产生的烟气造成人员伤亡；当火灾发生在建筑其他部位，应迅速通过就近疏散楼梯逃生，同时注意在楼梯间开窗通风或启动正压送风设备防烟。为防止在疏散过程中发生烟气中毒，建议家庭配备空气呼吸面罩。

**扩展阅读**

　　什么是短路？电气线路中的导线由于各种原因造成相线与相线，相线与零线（地线）的连接，在回路中引起电流的瞬间骤然增大现象叫短路。电气线路发生短路的主要原因有：①绝缘材料失去绝缘能力；②线芯裸露；③绝缘击穿；④接错线路，或碰线短路；⑤裸线跨接；⑥架空线路互碰、接触树木、短线落地；⑦使用、维护不当；⑧高压架空线路对地短路。

　　什么是老旧小区？老旧小区的改造内容有哪些？老旧小区是指城市、县城（城关镇）建成于2000年以前、公共设施落后影响居民基本生活、居民改造意愿强烈的住宅小区。已纳入城镇棚改计划、拟通过拆除新建（改建、扩建、翻建）实施改造的棚户区（居民住宅），以及居民自建房为主的区域和城中村（在城市建成区范围内失去或基本失去耕地，仍然实行村民自治和农村集体所有制的村庄）等，不属于城市老旧小区范畴。老旧小区的改造包括公共设施改造（水源、消防设施、电气、燃气管网、消防通道、电梯、房屋修缮、楼内管线、户外供热设施等）和小区环境改造（道路、绿化、卫生、照明等）。

**关联文献**

《民用建筑电气设计标准》（GB 51348）

《建筑电气工程施工质量验收规范》（GB 50303）

《关于全面推进城镇老旧小区改造工作的指导意见》（国办发〔2020〕23号）

《关于加强既有房屋使用安全管理工作的通知》（建质〔2015〕127号）

《关于开展城市居住社区建设补短板行动的意见》（建科规〔2020〕7号）

《关于开展既有建筑改造利用消防设计审查验收试点的通知》（建办科函〔2021〕164号）

# 案例13

## 2016年安徽省阜阳市太和县城关镇曹园小区"3·28"较大火灾事故[①②]
### ——遗留烟头引燃杂物

2016年3月28日17时左右，安徽省阜阳市太和县城关镇团结路社区曹园小区李某宅院内发生火灾，火灾引燃院内堆积的大量可燃杂物，并迅速向住宅蔓延，堵死住宅一楼逃生出口，造成6人死亡，直接经济损失约495万元。起火建筑概貌如图13-1所示。

---

① 资料来源：阜阳市人民政府.关于太和县城关镇"3·28"较大火灾责任事故调查处理情况的通报.[EB/OL].[2017-07-01].http://www.taihe.gov.cn/xxgk/detail/595c4efd7f8b9aba5edf0864.html.

② 资料来源：百度文库.阜阳市太和县"2016.3.28"较大火灾事故调查报告[DB/OL].[2019-05-13].https://wenku.baidu.com/view/9d4b5dc80a1c59eef8c75fbfc77da26924c59643.html.

图13-1　曹园小区起火建筑概貌

起火建筑物为建于2006年的自建房，设计用途为住宅，地上4层，砖混结构，占地面积约330平方米，建筑面积643.97平方米。该建筑室内设置有一部敞开式楼梯，通屋顶平台处有一扇铁门（被锁闭），窗户外均设置了不锈钢栏杆。东西两侧各有高约18米的住宅建筑与其外墙相邻。北侧为道路，南侧为约160平方米的独立庭院，东、西、南三侧均设有3.6米高的实体砖墙，南围墙上开有双扇铁门与室外相通。

起火建筑物一楼院内堆放有1米多高的包装纸箱和纸盒、生产机器以及桶装液态石蜡、甘油、凡士林等化学品。一楼按使用功能划分为客厅、厨房、卧室和药品展示厅（库房）。二楼为屋主居住处，客厅堆放有20多包服装。三楼暂无人居住，客厅堆放大量鞋子。四楼为办公室和会议室。

一、事故经过

3月28日17时9分，安徽省阜阳市太和县城关镇团结路社区曹园小区李某宅院内发生火灾，接警后，太和县消防大队出动3辆消防车、18名官兵赶赴现场扑救，火灾于20时18分被扑灭。因李某住宅窗户外均有防盗栏杆，通向屋顶的防盗门也被锁死，影响被困人员逃生，导致6人遇难，遇难者年龄最大的为47岁，最小的24岁。

## 二、事故原因

（一）直接原因

雇员杨某某吸烟引燃李某一楼院内纸盒、塑料软管等堆垛物品导致火灾发生。

（二）灾害成因

（1）从业人员安全意识淡薄。屋主对院内堆放大量可燃物等火灾隐患视而不见，且擅自在自有住宅内违规从事化学药品经营活动，扩大了事故伤亡。

（2）火灾发现不及时，报警晚。发现火灾并报警的是周围居民，火灾被发现时已进入猛烈燃烧阶段。

（3）遇难人员未能及时进行安全疏散。该建筑原设计为住宅，仅设置1部敞开式疏散楼梯，火灾发生后被高温火焰和烟气堵死，而通向顶楼的防盗门被锁死，导致6名遇难人员全部中毒死于四层的房间内。

（三）其他因素

（1）基层单位，如社区、派出所等没有对辖区的火灾隐患进行全面排查，对有关问题不掌握、不了解。

（2）消防部门督促、指导有关单位和个人落实防火责任制，及时消除火灾隐患工作不到位。

## 三、责任追究

（一）被追究刑事责任人员

（1）屋主李某雇佣的临时工杨某某，过失引发火灾，对事故发生负有直接责任。

（2）住宅内经营活动组织者，事故房屋共有人李某，擅自在自有住宅内从事经营活动，对事故发生负有主要责任。

（二）被给予党纪政纪处分人员

社区、城关镇、派出所、消防等部门共7人分别受到相应处分。

（三）被行政问责的单位

（1）责成太和县城关镇人民政府向太和县人民政府做出深刻书面检查。

（2）责成太和县消防大队向阜阳市消防支队做出深刻书面检查。

（3）责成太和县人民政府向阜阳市人民政府做出深刻书面检查。

## 四、专家点评

### （一）经验教训

农村居民自建房一直是小火亡人的多发地带。据住建部农村房屋安全信息采集系统数据，截至2021年6月9日，全国共排查农村房屋2.2亿户，其中用作经营的农村自建房有854.6万户，主要用途为批发零售、住宅出租、生产加工、餐饮服务、民宿宾馆、养老服务、校外培训、医疗卫生、休闲娱乐等业态。2015年以来，全国农村自建房已发生较大火灾195起、死亡772人。这些火灾事故充分暴露出居民自建房在消防安全方面存在诸多问题。

（1）原设计、建造用途与实际不符。相当一部分自建房最初是以使用性质单一的自用住宅名义设计、建造的，但实际上，有很多改造成了使用功能较为复杂的生产加工工坊、经营性店铺、库房，以及民宿、旅馆等多用途混合场所，火灾风险大大增加。

（2）违法工程、项目大量存在。受观念和教育程度限制，很多此类场所在开办前，业主并没有依法向有关行政主管部门申报消防安全审查、验收、检查，有些地方的主管部门也没有按照要求和程序受理对"小、散、远"场所的申请，开办较为随意。很多建筑不在规划范围，或者没有取得规划、施工许可，属于违法建筑。

（3）自建房本身存在先天性火灾隐患。如建筑在耐火等级、防火间距和防火分隔、安全疏散、消防设施等方面的设防条件与使用用途不匹配、不相符，导致建筑防火条件差。

（4）自建房改造存在监管盲区，缺乏监管合力。自建房点多面广，有些分散隐蔽，有些则集中连片，很多经济较为发达的城市，其城乡接合部往往存在由居民自建房为基础形成的产业集群，再加上地方保护和不作为，单一监管部门管理难度大，即便投入大量人力、物力也收效甚微。

### （二）意见建议

（1）健全群防群治体系，对居民自建房建设、使用情况进行全面排查摸底。建议属地人民政府组织综治、规划、建设等基层组织，对辖区内的小单位、小场所等家庭式商铺开展全面排查摸底，建立排查台账，对排查发现的安全隐患，及时责令有关责任人限期予以整改，责成相关部门限期拿出解决方案，确保小单位、小场所消防安全。

（2）努力提升家庭式商铺、作坊从业人员的消防安全意识。进一步拓宽消防宣传渠道，深入农村、社区、居民小区，落实逐户消防安全宣传，采取发放消防安全宣传挂图等方式，结合场所存在的问题，有针对性地开展"一对一、面对面"的宣传教育，督促业主做到"三会、一提高"（会查找隐患、会扑救初期火灾、会逃生自救，提高家庭成员消防安全意识），利用电视、广播、报刊、网络等多形式、多渠道宣传，通过设置消防公益广告牌、悬挂消防宣传标语、消防知识上公务栏等方式宣传防、灭火及逃生常识，切实提升广大群众的消防安全意识。

（3）切实形成火灾防控管理合力。结合当地实际，出台地方性技术规范或者地方性法规、管理办法，切实解决群众"开办难、达标难"和监管部门"管不了、不好管""一管就死、一管就闹"的问题，进一步形成管理合力。组织相关行业部门对自建房用于生产经营依法办理证照情况进行核查，按照行业分类纳入重点整治防控范围，凡不符合消防安全标准要求的，行业主管部门坚决依法予以取缔关停。将消防安全设计纳入住建部门农房建设图集，明确建筑耐火等级、防火分隔、安全疏散等标准要求。

**扩展阅读**

"三合一"场所是指住宿与生产、仓储、经营一种或一种以上使用功能违章混合设置在同一空间内的建筑。该同一建筑空间可以是一独立建筑或一建筑中的一部分，且住宿与其他使用功能之间未设置有效的防火分隔。生产、经营、储存、使用危险物品的车间、商店、仓库不得与员工宿舍在同一座建筑物内，并应与员工宿舍保持安全距离。《中华人民共和国消防法》规定，生产、储存、经营其他物品的场所与居住场所设置在同一建筑物内，不符合消防技术标准的，责令停产停业，并处5000元以上5万元以下罚款。过失引起火灾，涉嫌下列情形之一的，应予立案追诉：①导致死亡1人以上，或者重伤3人以上的；

②造成公共财产或者他人财产直接经济损失100万元以上的；③造成10户以上家庭的房屋以及其他基本生活资料烧毁的；④造成森林火灾，过火有林地面积2公顷以上，或者过火疏林地、灌木林地、未成林地、苗圃地面积4公顷以上的；⑤其他造成严重后果的情形。

为杜绝民房"小火亡人"惨剧发生，请您做到以下几点[1]：①杜绝生活、经营、仓储"三合一"场所混杂。自建房的经营、仓储区域必须与人员住宿区域、楼梯通道用实体砖墙分隔，确保建筑内部发生火灾后烟气不蔓延至人员生活区域；不在建筑内部采用可燃材料搭建夹层住人、经营，不使用易燃、可燃材料进行装修；窗户上安装防盗网时，必须预留可从房间内部开启的逃生窗。②注意用火用电安全。用火用电必须加强看护，做到人走火灭、电断；电气线路应由专业电工进行敷设，不要私拉乱接电线，不超负荷用电，不在屋内为电动车充电；不要因为贪图便宜而使用假冒伪劣电器产品，使用电取暖器时，不在上面覆盖可燃物。③学习火场逃生常识。一旦发生火灾，第一时间拨打119火警电话，不贪恋财物，立即通过走道、楼梯向室外或者屋顶进行疏散；如果走道、楼梯充满浓烟，应退回有外窗和水源的房间等待救援，并关闭房门，利用打湿的衣物、毛巾填堵门的缝隙，缓解烟气侵入。④配备必要的灭火逃生器材。如家用型灭火器、灭火毯、独立式火灾报警器、防毒呼吸面罩等。

典型火灾事故案例50例（2010—2020）

关联文献

《城市危险房屋管理规定》（建设部令第4号）

《关于加强既有房屋使用安全管理工作的通知》（建质〔2015〕127号）

《农村危险房屋鉴定技术导则（试行）》（建村函〔2009〕69号）

《住宅建筑规范》（GB 50368）

① 半岛网.青岛：防患于未"燃"老旧小区消防安全不容忽视 [EB/OL].[2020-06-04].http://news.bandao.cn/a/376132.html.

**案例14**

# 2019年四川省成都市武侯区成都西部汽车城唯驿综合楼"3·6"较大火灾事故[①]
## ——照明线路故障引燃周围可燃物

2019年3月6日19时25分许，成都市武侯区佳灵路53号成都西部汽车城股份有限公司唯驿综合楼发生火灾，共造成4人死亡、24人受伤，直接财产损失约350万元。唯驿综合楼火灾现场实景如图14-1所示。

图14-1　唯驿综合楼火灾现场实景

---

① 资料来源：成都市应急局. 武侯区佳灵路"2019·3·6"较大火灾事故调查报告[EB/OL].[2020-01-04]. http://yjglj.chengdu.gov.cn/cdaqj/c108362/2020-01-04/content_1eb3b9dba3fe4a2cb715fc935e8ec61a. shtml.

起火建筑总面积12750平方米，1994年投入使用，规划设计用途为综合商业，划分为A区（8层）、B区（7层）、C区（9层）。其中1层整体为商铺铺面，面积1954平方米。2层A区为某银行闲置库房；C区为物业公司餐厅；B区为成都西部汽车城股份有限公司续租给成都荣华丰汽配有限公司库房，用于汽配件储存，面积440平方米。2层平台搭建板房区域面积为520平方米，用于电工居住和市场售后服务中心。3至9层共有商业公寓257个房间（其中206间用于住宿，共有住户290人，空置房31间，库房18间，办公房1间，厨房操作间1间）。唯驿综合楼共设有3部疏散楼梯，其中A区1、2、3层的疏散楼梯被该区使用单位某银行锁闭；C区的疏散楼梯贯通到2层平台后（原设计平台处有直通地面的楼梯，后被平台处搭建的彩钢房隔断），需继续穿越2楼食堂并通过钢结构外接楼梯才能到达室外地面，食堂除使用时间外都处于锁闭状态。火灾发生时，整栋大楼只有B区楼梯可以正常通向1层地面。

## 一、事故经过

2019年3月6日19时25分左右，成都荣华丰汽配有限公司仓库保管员发现库房西侧墙上部的电线打火花，立即与居住在2楼简易板房内的电工一道，前往A区与B区之间电梯旁，关闭箱式变压器电源。19时33分左右，当电工想要从2楼继续前往1楼关闭西汽国际唯驿公寓总配电箱电源时发现，火势已开始蔓延，2楼平台通道已无法通行，电工撞开2楼食堂的玻璃门，进入食堂撬开出口彩钢门，下到1楼方才切断总配电箱电源。

仓库保管员于19时31分左右拨打"119"电话报警。市消防救援支队接警后，先后派出16个消防中队，1个战勤保障大队，40台消防车，156名消防救援人员参加火灾扑救。经现场指挥部组织36个破拆搜救组逐楼层、逐房间进行"地毯式"搜救，共从火灾现场营救被困群众71名。20时33分，火势得到基本控制。22时45分，明火被扑灭。

市急救指挥中心先后调派10家120网络医院、17台（次）救护车，将伤员全部送往四川大学华西医院救治。武侯区迅速成立火灾现场指挥部，下设家属安抚、现场清理、人员核实救助、综合协调、追责问责等8个工作组，将194名受灾群众安置在附近8家酒店，全力开展遇难者家属和受灾群众善后安抚工作。

## 二、事故原因

（一）直接原因

这起火灾事故的直接原因是仓库内照明电气线路故障，引燃周围可燃物蔓延成灾。

（二）灾害成因

（1）火灾负荷大、易燃可燃材料产生大量有毒烟气。起火部位堆放大量易燃可燃汽车配件材料，火灾负荷大，堆放的材料燃点低、燃烧速度快，且迅速引燃周边搭建的夹芯材料为聚苯乙烯泡沫的板房（图14-2）。火灾中产生的大量有毒烟气，是导致人员伤亡的主要因素。

（2）防火分隔不到位，火灾蔓延迅速。起火仓库吊顶整体贯通，隔墙上部有高1.5米的通风采光口，加之建筑管道井封堵不严，火灾发生后，火势通过各种孔洞迅速蔓延，在短时间内形成猛烈燃烧，增加了灭火救援的难度。

（3）建筑消防安全疏散条件差。该建筑分A、B、C三个区，共三部疏散楼梯，其中A区的疏散楼梯锁闭，C区的疏散楼梯只能到达2楼平台，要通过食堂的钢结构外接楼梯才能到达1层，火灾发生时，食堂已停止营业，不能通过该区域到达1层，整栋大楼只有B区1部楼梯能够通向室外。

（4）单位消防安全主体责任不落实。该单位微型消防站设备简陋，值班制度不落实，火灾发生当晚，该综合楼值班保安只有1人，不能及时有效组织初期火灾

图14-2　板房及物资堆

扑救和人员疏散。单位日常消防安全管理混乱，存在安全出口锁闭、室内消火栓管网无水、疏散通道被占用、2楼平台彩钢板房乱搭乱建等火灾隐患。

（5）群众消防安全意识不强。该建筑内居住的人员大多为年轻创业人员，人员流动性大，对大楼疏散情况不熟悉，消防安全素质还有待进一步提升。

### 三、责任追究

（一）被追究刑事责任人员

（1）胡某某，成都西部汽车城股份有限公司法定代表人兼董事长，犯重大责任事故罪，判处其有期徒3年，缓刑3年6个月。

（2）张某某，成都西部汽车城股份有限公司总经理，犯重大责任事故罪，判处其有期徒3年，缓刑3年6个月。

（3）屈某某，成都港宇物业管理有限公司法定代表人，犯重大责任事故罪，判处其有期徒2年8个月，缓刑3年。

（4）姜某，成都港宇物业管理有限公司西部汽车城物业项目办公室主任，犯重大责任事故罪，判处其有期徒2年4个月，缓刑2年6个月。

（二）相关责任人员处理

武侯区消防大队、红牌楼街道长城社区、居委会、综合执法大队、安监站、红牌楼商圈规划发展推进办公室、红牌楼派出所等15名干部被给予党纪政纪处分。

（三）相关责任单位的处理

（1）成都荣华丰汽配有限公司，擅自改建仓库，未及时消除仓库线路老化等火灾隐患，对事故发生负有直接责任，鉴于该公司已于2019年1月注销，免予行政处罚。

（2）成都西部汽车城股份有限公司，违规扩建阳台、改建公寓房间、搭建钢架彩钢棚及简易板房，擅自对外销售、出租改建精装小户型，对事故发生负有重要责任，应给予行政处罚。

（3）成都港宇物业管理有限公司，违规搭建职工食堂、简易板房，擅自拆除、封堵消防疏散通道；未及时消除超负荷用电、线路老化等火灾隐患，对事故的发生负有重要责任，应给予行政处罚。

（4）中国工商银行股份有限公司成都红牌楼支行，违规锁闭唯驿公寓A区消防疏散通道、占用1楼楼梯间区域，对事故的发生负有责任，应给予行政处罚。

（5）红牌楼街道党工委对街道安全工作监管缺失，组织开展辖区消防安全监督检查不到位，向武侯区委、区政府做出深刻书面检查。

（6）红牌楼街道办事处对辖区安全管理及消防安全隐患整治工作不到位，落实一岗双责不力，向武侯区委、区政府做出深刻书面检查。

（7）武侯区公安分局对红牌楼派出所未有效处置辖区消防安全隐患，失管失察，向武侯区委、区政府做出深刻书面检查。

（8）武侯区委、区政府向市政府做出深刻书面检查。

### 四、专家点评

（一）经验教训

这起事故还是没有跳出"电气起火＋彩钢板＋易燃可燃材料＝群死群伤"的致灾链条，经验教训主要有：

（1）电气线路敷设不符合要求。电气线路明敷时没有穿管保护，接头连接也没有使用接线盒，导致线路发生故障后直接引燃了周围可燃物。

（2）违规搭建彩钢板房，违规锁闭、堵塞疏散楼梯和出口。起火建筑内的原有3部楼梯，1部被锁闭，1部被违规搭建的临时建筑占用，仅1部能正常使用，导致人员未能及时疏散。

（3）防火分隔不到位。没有按照国家有关标准对不同使用性质的场所采用防火隔墙、防火门窗等耐火构件进行分隔，导致火灾迅速蔓延扩大。

（4）相关管理单位责任不落实。建筑内违规存放易燃、可燃物品，违规搭建采用易燃、可燃夹芯材料的板房，违规锁闭、堵塞疏散楼梯、出口的违法行为长期没有得到纠正，值班、值守不符合规定，最终酿成火灾，造成人员伤亡。

（二）意见建议

（1）按要求采取积极预防住宅电气火灾的技术措施，主要包括：在住宅内安装过、欠电压保护电器和断路器、漏电保护器；按国家标准规范敷设电气线路，做到线缆材质符合要求，线径符合使用要求，连接可靠，线路保护措施到位；保持电气设备完好，设备与电源连接可靠，不超载使用电气设备；安装、使用合格的电气元件和设备；定期检查绝缘性能、电气元件功能及设备状况，特别是各种保护电器的可靠性；安装电气火灾监控系统，及时发现电气故障和火灾。

（2）加强疏散楼梯、安全出口、配电室、消防水泵、防烟排烟风机等关键设施、设备的安全管理，切实保障"生命通道"畅通无阻，消防设施完好有效。对于关键设施设备不完好有效，按照重大火灾隐患的判定方法判定为重大火灾隐患的，应当依法采取行政强制措施予以督促整改，必要时由政府挂牌督办，向社会公示。

（3）加强对居民住宅楼、院的日常安全管理。尤其是对商住楼、设有居住建筑和住宅的综合楼，业主各方要加强建筑使用过程的互相监督，积极举报不法行为；行政管理单位应当积极发现、制止、纠正消防违法行为和火灾隐患，防止单位或个人擅自改变建筑规模、使用性质和用途，确保建筑在使用过程中与原设计和审查验收条件一致。

**扩展阅读**

公共建筑内每个防火分区或一个防火分区的每个楼层，其安全出口的数量不应少于2个。设置1个安全出口或1部疏散楼梯的公共建筑应符合下列条件之一：①除托儿所、幼儿园外，建筑面积不大于200平方米且人数不超过50人的单层公共建筑或多层公共建筑的首层；②除医疗建筑，老年人照料设施，托儿所、幼儿园的儿童用房，儿童游乐厅等儿童活动场所和歌舞娱乐放映游艺场所等外，符合《建筑设计防火规范》（GB 50016）表5.5.8规定的公共建筑；③一类高层公共建筑和建筑高度大于32米的二类高层公共建筑，其疏散楼梯应采用防烟楼梯间；裙房和建筑高度不大于32米的二类高层公共建筑，其疏散楼梯应采用封闭楼梯间。任何单位、个人不得损坏、挪用或者擅自拆除、停用消防设施、器材，不得埋压、圈占、遮挡消火栓或者占用防火间距，不得占用、堵塞、封闭疏散通道、安全出口、消防车通道。人员密集场所的门窗不得设置影响逃生和灭火救援的障碍物。

**关联文献**

《关于加强既有房屋使用安全管理工作的通知》（建质〔2015〕127号）

《关于整顿规范住房租赁市场秩序的意见》（建房规〔2019〕10号）

《住宅室内装饰装修管理办法》（建设部令第110号）

《建筑设计防火规范》（GB 50016）

# 第五部分

典型「九小场所」火灾事故

近年来，民营企业和个体经济成分占比快速增长，家庭作坊和集从业人员住宿与生产、储存、经营等一种或几种用途，混合设置在同一空间内的场所（以下简称"三合一"场所）大量出现[①]。据不完全统计，发生在此类"九小场所"的较大以上火灾事故，约占同时期全部较大火灾事故总数的五分之一。所谓"九小场所"，是指经营面积较小的小型经营性场所，例如小学校或幼儿园、小医院、小商店、小餐饮、小旅馆、小歌舞娱乐场所、小网吧、小美容洗浴场所、小生产加工企业等。实际上"九小场所"已经不再是一个单纯的数字名词概念，而是逐渐成为所有小型人员密集场所（包括小型劳动密集型场所）的代名词[②]。这些场所一旦发生火灾，由于管理跟不上、建筑设防等级不高，极易造成人员伤亡。

从发生场所来看，小商铺火灾占比最高，达六成以上，其次是小作坊、小餐馆和小宾馆。

从火灾直接原因来看，主要有电气故障、用火不慎、遗留火种、放火。其中，最多的为电气故障、用火不慎，分别约占一半和四分之一。

从火灾间接原因来看，主要有：一是管理不到位，建筑内堆放大量易燃、可燃物。如2018年5月19日，湖南省洞口县石江镇振兴社区大正街的临街民房发生火灾，由于该场所店内存放有油漆、稀释剂等大量可燃易燃物品，最终造成5人死亡。二是建筑先天不足，建筑耐火等级低。如2015年4月17日，浙江省苍南县钱库镇钱东路一民房发生火灾，该建筑为典型的"通天房"式建筑结构，从底层到顶层只有一个疏散楼梯，一至二层为水泥楼梯，二至五层为木楼梯，房间与楼梯间采用木隔断，楼梯间采用木质装饰板，导致火灾发生时火势迅速蔓延，最终造成5人死亡、2人受伤。三是"三合一"场所防火分隔不到位。如2015年3月13日，安徽省涡阳县城西街道孙彭庄芍香北路一民房发生较大火灾，该房主擅自改变起火建筑用途和性质，在住宅楼内扩建加工作坊并违规住人，在建筑疏散通道上堆放大量聚氨酯泡沫、纸箱板等易燃物品，生活区与生产、储存区未采取有效防火分隔和消防安全技防措施，导致5人中毒窒息死亡。

本部分选取近10年来6个典型案例进行剖析、点评。

---

① 刘毅敏. 浅谈"九小场所"消防监督管理 [J]. 科学之友，2010（6）：103-105.
② 韩国献."九小场所"的消防安全工作标准 [J]. 科技信息，2013（2）：509-512.

# 案例15

## 2011年浙江省温州市苍南县"4·11"较大火灾事故①

### ——机器设备故障致家庭作坊起火

　　2011年4月11日23时25分，浙江省温州市苍南县龙港镇纺织二街230号民房（家庭作坊）发生火灾，过火面积270平方米，烧损生产原材料、成品、半成品及生活用品等，造成7人死亡，3人受伤，直接经济损失98.9万元。火灾事故现场概貌如图15-1所示。

图15-1　苍南县"4·11"火灾事故现场概貌

　　起火建筑主体为七层民用"通天房"式住宅，起火的230号房进深约14米，宽度约3.5米，建筑面积约350平方米（图15-2），一至二层楼梯为水泥材质，三至七层为木质楼梯。平时该房屋一层用作注塑加工，二层局部用作烫金作业，后间设置厨房。三至七层用作出租住宿。事故发生当晚共有15人在该房屋内，其中一层谢某、黄某在进行注塑加工作业，其余人员在屋内休息。

① 资料来源：饶球飞，徐放蕊.温州苍南"4·11"较大亡人火灾事故调查与体会 [C].2011中国消防协会火灾原因调查专业委员会五届二次年会论文集.天津：中国消防协会，2012:164-167.

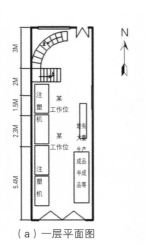

（a）一层平面图

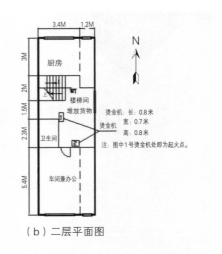

（b）二层平面图

图15-2 涉事建筑一、二层平面布置

## 一、事故经过

2011年4月11日22时16分许，烫金机操作工颜某在二层烫金作业结束后，关闭照明灯，未关闭1号烫金机电源上楼。此后该烫金机传送带一直在运转，半小时后，在一层进行注塑作业的注塑工黄某到二层操作烫金机，而后离开。约15分钟后，烫金机电热棒过热引燃烫金机及周围可燃物品。23时10分许，起火建筑对面的住户发现火灾。

龙港消防中队接到苍南县指挥中心报警后，出动2辆消防车、1辆A类泡沫车，共22名官兵赶赴现场。12日0时10分许，火势得到控制。1时15分，现场余火被彻底扑灭。经过搜寻，分别在三层东面房间发现2名，五层东面房间发现1名，六层西面房间发现3名，共6名遇难者。另有1人在火灾初期跳楼逃生，经抢救无效死亡，3人受伤。

## 二、事故原因

（一）直接原因

烫金机电热棒长时间通电、过热，最终引燃机器周围可燃物，引发火灾。火灾产生的烟气通过设在建筑中部的开敞式楼梯间迅速向上层蔓延，造成人员伤亡。涉事建筑室内实景如图15-3所示。

图 15-3　涉事建筑室内实景

（二）间接原因

（1）该家庭作坊违反消防安全有关法律、法规规定，在不符合消防技术标准的居住场所内设置作业场所，且存在严重的火灾隐患，并未按照相关监管单位的整改要求落实整改，在不具备安全生产的条件下从事生产经营活动。

（2）负有消防安全监管职责单位及其有关工作人员未认真履行消防安全监管职责，火灾事故隐患查处不力，导致该家庭作坊存在的严重火灾隐患未能得到有效整改。

### 三、责任追究

（一）该家庭作坊负责人

傅某违反《中华人民共和国消防法》第六十一条之规定，将家庭作坊生产场所与居住场所设置在同一建筑物内，不符合消防技术标准，且未制定安全操作规程和相关管理制度，在不具备安全生产的条件下进行生产经营活动，也未按照龙港公安分局、龙港镇沿江办事处等有关监管部门、单位的整改通知要求落实整改，且招用不满16周岁的未成年人黄某上岗作业，涉嫌非法使用童工，对该起事故的发生负有主要责任。傅某的行为触犯《中华人民共和国刑法》第一百三十四条之规定，涉嫌重大责任事故罪。

（二）家庭作坊员工

黄某擅自操作烫金机，致使烫金机电热棒长时间通电、过热，最终引燃烫金机及周围可燃物品发生火灾，对该起事故负有直接责任，因黄某不满十六周岁，不追究其刑事责任。

（三）龙港镇沿江办事处综治办干部

综治办主任林某于2010年10月21日检查发现该家庭作坊存在多处消防安全隐患，并发放了整改指令书，但对该场所复查后发现仍未整改，未及时采取有效措施进行督促，致使该家庭作坊长期存在严重消防安全隐患，对该起事故的发生负有监管责任。按照干部管理权限，给予林某相应的党纪政纪处分。

（四）龙港公安分局片区民警

在日常消防监督检查中，民警发现该家庭作坊存在消防安全隐患，但未按消防监督检查的有关规定采取措施予以处理，对该起事故的发生负有监管责任，按照干部管理权限，给予龙港公安分局社区民警李某、分管消防副局长陈某等相应的党纪政纪处分。苍南县公安局就龙港公安分局在消防安全监管中存在的问题予以通报批评。

（五）龙港镇沿江办事处

对辖区内的家庭作坊隐患排查治理工作组织不力，对已检查发现的消防安全隐患未采取有效措施予以整治，导致辖区内家庭作坊消防安全隐患长期存在，龙港镇沿江办事处主任肖某、副主任薛某对该起事故的发生负有领导责任。建议按照干部管理权限，给予肖某、薛某相应的党纪政纪处分。

（六）龙港镇人民政府

虽然近几年组织开展了各项安全专项整治，消除了一大批事故隐患，但消防安全监管工作仍存在疏漏，消防监督检查工作力度不够，督促负有消防安全监管职责的部门落实消防安全隐患治理工作不力，龙港镇人民政府分管消防工作的副镇长吕某对该起事故负有领导责任，按照干部管理权限，给予吕某相应的党纪政纪处分。龙港镇人民政府就该起事故中存在的问题向苍南县人民政府做出书面检查。

## 四、专家点评

（一）经验教训

2015年以来，全国共发生农村自建房较大火灾195起、死亡772人，占比近一半。重大火灾也屡屡发生，如浙江玉环"9·25"火灾事故死亡11人、北京大兴"11·18"火灾事故死亡19人，2021年河南省商丘市柘城县"6·25"火灾事故死亡18人，都发生在自建房，暴露出农民自建房隐患突出、乡镇消防安全风险突出、基层责任不落实突出等"三个突出"问题。这起火灾是一起典型的住宿与生产、储存、经营合用的"三合一"场所火灾，教训主要有以下几点：

（1）生产管理不规范，未建立相应的操作规程和制度。本事故案例中电热器具生产期间无人看守，造成设备过热引燃周围可燃物。

（2）消防安全意识淡薄，长期违法生产。起火家庭作坊虽经当地派出所、综治部门指出问题，但业主未按要求进行整改，长期"带病"生产营业。

（3）建筑防火措施不落实。本事故案例中由于生产、住宿空间的防火分隔措施不到位，间接导致火灾蔓延扩大、造成人员伤亡。

（4）消防安全监管工作仍存在疏漏。监管部门不同程度存在"只查不管""以罚代改""跟踪不力"等问题。

（二）意见建议

（1）防火分隔要做好。商铺内不应留人住宿，存在"下店上宅、前店后宅"情况的，要按照《住宿与生产储存经营合用场所消防安全技术要求》（XF 703）的规定，在住宿与非住宿部分之间采取防火墙、防火门窗、耐火楼板等进行防火分隔。

（2）疏散路径要畅通。住宿与非住宿部分应设置独立的疏散设施，当确有困难时，应设置独立的辅助疏散设施。合用场所的外窗或阳台不应设置金属栅栏，当必须设置时，应能从内部易于开启。用于辅助疏散的外窗，其窗口高度不宜小于1.0米，宽度不宜小于0.8米，窗台下沿距室内地面高度不应大于1.2米。不得在疏散逃生路径上堆放原材料和货物，开工、营业期间不得锁闭、占用疏散逃生通道和安全出口。

（3）用火用电要严管。应当制定用火用电和安全操作规程。电气线路应当由有资质的电工敷设，保证用电负荷与电源线径相匹配，不私拉乱接电线。电气线路，尤其是明敷线路，要采取穿管、架设线槽等方法做好防护，按要求进行接地保护，安装剩余电流保护器。用火用电要加强看护、管理，做到工作场所禁烟、人走断电、人走火灭。不超负荷用电，电气线路、设备不长时间带电。不在屋内为蓄电池特别是电动车充电。不要贪图便宜购买使用假冒伪劣电器产品和插线板。

（4）消防设施要完好。除了按照要求设置室内外消火栓、灭火器和应急照明、疏散指示标志外，推荐安装火灾自动报警、自动灭火等消防设施，或者是独立式报警器、简易喷淋或局部应用式自动喷水灭火系统，并经常检查测试，委托有资质的机构进行消防设施维护保养，确保随时完整好用。

（5）装饰装修要注意。用于生产、经营、储存的场所，以及与住宿合用的上述场所，建议全部使用A级不燃烧材料，如墙面使用无机涂料、顶棚采用轻钢龙骨加纸面石膏板或金属扣板、地面采用不涂敷有机涂料，如油漆的水泥、水磨石、瓷砖、黏土砖等材料。用于生产、经营、储存的房屋本身，建议采用钢筋混凝土、砖混或者采取涂敷防火涂料保护措施的钢结构，不使用不符合要求的砖木结构、木结构和没有采取保护的钢结构建筑。涉及保温时，应当采用燃烧性能等级不低于B1级（难燃）的保温材料，切不可使用易燃的苯板。

**扩展阅读**

建筑物的耐火等级是根据建筑物各种建筑构件的耐火极限来确定的。耐火极限指对任一建筑构件按时间－温度标准曲线进行耐火试验，从受到火的作用时起，到失去支持能力或完整性被破坏或失去隔火作用时为止的这段时间，用小时表示。那么建筑材料的燃烧性能等级又是什么呢？燃烧性能是指材料燃烧或遇火时所发生的一切物理和化学变化，这项性能由材料表面的着火性和火焰传播性、发热、发烟、炭化、失重以及毒性生成物的产生等特性来衡量。国家标准《建筑材料及制品燃烧性能分级》将建筑材料及制品的燃烧性能等级分为A级（不燃）、B1级（难燃）、B2级（可燃）、B3级（易燃）4个等级。

**关联文献**

《用电安全导则》（GB/T 13869）

《电气附件 家用及类似场所用过电流保护断路器》（GB/T 10963）

《电热设备电力装置设计规范》（GB 50056）

《耐火电缆槽盒》（GB 29415）

《电缆及光缆燃烧性能分级》（GB 31247）

## 案例16

# 2013年湖北省襄阳市樊城区前进路迅驰网络会所"4·14"重大火灾事故①
## ——电气故障导致重大人员伤亡

2013年4月14日5时40分，湖北省襄阳市前进路158号迅驰星空网络会所（以下简称迅驰网吧）发生火灾，建筑物过火面积510平方米，导致14人死亡、47人受伤，直接经济损失达1051.78万元。火灾事故现场如图16-1所示，室内装修过火情况如图16-2所示。

图16-1　襄阳市"4·14"火灾事故现场鸟瞰　　图16-2　室内装修过火实景

襄阳市前进路158号共有三栋楼房，属中铁七局集团有限公司所有。起火建筑为其中一栋靠西北边呈"L"形的建筑。该建筑东面为停车场，南面为居民楼及一景城市花园酒店香榭楼，西面临前进路，北面为泰然新城小区。"L"形建筑的长边靠西，短边靠北，开口向东南。该建筑主体为五层，局部六层，建筑高度19.8米，占地面积947平方米，建筑面积4044平方米，砖混结构，二级耐火等

---

① 资料来源：湖北省应急厅. 襄阳市"4·14"重大火灾事故调查报告 [EB/OL].[2013-10-10].http://yjt.hubei.gov.cn/fbjd/xxgkml/qtzdgknr/gpdb/201310/t20131010_454735.shtml.

级。起火的"L"形建筑长边一层为8间临街商铺及酒店大堂，二层为网吧、娱乐室、办公室、仓库、配电室，三至六层为酒店客房；"L"形建筑短边一、二层为食尚坊餐厅，三至五层为酒店客房。迅驰网吧总建筑面积396.74平方米，分为大厅区和包厢区，中间以走道分隔。大厅区在走道东侧，是在二楼露天平台上搭建的违法建筑，采用钢架搭建，建筑面积205平方米，屋顶为彩钢夹芯板，大厅东侧为玻璃外墙并装有窗帘。包厢区在走道西侧，为砖混结构，内设包房、两间竞技场、机房和卡座，均未设门。其中包房被走道和隔墙分为南、北、东、西四个部分，分别为东南侧的包房一、西南侧的包房二、西北侧的包房三、东北侧的休息区，入口设在休息区；隔断采用轻钢龙骨、双面贴石膏板。

## 一、事故经过

2013年4月14日5时40分许，襄阳市前进路158号迅驰网吧包房区东南侧包房一的吊顶内因电气线路短路引起电线的绝缘层发生缓慢燃烧，烟气通过吊顶内的孔洞向迅驰网吧西侧各房间蔓延。网吧某玩家分别于5时50分许、6时7分许在北侧的卫生间、收银台闻到了塑料燃烧的味道，卫生间内的味道较重，但未看到烟、火，离开迅驰网吧时也没有发现异常。因包房内无人，火情一直没有被发现。6时41分许，火先从包房的东南角突破，引燃其下方的沙发、布帘等物品。6时42分至44分，有39人陆续从北侧大门离开迅驰网吧，期间无人报警，也无人呼喊。6时46分许，二层最后逃生的一名上网人员从窗口跳出，此时大厅屋顶彩钢板内的聚苯乙烯泡沫板被引燃，东、西两侧的窗口及北侧的通风口冒出大量浓烟。6时47分，正在一层餐厅上班的服务员庹某看到二层迅驰网吧浓烟滚滚，东侧的彩钢板顶棚在燃烧，即拨打119电话报警。

襄阳市公安消防支队指挥中心接到报警后，先后调集16台消防车、126名官兵到场灭火救人，前后开辟7个救生通道，从火场中营救出被困人员40人，疏散被困人员28人。8时48分，明火基本被扑灭。9时30分，现场清理完毕。

事故发生后，省政府立即启动火灾事故应急救援预案。省委书记做出重要指示，要求襄阳市委、市政府尽全力抢救伤员，最大限度减少死亡，周密细致做好善后处理工作。要立即成立事故调查组，查找事故原因，依法追究事故责任人，并举一反三，整改安全隐患。省委、省政府分管领导第一时间赶赴现场指导事故应急救援和善后处理工作。国家安全生产监督管理总局、公安部消防局派员到现场指导督办。襄阳市委、市政府、市直有关部门第一时间赶赴现场，开展抢救伤员、应急救援工作。

## 二、事故原因

（一）直接原因

火灾原因为二层迅驰网吧包房区东南侧包房一的吊顶内电气线路短路引燃周围可燃物引发火灾。

（二）间接原因

（1）一景酒店管理有限公司及其一景城市花园酒店安全生产主体责任落实不到位。一景酒店管理有限公司及其一景城市花园酒店消防安全制度和消防安全责任不落实，对员工的消防安全教育培训不到位，固定消防设施作用未发挥，火灾发生后组织疏散不力。

（2）迅驰网吧安全生产主体责任落实不到位。迅驰网吧消防安全制度、用火用电操作规程及灭火和应急疏散预案缺失，违章搭建、违规使用装修材料，存在重大火灾隐患，消防安全责任不明确，日常管理不到位。

（3）中铁七局四公司安全生产主体责任落实不力。中铁七局四公司未按照租赁合同的要求及时有效阻止一景酒店将房屋转租给迅驰网吧和违章搭建行为（图16-3），资产安全监管责任落实不力。

图16-3 建筑外立面搭建物过火实景

## 三、责任追究

### （一）涉事酒店、网吧人员责任追究情况

（1）一景酒店管理有限公司法定代表人、执行董事、经理，涉嫌重大责任事故罪，被襄阳市樊城区人民检察院批准依法逮捕。

（2）一景酒店管理有限公司股东、监事，严重违反《中华人民共和国消防法》《中华人民共和国安全生产法》等法律法规规定的消防安全职责，由襄阳市公安局樊城区分局刑事拘留。

（3）襄阳迅驰星空网络会所法定代表人，严重违反《中华人民共和国消防法》《中华人民共和国安全生产法》《中华人民共和国建筑法》等法律法规规定的消防安全职责，涉嫌重大责任事故罪，被襄阳市樊城区人民检察院批准依法逮捕。

（4）襄阳迅驰星空网络会所合伙人，涉嫌重大责任事故罪，被襄阳市樊城区人民检察院批准依法逮捕。

（5）襄阳迅驰星空网络会所当日店长，未履行《中华人民共和国消防法》《中华人民共和国安全生产法》等法律法规规定的职责，由襄阳市公安局樊城区分局刑事拘留。

（6）襄阳迅驰星空网络会所网管员，未履行《中华人民共和国消防法》《中华人民共和国安全生产法》等法律法规规定的职责，作为事故当晚网管值班员，在事故发生时既未组织疏散，又未报警，导致事故后果扩大，由襄阳市公安局樊城区分局刑事拘留。

（7）襄阳迅驰星空网络会所收银员，未履行《中华人民共和国消防法》《中华人民共和国安全生产法》等法律法规规定的职责，作为事故当晚值班收银员，在事故发生时既未组织疏散，又未报警，导致事故后果扩大，由襄阳市公安局樊城区分局刑事拘留。

### （二）其他企事业单位和相关行政管理部门、人员责任追究情况

襄阳市文化管理、消防、城市管理部门，以及中铁七局四公司等21人分别被检察机关立案调查或被给予党纪、政纪处分。

## 四、专家点评

### （一）经验教训

这是一起发生在夜间营业的公共娱乐场所火灾事故。由于起火部位隐蔽，燃

烧蔓延过程较长，待火势扩大时大量装修材料阻碍了人员逃生，造成大量人员伤亡。该起火灾事故教训主要有以下几点：

（1）擅自改建、装修，导致原建筑防火安全条件被破坏。起火的迅驰网吧擅自搭建违章建筑，耐火等级达不到相应要求，且没有采取必要的防火分隔措施，电气安装施工不规范等，是导致火灾发生和蔓延扩大，以及人员未能及时疏散的重要因素；违规使用装修材料，是导致火灾产生大量有毒烟气、人员伤亡扩大的重要因素。

（2）行业监管审批把关不严，监督检查不到位。襄阳市消防部门在该网吧存在诸多问题的情况下，违规给予该网吧行政许可，且相关档案未按规定制作、存档；办理许可后，日常消防监督检查不到位，没有及时发现、督促消除网吧的违法行为和火灾隐患，致使问题长期存在。襄阳市文化部门对该网吧超时、超规模经营监管不到位，致使大量人员在夜间滞留网吧。

（3）消防安全主体责任不落实。业主单位中铁七局和承租单位一景酒店都没有尽到消防安全管理责任，对出租事宜"只租不管"，违反《中华人民共和国消防法》"同一建筑物由两个以上单位管理或者使用的，应当明确各方的消防安全责任，并确定责任人对共用的疏散通道、安全出口、建筑消防设施和消防车通道进行统一管理"的规定；涉事网吧没有依法履行职责、建立健全各项规章制度并消除火灾隐患，网吧员工未履行组织人员疏散逃生的义务。

（二）意见建议

（1）切实履行部门监管职责。人民政府有关部门要依法积极履行消防安全监管职责。对本行业、本部门在督促检查时发现的有关问题，需要其他部门协助、配合的，应当积极建立、健全长效机制，加强部门间协调沟通，形成齐抓共管、联合执法的合力。督促、指导小网吧等场所加强员工消防安全教育培训，定期开展灭火应急疏散预案演练，提高从业人员组织扑救初起火灾、组织人员疏散逃生等消防安全"四个能力"。文化部门应当对辖区内的网吧等公共文化单位实行有效监管，尤其是加强对经营活动中超时、超限、超员等行为的纠治力度。城市管理部门应当严厉查处违法违规建设，尤其是人员密集场所擅自新建、改建、扩建行为。

（2）进一步督促小场所落实消防安全责任。一是进一步强化社会消防安全基础，加强对消防安全网格化管理工作的组织领导，严格落实责任，保障各项工作措施的落实，建立火灾隐患排查治理长效机制，及时排查和治理火灾隐患，真正构建起"全覆盖、无盲区"的消防管理网络及责任明晰、机制健全、运行高效的消防安全网格化管理组织和工作机制。二是提升小场所自身安全标准化管理水平，指导各类小单位建立健全消防安全管理制度和消防安全组织，明确消防安全第一责任人和相关管理人员职责；严格执行建筑物室内装修竣工验收和开业前消防安全检查要求；保持消防设施完好有效，保持消防通道和安全出口畅通；编制、完善灭火和应急疏散预案并加强演练；加强消防安全培训教育，提高员工扑救初起火灾和引导人员疏散的能力；主动接受政府有关部门的安全监督管理，履行消防安全承诺，切实做好火灾预防工作。

**扩展阅读**

公共娱乐场所的外墙上应在每层设置外窗（含阳台），其间隔不应大于15.0米；每个外窗的面积不应小于1.5平方米，且其短边不应小于0.8米，窗口下沿距室内地坪不应大于1.2米。使用人数超过20人的厅、室内应设置净宽度不小于1.1米的疏散走道，活动座椅应采用固定措施。休息厅、录像放映室、卡拉OK室内应设置声音或视像警报，保证在火灾发生初期，将其画面、音响切换到应急广播和应急疏散指示状态。各种灯具距离周围窗帘、幕布、布景等可燃物不应小于0.5米。在营业时间和营业结束后，应指定专人进行消防安全检查，清除烟蒂等火种[1]。

**关联文献**

《电气安装工程　电气设备交接试验标准》（GB 50150）
《电气安装工程　电缆线路施工及验收规范》（GB 50168）
《电气安装工程　低压电器施工及验收规范》（GB 50254）

---

[1] 全国消防标准化技术委员会.人员密集场所消防安全管理: GB/T 40248—2021[S].北京: 中国标准出版社, 2021.

典型火灾事故案例 50 例（2010—2020）

## 案例17

# 2014年河南省长垣县皇冠歌厅
# "12·15"重大火灾事故①
## ——电暖器高温致空气清新剂罐爆裂燃烧引发大火

2014年12月15日0时26分，河南省长垣县皇冠歌厅（皇冠KTV）发生重大火灾事故，过火面积123平方米，造成12人死亡、28人受伤，直接经济损失957.64万元。火灾事故现场概貌如图17-1所示。

图17-1　皇冠歌厅火灾事故现场概貌

失火建筑地上4层，局部5层，砖混结构，二级耐火等级，建筑主体高度14.3米，局部17.3米，总建筑面积1342.5平方米，一至三层建筑面积918.5平方米，南北长25.8米，东西宽13.8米。北侧为长城大道，南侧为一栋4层居民住宅楼（相距2.7米），西侧为护城河，东侧贴临一栋4层商住楼（一层为商业门店，

① 资料来源：河南省应急管理厅.长垣县皇冠歌厅"12·15"重大火灾事故调查报告 [EB/OL].[2016-10-28]. http://yjglt.henan.gov.cn/2016/10-28/987215.html.

二至四层为居民住宅）。该建筑一至三层为歌厅，四、五层为员工宿舍和杂物间。建筑一层西北部为大厅，东北部设有一员工临时休息室，南部设有3个包间，东南角为水吧和仓库（图17-2）；二至三层每层各设8个包间，三层南部设有一监控机房；四层共9个房间，其中7间为员工宿舍，另外2间闲置；五层共5个房间，其中西北部1间为员工宿舍，其余闲置。

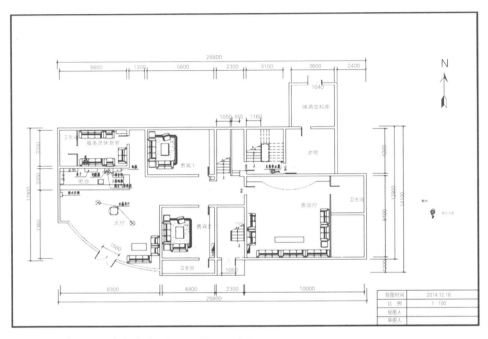

图17-2 皇冠歌厅火灾事故现场一层平面示意图

建筑内共设置3个直通室外的安全出口，分别位于一层大厅西北角、一层仓库东侧、建筑西墙中部（与一层不连通）；五层设有1个通向四层屋面平台的出口。东出口被堆放的货物封堵，导致一层仅有1个安全出口可正常使用。建筑内共设置3部疏散楼梯，均位于建筑中部，其中东侧2部（东侧北楼梯、东侧南楼梯）、西侧1部（西楼梯）。东侧北楼梯为一至二层敞开楼梯间；东侧南楼梯为一至四层封闭楼梯间，二、三层外窗均被封堵；西楼梯为一至五层，未形成封闭楼梯间，三层通向四层的楼梯口处设有疏散门，楼梯间二至三层外窗被封堵。建筑一层东南角水吧和仓库的3个外窗违规安装有防盗网，一至三层其他房间外窗均被封堵。四、五层员工宿舍和一至三层歌厅共用疏散楼梯。

## 一、事故经过

2014年12月14日11时许，歌厅员工郭某签收了快递送来的5箱空气清新剂，随后将其放置在吧台内地面上。13时许，员工李某在打扫卫生过程中，将快递件移放在吧台内靠东隔墙与音箱的角落，附近有一台开着的电暖器。营业过程中，工作人员在吧台内活动时多次触碰电暖器，使其逐渐紧贴装有空气清新剂的快递件。15日0时26分许，歌厅员工尹某坐在吧台内椅子上，身后突然发生爆炸燃烧。在场人员尹某、孔某状、孔某凯发现起火后，未能立即采取有效施救措施，仅用脚踹、脚踩起火物和少量水泼洒方式灭火，未能有效控制火势（监控画面如图17-3所示）。1分钟内，空气清新剂接连发生多次爆炸燃烧，火势迅速蔓延。燃烧产生的热烟气扩散至一层其他区域并沿楼梯间迅速向上层区域扩散，造成12人死亡，28人受伤。

图17-3 监控显示吧台内情形

2014年12月15日0时28分，长垣县公安消防大队接到报警后，立即调派5辆消防车18名官兵前往现场扑救，同时向新乡市消防指挥中心和长垣县委、政府、公安局报告。新乡市消防支队调集5辆消防车、26名官兵到场增援。1时5分，现场明火被扑灭，共搜救出被困人员36人。

接到通知后，长垣县政府领导及时赶赴现场，立即启动火灾事故应急预案，成立火灾事故应急指挥部和善后处置工作组，组织公安、消防、卫生、安监等部门，展开灭火和人员救治工作。

## 二、事故原因

### （一）直接原因

皇冠歌厅吧台内使用的硅晶电热膜对流式电暖器，近距离高温烘烤大量放置的具有易燃易爆危险性的罐装空气清新剂，导致空气清新剂罐爆裂燃烧引发火灾。

### （二）间接原因

（1）皇冠歌厅安全生产主体责任不落实。未取得消防安全检查合格证违法经营；未明确消防安全管理人员，未明确各岗位消防安全职责；安全管理制度未得到有效落实，经营期间一直未履行消防安全教育培训、防火巡查检查、消防设施器材维护、用火用电管理、灭火和应急疏散预案演练、消防安全工作奖惩等消防安全制度和消防安全操作规程；未开展消防安全教育培训，未组织员工开展灭火和应急疏散演练，员工不了解场所内消防设施、消防器材用途，亦不会操作使用，自救逃生能力差；超出核定包间数违规经营。长垣县文化广电旅游局核定包间数为14间，皇冠歌厅用于营业的包间数为19间。

（2）有关监管部门把关不严。公安消防部门审批把关不严，日常监管不力，对派出所消防安全工作指导不到位；辖区派出所贯彻执行消防法律法规不力，对皇冠歌厅没有消防安全检查合格证长期违法经营问题，以及存在的消防安全隐患未依法做出处理，对辖区内消防单位日常监管、消防宣传、培训工作不到位；县公安局贯彻执行消防法律法规不力，督促指导长垣县公安消防大队、蒲东派出所消防安全工作不力；文化广电旅游部门履行审批、监管职责不到位，违规发放娱乐经营许可证，未能及时发现皇冠歌厅存在消防通道不畅、消防设施不能使用、没有消防安全应急预案等消防安全隐患；工商行政管理部门违规办理个人独资企业工商注册登记；蒲东办事处明确部门职责措施不力，未与办事处各职能部门签订目标责任书，落实消防安全监管职责不到位；长垣县人民政府贯彻落实消防安全法律法规不到位，对蒲东办事处及公安消防、文化等部门履行监管职责不力等问题失察。

## 三、责任追究

### （一）被司法机关采取措施人员（8人）

皇冠歌厅法定代表人、控股人、经理、主管、采购员、收银员、水吧服务员等8人涉嫌重大责任事故罪，被逮捕或取保候审。

（二）被检察机关立案侦查并采取措施人员（6人）

长垣县公安局蒲东派出所副所长、消防大队代理大队长、公安局副局长、原县消防大队大队长、县文化广电旅游局文化市场管理办公室负责人、县文化广电旅游局副局长等6人涉嫌玩忽职守罪被立案侦查。

（三）被给予党纪政纪处分人员（12人）

长垣县公安局蒲东派出所、长垣县消防大队、长垣县文化广电旅游局、长垣县工商行政管理局、长垣县蒲东办事处、长垣县人民政府等12名干部对事故发生负有重要领导责任，给予相应党纪政纪处分。

长垣县县委、县政府分别向省委、省政府做出检查。

（四）被给予行政处罚的单位

消防、文化、工商等部门依法吊销长垣县皇冠歌厅相关证照，依法予以取缔。

## 四、专家点评

（一）经验教训

这是一起本来能够避免的火灾事故。根据海因里希法则，酿成如此严重后果必然根源于诸多环节的安全管理均未落实到位。除了前述的相关单位主体责任不落实之外，这起事故的经验教训主要还有以下几点：

（1）易燃易爆危险化学品存放不当。该场所的管理人员及其员工缺乏对空气清新剂化学危险性的认知，火灾发生时吧台内共存放60瓶18升的空气清新剂，总量达1080升。现场提取的空气清新剂标识储存温度不得高于49℃，但现场实验发现，电暖器的散热板最高温度可达235.2℃，贴临电暖器防护网的瓦楞纸板背面温度最高可达99℃。这起事故中，吧台内使用的电暖器长时间贴临空气清新剂，为其发生爆炸燃烧提供了热源。

（2）初期火灾处置不力。火灾发生时，场所内火灾自动报警系统未能正常工作，消火栓和自动喷水灭火系统管网无水，不能第一时间发出报警信息和控制火势。场所内员工未能第一时间有效施救，贻误了灭火最佳时机。视频监控录像证实，第一次爆炸燃烧后，火势较小，但工作人员未第一时间采取扑救措施。此时歌厅一层大厅内聚集的工作人员和顾客10人左右，无一人进行扑救。后有其他人员用脚踹、踩起火物灭火，未果。

（3）单位员工未能有效引导疏散。火灾发生后，位于歌厅一层的工作人员仅在楼梯间呼喊起火了。监控录像可覆盖的区域里，没有发现二、三层楼道内有人员组织顾客疏散。经调查，该单位未制定应急疏散预案和开展疏散演练，各岗位员工组织疏散职责不清，没有组织顾客疏散的意识，不具备引导人员疏散的能力。

（4）现场人员自救逃生能力较差。事故发生后，包间内顾客很长时间内没有外出查看情况或逃生。现场视频监控录像证实，二、三层监控录像覆盖区域内，从火灾发生至视频监控失去信号，仅一名女子离开包间迅速下楼，其余无任何人员逃离包间。部分人员处于醉酒状态，从遇难的12名人员血液检测看，其中9人血液中乙醇含量远超醉酒标准。

（二）意见建议

（1）加强消防安全管理。经营性场所应依法严格落实消防安全主体职责，制定并落实防火巡查制度、危化品管理制度、用火用电管理制度、消防安全培训、灭火和应急疏散演练等各项消防安全制度，切实提升全员的消防安全素质和水平，具备组织疏散逃生能力，具备扑救初期火灾能力，具备发现和整改隐患的能力，具备宣传教育培训能力，确保场所和单位的消防安全。

（2）加强消防宣传教育培训。该起事故中，易燃易爆物品集中堆放在热源旁边数天内，却没有人意识到这是火灾隐患。火灾发生后，灭火器就在柜台外楼梯口附近，却无人取用正确施救，没有人有意识地组织顾客及时疏散；店内客人对于报警声音和信号的迟钝反应等，暴露出当地从业群体和群众消防安全意识淡薄、消防宣传教育欠缺。社会单位应将消防培训和演练纳入年度工作计划并实施达标验收，努力提升消防安全意识和技能水平。

（3）严格许可审批。行政执法部门应当进一步明确各自的消防安全管理职责，经常性地开展警示教育和执法素质教育培训，提升监督执法人员的从业素质和技能，严格依法落实监管职责，严把审批环节，严控审批证明材料，按照"谁审批，谁负责"的原则建立健全审批责任制，及时发现并纠正违规审批行为。行政许可审批后，应严格落实常态化监管职责，抓好事后监督。

　　空气清新剂大体由乙醇、香精、去离子水等成分组成，罐装产品通常还会加入丙烷、丁烷、二甲醚以及压缩氮气等化学成分，通过散发香味来掩盖异味，有液体喷雾型，也有固体挥发型。这些化学物质的火灾危险性至少是丙类，还有部分属于甲乙类。因此，无论是在空气清新剂的生产、运输还是使用过程中都可能因受热、碰撞、泄漏等发生爆炸或燃烧事故。家里除了空气清新剂以及大家熟知的天然气、液化石油气、油漆、酒精、香蕉水和打火机外，还有没有其他易燃易爆物品？答案是肯定的，如花露水、驱蚊水、杀虫剂、香水、指甲油、啫喱膏、止汗液、干冰等。以上这些物品使用或储存不当也都有可能造成火灾，进而造成财产损失或人身伤害，因此不可超量购买、储存。

《涉及危险化学品安全风险的行业品种目录》（安委〔2016〕7号）

《常用危险化学品的分类及标志》（GB 13690）

《空气清新剂和除臭剂的安全标准》（ANSI/UL 283）

# 2015年安徽省芜湖市杨家巷砂锅大王小吃店"10·10"液化气泄漏爆炸重大事故①
## ——液化气泄漏爆炸致重大人员伤亡

　　2015年10月10日11时44分许，安徽省芜湖市镜湖区淳良里社区杨家巷砂锅大王小吃店发生一起瓶装液化石油气泄漏燃烧爆炸重大事故，造成17人死亡，直接经济损失1528.7万元。事故现场概貌如图18-1所示。

图18-1　芜湖"10·10"液化气泄漏爆炸事故现场概貌

---

① 安徽省应急厅. 芜湖"2015.10.10"重大瓶装液化石油气泄漏燃烧爆炸事故调查报告 [EB/OL].[2016-04-19].http://yjt.ah.gov.cn/public/9377745/137971903.html.

该店铺位于芜湖市镜湖区淳良里社区杨家巷，所在建筑物共七层，一层为沿街门面，二层以上为住宅，该店位于建筑物一层最西侧04号门面房，层高4.5米，建筑面积33.19平方米，门前自行搭建临时店面，事发时无营业执照。

## 一、事故经过

10月10日10时许，砂锅大王小吃店经营者张某更换了店内东侧铁板烧灶所用的液化石油气钢瓶。11时40分许，张某的妻子刁某打开该钢瓶角阀和铁板烧灶开关，欲用点火棒将铁板烧灶点燃，未点燃，随后拧大角阀阀门，仍未点燃，便告知张某处理。张某在处置过程中，发现与灶具连接的液化气钢瓶瓶口附近有火苗，试图关闭钢瓶的角阀，未果。他随即拖出钢瓶，拖拽中导致钢瓶倾倒、减压阀与角阀脱落，大量液化气喷出，瞬间引发大火，11时50分，该钢瓶发生爆炸。由于钢瓶倾倒在店铺门口燃烧，在店铺内吃饭的学生不敢直接冲出室外，躲避至店铺里间，最终遇难。

芜湖市公安消防支队指挥中心11时47分接警后，迅速调派4辆消防车及28名官兵赶赴现场，于11时51分到达，12时20分扑灭明火。

事故发生后，公安部消防局、国家安监总局应急指挥中心有关负责同志，省有关部门负责人赶赴现场，指导事故救援和善后处理工作。省公安厅、省安全监管局、省质监局、省卫计委等及时派出工作组，赶赴事故现场，指导地方政府开展相关工作。芜湖市委、市政府高度重视，主要负责同志立即赶赴现场组织施救，到医院看望受伤人员。

## 二、事故原因

（一）直接原因

发生爆炸的液化气钢瓶，减压阀和瓶阀未可靠连接，钢瓶角阀与减压阀处泄漏的气体遇邻近砂锅灶明火发生燃烧。张某在处置过程中操作不当，致使钢瓶倾倒、减压阀与角阀脱落，液化气大量喷出后瞬间引发大火。后倾倒的钢瓶在高温作用下发生爆炸。

（二）间接原因

（1）砂锅大王小吃店安全生产主体责任不落实，安全意识淡薄，对钢瓶操作及应急处置不当。

（2）芜湖百江能源实业有限公司沿河路配送中心落实企业安全生产主体责任不到位，未依规定指导液化石油气用户安全用气；对钢瓶管理不严，对超期钢瓶未进行报废处理。

（3）芜湖百江能源实业有限公司落实企业安全生产主体责任不到位，对超出使用期限的钢瓶进行违法充装。

（4）芜湖市镜湖区人民政府及有关部门履职不到位。①体育场社区对辖区内餐饮场所燃气安全开展全面检查工作落实不到位，对事故发生负有重要管理责任。②滨江公共服务中心对辖区内餐饮场所燃气安全专项治理工作落实不力，隐患排查工作落实不到位，对事故发生负有重要管理责任。③住房与城乡建设委对餐饮场所燃气安全专项治理行动工作落实不力，对燃气供应企业存在违法违规供气行为监管不到位，对事故发生负有重要管理责任。④市场监督管理局对辖区内钢瓶配送企业的钢瓶监管不到位，对餐饮场所无证经营查处不力，对事故发生负有重要管理责任。⑤商务局对辖区内餐饮场所开展燃气使用安全自查工作督促不到位，对事故发生负有重要管理责任。⑥滨江派出所对辖区内餐饮场所的消防安全隐患排查及治理工作不力，对事故发生负有重要管理责任。⑦消防大队对辖区内餐饮场所开展的消防安全实施专项监管工作不力，工作落实不到位，对事故发生负有重要管理责任。⑧芜湖市公安局镜湖分局对镜湖区公安消防大队和滨江派出所消防安全工作指导督促不到位，对辖区餐饮场所开展的消防安全专项治理工作督导不力，对事故发生负有重要领导责任。⑨安全生产监督管理局对辖区内餐饮场所燃气安全专项治理行动综合监督和协调不力，对事故发生负有责任。⑩镜湖区人民政府组织辖区内开展餐饮场所燃气安全专项治理工作不力，对辖区内餐饮场所安全隐患排查不到位，对事故发生负有重要领导责任。

（5）芜湖市人民政府及有关部门监管、查处不力，督促、指导工作落实不到位。

### 三、责任追究

（一）被依法追究刑事责任人员（1人）

砂锅大王小吃店店主张某涉嫌犯罪，移送司法机关依法处理。

（二）被给予行政处罚人员（4人）

芜湖百江能源实业有限公司董事长、总经理对本公司气瓶充装管理不到位，致使超期未检的钢瓶仍进行充装，对事故发生负有重要管理责任，被分别处以2014年年收入60%的罚款。

芜湖百江能源实业有限公司安全部总经理落实本公司安全规章制度不到位，履职不到位，致使超期未检的钢瓶仍进行充装，对事故发生负有管理责任，被处以2014年年收入60%的罚款、吊销安全资格证书。

芜湖百江能源实业有限公司沿河路配送中心店长未依法指导液化石油气用户安全用气，对钢瓶管理不严，对超期钢瓶未进行报废处理，对事故发生负有管理责任，被处以2014年年收入60%的罚款、吊销安全资格证书。

（三）被给予党纪政纪处分人员（33人）

芜湖市镜湖区有关部门及滨江公共服务中心相关人员15人、芜湖市镜湖区人民政府相关人员3人、芜湖市市直有关部门相关人员15人，共计33人被分别依法依纪给予党纪政纪处分。

（四）被给予行政处罚的单位（1个）

芜湖百江能源实业有限公司落实企业安全生产主体责任不到位，对超期未检的钢瓶进行违法充装，对事故发生负有责任，被处以19.9万元罚款。

（五）被给予相关行政问责的单位（16个）

（1）滨江公共服务中心、两级住房和城乡建设部门、商务部门、市场监督管理部门、消防部门、公安部门、质量技术监督管理部门、食品药品监督管理部门以及镜湖区人民政府，分别向滨江市人民政府做出深刻书面检查。

（2）芜湖市人民政府向安徽省人民政府做出深刻书面检查。

## 四、专家点评

（一）经验教训

该起事故造成17人死亡，其中14人为15~20岁的学生，教训十分惨痛。这起事故的主要经验教训如下：

（1）从业人员的安全意识不强，常识匮乏。对所使用的液化气钢瓶的正确操作方法不掌握，发生泄漏、火灾等异常情况不具备基本处置能力。

（2）没有按照国家消防技术标准将厨房与其他部位进行分隔。当发生燃烧、爆炸时，火焰和高温阻挡疏散通路，部分人不得不"躲进店内，导致伤亡扩大"。

（3）监管部门和单位对"九小场所"的监管不到位，监管技术手段和能力相对有限。事故发生地私搭乱建问题普遍存在，街旁均为沿街小商铺、小排档等，塑料顶棚随处可见，可燃物聚集，道路拥挤狭窄，防火间距严重不足，诸多隐患的存在导致火灾发生后迅速蔓延成灾。

（4）液化气供应单位经营管理不规范。芜湖百江能源实业有限公司对本公司气瓶充装管理不到位，对超期钢瓶没有按规定进行报废处理，致使超期未检的钢瓶仍进行充装，且充装作业不规范。通过对爆炸钢瓶进行检验，发现减压阀与瓶阀螺纹连接未拧紧，以及橡胶密封圈断裂是导致液化气泄漏并着火的直接原因。

（二）意见建议

（1）购买合格产品并规范使用。使用瓶装液化气时，应当购买正规的液化气钢瓶，在合法、合规的充装点处进行充装，并注意检查钢瓶的使用期限和检验合格证。日常使用时应保证液化气钢瓶远离热源、直立放置、避免日晒，在使用过程中不要用力摇晃和倾倒、摔砸。连接气瓶与灶具之间的胶管长度不要超过2米或短于0.5米，胶管两端必须用制式夹卡紧，胶管老化或破损要及时更换，每18个月更换一次燃气软管[①]，并对气瓶阀门接口、灶具等质量进行定期检查，及时发现并消除隐患。

（2）提高瓶装液化石油气生产经营单位的准入门槛。未及时报废仍超期使用甚至未取得检验合格证书就出厂的钢瓶无疑是无数个不定时炸弹，散落在城市、乡村的各个角落，各级主管部门应加大抽查、检查频次，在清理带病设备的同时严格准入条件，取缔并严惩不法生产及销售厂家，逐步清除相关隐患。

（3）按要求设置厨房。不得将厨房、排档设在靠近安全出口的位置或疏散通路周边，按照要求采用防火隔墙和防火门窗将厨房、排档与餐厅的其他部位隔开。

（4）加强消防培训与演练。应建立健全社区住户和"九小场所"从业人员常用消防安全知识和技能的培训机制，加大消防安全培训力度，并把正确报警、初期火灾扑救、疏散逃生能力提升等消防常识作为重要培训内容，切实提升从业人员的消防安全素质。

---

① 你真的了解液化气罐吗 [J]. 安全与健康，2015（11）：8-9.

扩展阅读

　　液化石油气具有易燃易爆的危险性。如不慎着火，可以根据现场情况采取不同的处置措施。第一种，在液化气钢瓶阀门完好的情况下，首选是关阀，阀门关了火就灭了。液化气钢瓶瓶体和瓶口较小，相对来说压力较小，不会产生压力差，而且液化气钢瓶里面的压力比外界大，网上流传的"先灭火、后关阀，否则会回火导致爆炸"的情况，在液化气钢瓶着火时是不会发生的。只有在燃气管道着火时，如果快速关阀，会导致管道里压力快速下降，管道外面的压力比里面的压力大，才会把火压到管道里去造成回火。为了防止回火，消防员在处置燃气管道着火时，首先会慢慢把管道阀门关到最小状态，把火焰降到最小后，再灭火关阀。第二种，如果着火的液化气钢瓶的阀门损坏，可以先不灭火，把液化气钢瓶拎到空旷地带站立放置，再用水持续冷却瓶体，待液化气稳定燃烧完毕即可。烧着的液化气钢瓶如果在居民家中无法转移，可以先灭火，再用湿抹布等物品堵住瓶口，并送至专业的液化气站进行处置。第三种，如果液化气钢瓶横向倒地燃烧，应立即拨打119进行处置。这是因为地面被喷出的火焰加热，容易产生热传导至瓶身，瓶身达到一定温度后，瓶内的液化气由于加热膨胀，会发生物理爆炸[1]。

关联文献

　　《中华人民共和国特种设备安全法》

　　《液化气体气瓶充装规定》（GB 14193）

　　《家用燃气燃烧器具安全管理规则》（GB 17905）

　　《燃气燃烧器具安全技术条件》（GB 16914）

　　《液化石油气钢瓶定期检验与评定》（GB 8334）

　　《液化石油气钢瓶》（GB 5842）

　　《小容积液化石油气钢瓶》（GB 15380）

　　《钢质焊接气瓶》（GB 5100）

[1] 液化气钢瓶着火，怎么办？[J]. 宁波化工，2020（7）.

《钢质无缝气瓶》（GB/T 5099）

《液化石油气瓶阀》（GB/T 7512）

《钢质无缝气瓶定期检验与评定》（GB/T 13004）

# 案例19

# 2018年广东省清远市清城区"2·16"较大火灾事故①

## ——残留火源导致垃圾清运站较大人员伤亡

2018年2月16日23时50分许，清远市清城区石角镇碧桂园假日半岛小区内的垃圾清运收集点发生一起较大火灾事故，过火面积约200平方米，造成9人死亡、1人重伤，直接经济损失约1200万元。事故现场概貌如图19–1所示。

图 19–1　清远市清城区"2·16"火灾事故现场概貌

---

① 资料来源：清远市应急局.清远市清城区"2·16"较大火灾事故调查报告 [EB/OL].[2018–06–19].http://www.gdqy.gov.cn/qyyjgl/gkmlpt/content/0/555/post_555359.html#572.

起火垃圾清运收集点位于碧桂园假日半岛小区西北侧的翠山湖畔三片小区路口，占地约1亩。起火建筑是垃圾清运收集点的主体建筑，为一栋钢筋混凝土结构的单层建筑，南北长18米、东西宽12米、高6.6米，坐东向西。紧靠起火建筑的南墙与东墙搭建有一呈曲尺形、高3米砖墙铁皮顶的临时建筑A；起火建筑西侧搭建有一比起火建筑稍低的铁皮棚，南北长15米、东西宽10米；铁皮棚西侧是一高3米砖墙铁皮顶的临时建筑B。根据卫星影像资料，起火建筑于2006年开始兴建，2007年建成。该建筑未办理过任何规划许可和施工、验收手续，为违章建筑。由于垃圾处理量增长，员工增加，垃圾清运收集实际承包人邓某出资，于2016年4月在起火建筑北部区域兴建一座约80平方米钢结构木地板的阁楼，分隔成3个房间，供员工居住。2016年7月，又在起火建筑西侧违规新建铁皮棚。

## 一、事故经过

2018年2月16日（农历正月初一），垃圾清运收集点工人将碧桂园假日半岛小区的垃圾清运到收集点后，将燃放烟花爆竹残余可回收物堆放在主体建筑阁楼下，面积约50平方米，高约2米。当晚23时50分，居住在临时建筑A处的工作人员发现阁楼下的烟花爆竹残余物堆垛起火，于是大声呼救。由于火势和浓烟过大，自救人员无法扑灭大火。事发当晚垃圾清运收集点居住的14人中，居住在阁楼的6名工人以及3名工人家属在火灾事故中不幸遇难。

23时59分，清远市公安消防支队119指挥中心接到报警，立即调派共计12辆消防车55名指战员到场处置。约45分钟后，现场明火被扑灭。搜救出的9名被困人员经医疗救援人员现场确认均已死亡。

当地党委政府成立7个安抚工作组，对9名遇难者和1名伤者家属进行帮扶。

## 二、事故原因

（一）直接原因

该起火灾起火原因系烟花爆竹废品堆垛内部残留火源阴燃，未燃尽的烟花爆竹火药介入燃烧，造成火势迅速蔓延扩大。

（二）间接原因

（1）小区垃圾清运的实际承包人、垃圾清运收集点的直接管理者主体责任不落实。违规搭建阁楼供员工居住，从未组织开展过安全宣传教育，从未对员工进行安全知识培训，导致员工缺乏消防安全常识和逃避初期火灾的能力。

（2）翔鸿清洁服务有限公司安全生产主体责任不落实。违规让垃圾清运点挂靠公司资质生产经营，只管收取挂靠费，对挂靠人的生产经营行为不加管理指导，从未到挂靠人的生产经营场所进行检查，致使事故垃圾清运收集点的消防安全隐患长期存在。

（3）碧桂园物业清远分公司安全生产主体责任不落实。未对垃圾清运收集点进行检查管理，致使事故垃圾清运收集点搭建阁楼并住人的违规行为长期存在。对当地政府有关职能部门的监管有抵触心理，垃圾清运发包涉嫌存在职务犯罪行为。

（4）属地职能部门消防安全责任制落实不到位。个别行政单位对自身职责认识不清，认为住宅小区内的垃圾清运点不属其管辖范围，致使安全监管存在盲点。

## 三、责任追究

（一）被建议追究刑事责任人员（5人）

（1）邓某，清远碧桂园假日半岛小区垃圾清运服务实际承包人，事故垃圾收集点管理者。违规分拣储存垃圾，搭建阁楼并提供给员工居住，对事故发生负有主要责任，涉嫌重大劳动生产事故罪。

（2）张某，邓某妻子，事故垃圾收集点管理者。违规分拣储存垃圾，搭建阁楼并提供给员工居住，对事故发生负有主要责任，涉嫌重大劳动生产事故罪。

（3）刘某，荣丰公司（后更名为翔鸿清洁服务有限公司）法人代表。违规让邓某挂靠公司资质生产经营，只管收取挂靠费，对挂靠人的生产经营行为不闻不问，致使事故垃圾清运收集点的消防安全隐患长期存在，对事故发生负有重要责任，涉嫌重大劳动生产事故罪。

（4）陈某，刘某妻子，翔鸿清洁服务有限公司法人代表。违规让邓某挂靠公司资质生产经营，只管收取挂靠费，对挂靠人的生产经营行为不闻不问，致使事故垃圾清运收集点的消防安全隐患长期存在，对事故发生负有重要责任，涉嫌重大劳动生产事故罪。

（5）谢某，使用非法手段，为邓某谋取多个碧桂园小区垃圾清运业务，并索取巨额好处费，涉嫌构成非国家工作人员受贿罪，对事故发生负有一定责任。

（二）被建议由企业处分或追究刑事责任人员（3人）

（1）碧桂园物业清远分公司环境管理服务部经理，对事故发生负有管理责任，建议由广东碧桂园物业服务股份有限公司对其做出处分。如构成非国家工作人员受贿罪，建议追究其刑事责任。

（2）碧桂园物业清远分公司经理，全面负责公司各项经营管理工作，对事故发生负有管理责任，建议由广东碧桂园物业服务股份有限公司对其做出处分。如构成非国家工作人员受贿罪，追究其刑事责任。

（3）碧桂园物业清远分公司物业管理服务部经理，对事故发生负有管理责任，建议由广东碧桂园物业服务股份有限公司对其做出处分。

（三）建议给予行政处罚的单位

（1）翔鸿清洁服务有限公司对事故发生负有责任，建议由清城区安全监管局根据《中华人民共和国安全生产法》等法律法规的规定，对其实施行政处罚。

（2）碧桂园物业清远分公司对事故发生负有责任，建议由清城区安全监管局根据《中华人民共和国安全生产法》等法律法规的规定，对其实施行政处罚。

## 四、专家点评

### （一）经验教训

随着国家对资源的再生利用越来越重视，人们的环保意识逐渐加强，回收利用这一概念深入人心，废品回收行业的发展也越来越快。但是由于该行业相对低端，生产工艺相对落后，卫生条件较差，且大部分不成规模，零散无序地分散在城郊区或城镇边缘地带，从业人员文化素质也相对偏低，安全意识比较淡薄，存在不少问题。主要有以下几个方面：

（1）企业主体责任不落实。设计、建造、使用随意。很多地方的垃圾清运站兼有废品回收站点功能，系"历史形成、自然发生、照旧使用"，并没有履行相关的行政审批手续，因此在规模、类型、功能、场地方面没有相应的区分和保证。发生火灾的建筑是碧桂园假日半岛小区的配套设施，但其建设未办理过任何规划许可和施工许可、验收手续，为违章建筑。物业公司和保洁公司也从未尽到监督管理责任。

（2）废品堆垛码放不符合要求。由于场地限制和从业人员专业水平限制，绝大多数废品站回收的可再生物品和其他废弃物堆放都较为随意，并没有进行专门分拣、分库、分垛存放，尤其是一些可能含有易燃、易爆、有毒、有害的物品，和隐藏的火源没有认真加以甄别，容易发生事故。如2016年6月8日，浙江镇海骆驼街道清水湖村一废旧物资回收点内发生一起化学品闪爆，造成1人死亡、6人受伤。

（3）住宿和生产、储存场所违规合用情况较为普遍。相当多的垃圾清运点，尤其是具有废品回收利用功能的站点，基本都有人居住、值守。由于生产、储存场所的条件本身较差，住宿场所在防火分隔、安全疏散等方面通常不符合条件，用于生活、住宿的用火、用电设施的安全性更加难以保障。

（4）缺乏必要的消防设施。很多站点设在较为偏僻的地带和角落，社区和市政公共消防设施难以覆盖，其自身往往也没有单独建造、安装消防设施，通常只是少数站点设有灭火器。

（5）监管部门重视不够，存在盲区。垃圾站、废品回收站点经营、储存的都是废弃物品，通常被认为即便发生火灾经济损失也不大，政府有关监管部门一般不对这种有正规物业的小区开展检查，因此监管部门也较少给予高度重视，在监管方面容易形成盲区。

（6）烟花爆竹监管法律法规存在漏洞。我国《烟花爆竹安全管理条例》对烟花爆竹生产、经营、运输、燃放等4个环节的安全管理做了规定，唯独没有对燃放后的残留物回收处置做规定，从而形成管理真空。

（7）从业人员安全意识普遍不高。绝大部分垃圾清运、可再生资源回收利用的一线工作人员受教育程度普遍不高，基本生活条件差，通过电视、手机等各种渠道获取的各类安全知识少，安全意识严重不足。

（二）意见建议

（1）加强"网格化"管理、指导。综治、街道、社区以及公安、应急、消防、环保等有关部门应将辖区垃圾站和废品回收站点纳入监管服务视线，加大对这些场所的监督管理力度。特别要重点检查废品回收站是否办理合法营业执照，用火用电管理是否符合规定，消防设施是否配备齐全，灭火器材是否完整好用，废品的堆放是否分类存放，疏散通道是否堆放杂物，内部是否违规设置宿舍或违规住人等方面情况。

（2）加强源头管理。负有规划、审批职责的管理部门，应当按照城乡需要，合理规划、布置垃圾清运、废品回收站点，并督促建设方按要求设计、施工和使用，避免居住与分拣、储存场所合用，配齐必要的消防设施、器材，保障建筑本身和使用安全。

（3）建立健全工作制度和流程。有关站点应依法建立消防安全管理制度，加强日常防火检查巡查，规范用火、油、电、气的管理；严格按照不同类别分类存放废品，对于可能涉及危险化学品和有毒有害物质的废物，建立专门的回收、分拣和处理制度，由专门的危废处理站进行回收、无害化处理。对于可能发生爆炸的废品，如大量的油漆桶、罐及废旧电池等，应加强储存、拆解管理。

（4）进一步加强落实烟花爆竹禁放专项整治。严厉查处违规销售、燃放烟花爆竹等行为，突出源头管控，确保禁放区域"零销售""零燃放"；引导市民自觉遵守禁放规定，努力营造安全有序的社会环境。

（5）加强安全宣传教育，不断提高从业人员安全素质和技能。行政机关应加强有关单位的集中教育培训和随机检查，督促站点加大对站内从业人员的消防安全培训，使其会报告火警，会识别火灾隐患，会操作使用现场消防设施，会处置初期火情，会疏散逃生，会开展消防安全检查，能够及时发现和整改火灾隐患，确保安全运营。

**扩展阅读**

再生资源是指在社会生产和生活消费过程中产生的，已经失去原有全部或部分使用价值，经过回收、加工处理，能够使其重新获得使用价值的各种废弃物。再生资源包括废旧金属、报废电子产品、报废机电设备及其零部件、废造纸原料（如废纸、废棉等）、废轻化工原料（如橡胶、塑料、农药包装物、动物杂骨、毛发等）、废玻璃等。从事再生资源回收经营活动，必须符合工商行政管理登记条件，领取营业执照后，方可从事经营活动。从事再生资源回收经营活动，应当在取得营业执照后30日内，按属地管理原则，向登记注册地工商行政管理部门的同级商务主管部门或者其授权机构备案。备案事项发生变更时，再生资源回收经营者应当自变更之日起30日内（属于工商登记事项的自工商登记变更之日起30日内）向商务主管部门办理变更手续。

**关联文献**

《再生资源回收管理办法》（商务部令2019年1号）

《国家危险废物名录》（2021年版）（生态环境部）

《危险废物贮存污染控制标准》（GB 18597）

《再生资源回收站点建设管理规范》（SB/T 10719）

《大型再生资源回收利用基地建设管理规范》（SB/T 10850）

《再生资源产业园分类与基本规范》（GH/T 1249）

# 2019年江苏省无锡市锡山区鹅湖镇双乐小吃店"10·13"液化石油气爆炸较大事故①

## ——液化气爆燃致多人死亡

2019年10月13日11时6分许，江苏省无锡市锡山区鹅湖镇双乐小吃店（对外悬挂牌匾为"秦园小笼"）发生一起液化石油气爆炸事故，造成9人死亡，10人受伤，部分房屋倒塌，直接经济损失约1867万元。涉事店面火灾事故前后对比如图20-1所示。

图20-1　涉事店面火灾事故前后对比

双乐小吃店位于无锡市锡山区鹅湖镇新杨路84号，属住宅用地，国有土地划拨，建筑面积286.1平方米。双乐小吃店由东、西两部分构成。西面是沿街店铺，为四层砖混结构，南侧与"温州名剪"理发店合墙，北侧与"鲜花婚庆"店合墙；二层为经营店面，三层两个房间为员工宿舍，四层由房东堆放家具。东面

---

① 资料来源: 无锡市应急局. 无锡市锡山区鹅湖镇双乐小吃店"10·13"液化石油气爆炸较大事故调查报告[EB/OL].[2020-01-23].http://yjglj.wuxi.gov.cn/doc/2020/01/22/2767091.shtml.

二层为砖混结构，一层东面为气瓶间，西面为楼梯间和食料间；气瓶间四周均为实体墙，西北角有一木门开向楼梯食料间，气瓶间东南角设有铁质防盗门，可开向室外；二层东面为厨房间，西面为过道和收银台。

气瓶间南北向宽3.5米，东西向长6米。沿北墙由西向东依次放置冰箱一台、50千克空瓶5只；沿南墙由西向东依次设置油水分离器一套、冰箱一台、50千克液化石油气钢瓶3只。钢瓶中的液化石油气通过调压阀、燃气橡胶软管连接至集气包，由集气包向二层厨房间送气。集气包与厨具的连接输送管线采用DN25的镀锌钢管；液化石油气钢瓶使用的调压阀为"东盛"牌中压调压阀〔出口压力为180千帕，根据《瓶装液化石油气调压器》（CJ 50）和《瓶装液化石油气调压器》（GB 35844）的规定，非家用瓶装液化石油气调压阀额定出口压力为5千帕，该调压阀出口压力不符合上述标准〕；气瓶间内的插座、电气设备和照明灯具均不防爆。双乐小吃店东侧一层平面示意图如图20-2所示。

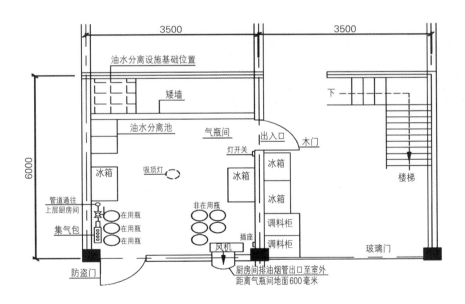

图 20-2 双乐小吃店东侧一层平面示意图

## 一、事故经过

根据监控视频显示和当事人回忆：10月13日11时3分，双乐小吃店收银员

(a)

(b)

图20-3　无锡双乐小吃店"10·13"液化石油气爆炸事故救援现场

张某在二层楼梯口听到一层气瓶间传出"呲呲"的声音后，告诉店长胡某。胡某立即让厨师李某到气瓶间查看，李某到气瓶间后发现正在使用的3只钢瓶中的一只连接软管脱落，液化石油气正从软管接口泄出，李某随即打开气瓶间的小铁门通风，并将该钢瓶的角阀关闭（其余两个在用钢瓶的角阀未关）。约1分钟后，胡某也来到气瓶间，称由其处理，让李某回厨房。随后，胡某就去连接脱落的软管，在接好软管准备固定卡箍时（11时6分1秒），爆炸突然发生。一只钢瓶滚落至胡某脚边，他关闭该钢瓶的角阀后踉跄走出爆炸倒塌现场。爆炸发生后，双乐小吃店气瓶间一楼东侧的墙体向东侧发生大块碎裂抛落；南侧墙体向南侧产生位移，墙体的中间部位产生大块碎裂抛落；

西侧墙体向西侧发生位移和大块碎裂抛落；北侧墙体向北侧发生位移，墙体的中间部位发生大块碎裂抛落。爆炸造成墙体破坏致附近8人颅脑损伤合并创伤性休克而死亡，致1人颅脑损伤而死亡，胡某、李某也被烧伤。

　　10月13日11时6分27秒，无锡市公安局指挥中心接到报警，迅速调集公安民警和消防救援人员赶赴爆炸事故现场（图20-3）处置，同时通知120赶赴现场救治受伤人员。事故现场4台挖掘机同时开展作业，协调10余辆工程机械参与救援，21辆消防车、救护车，8个消防中队105人，社会救援力量无锡蓝天救援队32名救援人员、30余名医护人员在现场开展救援，80多名志愿者赶到现场配合救援。通过雷达生命探测仪检测和细致翻检排查，确认无人员被埋压后，搜救工作于20时30分许结束。

事故发生后，市、区两级人民政府迅速启动应急预案，无锡市委、市政府领导立即带领应急、公安、消防救援、卫生等部门的负责同志赶赴现场，即时成立现场指挥部，全力组织事故救援和现场处置工作，并要求各级各部门和各专项工作小组协调配合，全面展开现场搜救、伤员护送、救治、善后处置和事故调查等工作。

## 二、事故原因

（一）直接原因

双乐小吃店气瓶间液化石油气钢瓶使用不符合规定的中压调压阀，导致出口压力过大，加之连接软管与集气包的卡箍缺失，造成软管与集气包连接接头脱落，液化石油气大量泄漏、积聚，与空气形成爆炸性混合气体，遇到电冰箱继电器启动时的电火花引起爆炸。

（二）间接原因

1.企业主体责任不落实

（1）双乐小吃店安全管理严重缺失。双乐小吃店使用虚假证明，将住宅作为餐饮场所开展经营活动。气瓶间未设置在单层专用房间且在民用住宅房内。未建立健全安全管理制度，未落实燃气安全管理制度。未对操作维护人员燃气安全知识和操作技能进行培训。液化石油气瓶组间使用非防爆电气设备，在不具备安全条件的场所储存、使用燃气。

（2）燃气经营单位未依法履行安全管理职责。无锡大众燃气汽车发展有限公司未建立相应的安全生产责任制度，未对安全生产责任制落实情况进行监督考核。未对从业人员（送气工）进行安全生产教育和培训。送气工的安全管理制度不完善，对违反安全用气规定的用户未停止供气。

（3）燃气燃具经营单位无资质违规安装。无锡裕富宝厨具有限公司未取得市政公用工程施工总承包资质和燃气燃具器具安装、维修企业资质，为双乐小吃店设计、安装燃气燃具器具及管道。未按国家规范标准设计、安装燃气燃具器具及管道，安排未经安全教育培训和考核不合格的人员上岗作业。

2.相关职能部门监管不到位

1）餐饮行业管理部门

无锡市商务局、锡山区商务局作为餐饮行业管理部门，未组织指导辖区开展餐饮单位安全管理工作，未督促指导餐饮场所落实燃气安全管理规定。

鹅湖镇经贸中心未按照职责开展本行政区域内餐饮行业的管理工作，未督促指导辖区餐饮单位落实安全生产主体责任，未组织开展餐饮场所燃气安全日常检查，及时消除隐患。

2）燃气行业主管部门

无锡市市政和园林局、无锡市园林和公用事业监管中心、锡山区公用事业管理处等单位作为市燃气行业主管部门，对下属燃气监管部门开展燃气经营、使用和安全管理工作的监督检查存在漏洞，组织开展城镇燃气行业安全隐患大排查大整治工作不够深入彻底。

鹅湖镇村镇建设中心作为鹅湖镇燃气行业主管部门，管理制度缺失，违规出具非住宅产权证明，燃气行业安全隐患排查工作制度不细、责任落实不严，对检查发现的重大安全隐患未采取有效措施，未立即督促整改，对餐饮场所检查发现的问题未按规定报送上级主管部门。

3）消防监督部门

锡山区消防救援大队未按要求对辖区公安派出所开展日常消防监督检查工作进行业务指导，未有效组织对公安派出所专兼职消防民警进行消防安全集中培训。

锡山公安分局荡口派出所未有效组织社区民警学习消防业务知识以及进行安全检查。

## 三、责任追究

（一）被司法机关采取措施人员（14人）

（1）双乐小吃店主要负责人，涉嫌危险物品肇事罪被刑事拘留。

（2）燃器具经营安装单位无锡裕富宝厨具有限公司主要负责人，涉嫌危险物品肇事罪被刑事拘留。

（3）无锡裕富宝厨具有限公司合伙人，涉嫌危险物品肇事罪，被取保候审。

（4）原无锡裕富宝厨具有限公司员工等2人，涉嫌危险物品肇事罪，被取保候审。

（5）燃气经营单位无锡大众燃气汽车发展有限公司员工，涉嫌危险物品肇事罪，被刑事拘留。

（6）灶具配件销售网店店主2人，被取保候审。

（7）调压阀销售店武汉市东西湖燃邦配件经营部2人，被取保候审。

（8）调压阀生产企业浙江慈溪冬栋五金厂4人，被取保候审。

（二）被建议采取司法措施的人员（3人）

（1）双乐小吃店店长，未及时排查事故隐患，未督促落实本单位的安全生产整改措施，被司法机关立案侦查。

（2）无锡大众燃气汽车发展有限公司法定代表人，未对员工进行必要的操作及安全生产教育和培训，未建立完善送气服务人员管理制度，并加强日常管理，被司法机关立案侦查。

（3）无锡大众燃气汽车发展有限公司安全员，未履行安全员安全生产工作职责，在检查双乐小吃店气瓶间时发现不防爆电器（电冰箱、电灯），未采取有效措施及时消除安全隐患并报告本单位有关负责人，被司法机关立案侦查。

（三）被建议提请纪委监委党纪政纪处分的人员（18人）

商务部门、市政和园林部门、公用事业监管中心、锡山区区委、消防部门、鹅湖镇、技术开发区建设城管部门、经济贸易服务中心等18名党政干部和工作人员分别被建议给予党纪政纪处分。

（四）其他处理情况

（1）依据《中华人民共和国安全生产法》等有关法律法规的规定，原发证机关依法吊销双乐小吃店的营业执照和大众燃气汽车发展有限公司的燃气经营许可证；由市住房和城乡建设部门按照相关法律、法规的规定给予裕富宝厨具有限公司行政处罚。

（2）依据《中华人民共和国安全生产法》等有关法律法规的规定，原发证机关依法分别吊销王小芙网店、武汉市东西湖燃邦配件经营部、浙江省慈溪市长河镇冬栋五金厂的营业执照。

（3）锡山区人民政府向无锡市人民政府做出深刻书面检查。

（4）无锡市人民政府主要负责同志对锡山区人民政府主要负责同志进行约谈。

## 四、专家点评

（一）经验教训

除了企业主体责任不落实之外，这起事故的主要教训还有：

（1）液化气钢瓶的阀门不适合该场所使用。按照《瓶装液化石油气调压器》（GB 35844）的规定，非家用瓶装液化石油气调压阀额定出口压力为5千帕，该钢瓶调压阀出口压力为180千帕，大大超过了国家允许的额定压力，间接导致连接脱落、液化气泄漏。

（2）燃气经营单位经营管理活动不规范。无锡大众燃气汽车发展有限公司缺乏相应的技术和产品管理规程及员工日常管理规范，送气工姜某私自从网店购买不适合双乐小吃店使用的中压调压阀，并擅自进行了更换。

（3）燃器具施工安装企业不具备相应能力。双乐小吃店店长金某经朋友介绍，聘请未取得市政公用工程施工总承包资质和燃气燃具器具安装、维修企业资质的无锡裕富宝厨具有限公司安装燃气厨具及管道等。其派出的现场施工人员亦未取得燃气行业职业技能岗位证书。

（二）意见建议

（1）加强液化气供应规范化管理。有关燃气管理或市场管理部门对辖区内燃气种类、使用和供应情况进行排查摸底，并建立燃气储存、供应、充装、换气点等场所的管理台账，对于不符合安全要求的小站点、黑站点应当责令改正或依法取缔。督促液化石油气供应企业与用户签订供用气合同，定期对用户的用气场所、燃气设施和用气设备进行安全检查；督促液化石油气充装供应企业向与其合作联营的配送企业及供气站点派驻专业技术安全指导员；同时督促辖区内的燃气供应单位、燃器具施工安装单位建立健全企业内部标准化管理制度、流程和技术要求，杜绝作业和生产经营活动随意现象；督促充装单位落实气瓶信息化管理要求，对气瓶进行统一编码，纳入追溯信息系统，做好不合格气瓶消隐处置工作，严肃查处充装、使用不合格气瓶行为。

（2）持续开展消防安全宣传教育。各级政府、部门、街道乡镇、居（村）民委员会、物业管理单位以及公安派出所，负有监管职责的各行业部门，在开展"九小场所"防火巡查检查的同时，一并宣传燃气设施、设备的安装使用要求，并进行示范，防止"只提醒不讲解、只口述不演练"，通过集中组织宣传活动、张贴示范海报、发送短视频和短消息的方式，持续深入开展居民用火、用电、用气安全宣传教育，切实提高群众的实操能力。

（3）强化属地管理责任落实。乡镇、街道定期组织开展燃气安全检查和隐患排查，动态更新瓶装液化石油气使用单位台账，建立完善整改任务台账，切实做好隐患整改工作；严厉打击违法违规购买、使用液化石油气的行为，对存在重大安全隐患的企业用户单位坚决停业整顿，坚决关停取缔存在严重安全隐患且拒不整改的餐饮服务单位。

（4）严厉打击燃气经营、运输等环节违法违规行为。有关管理部门应严厉打击供气企业出租燃气经营许可，不按照燃气经营许可决定的要求从事经营活动，未按照要求配送、安装气瓶，不履行入户安全检查职责，销售燃气发展规划服务区域外的瓶装液化石油气等行为。交通运输主管部门、公安交通管理部门要加强道路危险货物运输许可单位及其车辆、从业人员的监督管理，严查超载超限运输燃气、违反禁行规定行驶等行为。

**扩展阅读**

建筑物使用燃料是如何规定的？《建筑设计防火规范》（GB 50016）规定：①高层民用建筑内使用可燃气体燃料时，应采用管道供气。使用可燃气体的房间或部位宜靠外墙设置，并应符合现行国家标准《城镇燃气设计规范》（GB 50028）的规定。②建筑采用瓶装液化石油气瓶组供气时，应设置独立的瓶组间；瓶组间不应与住宅建筑、重要公共建筑和其他高层公共建筑贴邻，液化石油气气瓶的总容积不大于1立方米的瓶组间与所服务的其他建筑贴邻时，应采用自然气化方式供气；液化石油气气瓶的总容积大于1立方米、不大于4立方米的独立瓶组间，应当与建筑和道路保持足够的防火间距；在瓶组间的总出气管道上应设置紧急事故自动切断阀；瓶组间应设置可燃气体浓度报警装置；其他要求也应满足《城镇燃气设计规范》（GB 50028）的规定。③使用丙类液体燃料时，其储罐应布置在建筑外，并应符合下列规定：当总容量不大于15立方米，且直埋于建筑附近、面向油罐一面4.0米范围内的建筑外墙为防火墙时，储罐与建筑的防火间距可以不限；当总容量大于15立方米时，储罐的布置应与建筑、道路、架空线路等保持足够的距离；当设置中间罐时，中间罐的容量不应大于1立方米，并应设置在一、二级耐火等级的单独房间内，房间门应采用甲级防火门。

关联文献

《液化石油气供应工程设计规范》（GB 51142）

《瓶装液化石油气调压器》（GB 35844）

《液化石油气充装厂（站）安全规程》（SY/T 5985）

# 第六部分

## 典型生产储存火灾事故

据统计，近10年来，生产、储存类较大以上火灾事故的火灾直接原因主要有电气故障、违章作业、危化品自燃、放火等四种。

数量最多的是电气火灾，如2015年黑龙江哈尔滨市道外区太古不夜城仓库火灾，因违章使用电暖器导致电气线路超负荷过热，引燃周围可燃物导致火灾发生，救援行动中，建筑坍塌造成5名消防战士牺牲，14人受伤。

其次是违章作业，如2018年河南省农牧产业集团有限公司仓库火灾，共造成11人死亡，1人受伤，系电焊工违规进行焊割作业，引燃墙面保温材料。

再次是放火和自燃，如2013年浙江杭州友成机工有限公司原材料仓库火灾，共造成3名消防战士牺牲，2名消防战士受伤，系因该厂员工不满公司岗位调动安排，心怀怨恨，凌晨翻入厂房在易燃纸箱上点火；2015年天津港瑞海公司危险品仓库火灾，因硝化棉分解放热，积热自燃，引起相邻集装箱内的硝化棉和其他危险化学品长时间大面积燃烧，导致堆放于运抵区的硝酸铵等危险化学品发生爆炸，共造成165人死亡，798人受伤，8人失踪[1]；2019年江苏省盐城市响水县生态化工园区的天嘉宜化工有限公司仓库火灾，因公司旧固废库内长期违法储存的硝化废料持续积热升温导致自燃，燃烧引发硝化废料爆炸，事故共造成78人死亡，76人重伤，640人受伤住院[2]。

从导致火灾蔓延扩大的间接原因来看，主要是消防设施不起效，火灾处置或报警不及时，建筑存在先天性隐患，用火用电制度不落实，电气线路敷设不符合要求，疏散不畅、没有设置消防设施等。

近年来，随着冷链物流的发展，除了冷库火灾，冷藏车火灾事故也屡见不鲜。如2017年5月18日，福建省莆田市一辆冷藏挂车车厢后部轮胎起火后发生爆炸，造成2名消防员牺牲；2017年10月2日，杭州绕城高速三墩往勾庄出口方向500米处一辆运送鱼类的冷藏车车厢起火后爆炸，造成1名押车人员死亡。

本部分选取9个典型事故案例进行剖析、点评。

---

[1] 应急管理部.天津港"8·12"瑞海公司危险品仓库特别重大火灾爆炸事故调查报告[EB/OL].[2017-01-13].https://www.mem.gov.cn/gk/sgcc/tbzdsgdcbg/2016/201602/P020190415543917598002.pdf.

[2] 应急管理部.江苏响水天嘉宜化工有限公司"3·21"特别重大爆炸事故调查报告[EB/OL].[2019-11-15].https://www.mem.gov.cn/xw/bndt/201911/t20191115_340724.shtml.

## 案例21

# 2011年湖北省武汉市经开区天长市恒瑞橡塑制品有限公司（武汉分公司）"7·12"重大火灾事故[①]

## ——导线短路引燃下方可燃物

2011年7月12日9时4分，湖北省武汉市经济技术开发区东荆河路天长市恒瑞橡塑制品有限公司（武汉分公司）生产车间发生火灾，造成15人死亡，过火面积3450平方米，直接财产损失1911.4万元。火灾事故现场概貌如图21-1所示。

火灾所属建筑产权单位为武汉东神轿车有限公司，由该公司委托武汉新星汽车有限公司对外出租，设计为戊类二级单层钢结构厂房，屋面为单层钢板（局部二层辅助房顶棚为彩钢板），建筑高度10.1米，东西长168米，南北宽54.5米，局部

图21-1 武汉市"7·12"火灾事故现场概貌

① 资料来源：杨力盛. "7·12"武汉市重大火灾事故调查分析 [C].2012 消防科技与工程学术会议论文集. 丹东：中国消防协会，2012：415-417.

二层面积400平方米，总建筑面积9560平方米，设计安全出口8个，辅助房有疏散楼梯2个（其中1个直通室外）。该建筑共划分为三部分，武汉市政环卫机械有限公司租用该建筑南面共3112平方米；天长市恒瑞橡塑制品有限公司（武汉分公司）租用北面靠西长约84米、宽18米的部分厂房，建筑面积1620平方米，其中办公室108平方米；其他部分共4428平方米由武汉合傲商贸有限公司租用。天长市恒瑞橡塑制品有限公司（武汉分公司）在该建筑中设有住宿和食堂，形成了集生产、储存、住宿、办公于一体的"多合一"建筑。三个租赁单位之间采用3.3米高的彩钢板分隔。

## 一、事故经过

2011年7月12日9时4分左右，天长市恒瑞橡塑制品有限公司（武汉分公司）生产车间向北沿横梁布置的照明灯具电源导线发生短路，引燃下方聚苯乙烯泡沫片材及纸箱，正在成品堆垛中整理货物的员工岳某发现起火后，一边呼叫"失火了"，一边和跟他一起整理货物的王某跑向一层食堂取水桶和面盆打水灭火，正在车间10号机附近工作的张某听到呼叫后，也大声呼叫"失火了"，跟她一起工作的周某随即去车间大门后取灭火器到起火点灭火，第一具灭火器无法喷射，随后又返回灭火器存放点取第二具灭火器灭火。此时，火灾已经蔓延，灭火器无法控制火势，生产负责人季某要求大家取水灭火，但由于车间外和食堂内各只有一个水龙头，且压力很小，几分钟才能接满一桶水，也无法控制火势，这时季某说赶快报警，张某立即拨打119报警，报警时间为9时25分6秒。起火建筑实景如图21-2所示。

武汉市119指挥中心接到报警电话后，立即调动辖区沌口消防中队5台消防车、19名官兵赶赴现场，随后增派9个消防中队，42台消防车、170名消防官兵赶赴现场进行扑救。开发区交管、医疗救护、供水、供电、街道等部门（单位）也先后到场，协助开展维持秩序、管制交通、切断电源、现场救护等灭火救援工作。经参战消防官兵、公安民警的奋力扑救，10时35分，火势得到有效控制。11时25分，大火被完全扑灭。

事故发生后，湖北省委省政府、武汉市委市政府高度重视，对善后处置工作进行专题部署，成立了由武汉市副市长任组长的善后处置工作领导小组，统一领导协调事故善后处置工作。

图 21-2　武汉市"7·12"火灾事故起火建筑实景

## 二、事故原因

（一）直接原因

经现场勘查、调查询问、技术鉴定和模拟实验，综合分析认定了起火时间、起火部位，排除雷击、自燃、吸烟、施工作业、小孩玩火、放火等引发火灾因素，认定起火原因为天长市恒瑞橡塑制品有限公司（武汉分公司）生产车间与武汉合傲商贸有限公司分隔处，距离西数第二根钢柱向北沿横梁布置的照明线路，在距离北墙约14米处发生短路，短路产生的火花引燃其下方存放的聚苯乙烯泡沫板和包装纸箱，导致发生火灾。

（二）间接原因

（1）业主单位武汉东神轿车有限公司未履行法定职责。在委托武汉新星汽车有限公司将自用厂房对外出租后，厂房用途变更，未到相关部门申报。

（2）受业主委托的出租单位武汉新星汽车有限公司未履行法定职责。将厂房出租给武汉合傲商贸有限公司后，对承租方武汉合傲商贸有限公司违反"不得转租"的合同约定行为没有制止。

（3）承租单位武汉市政环卫机械有限公司主体责任不落实。该公司租用武汉东神轿车有限公司厂房进行生产，未建立安全管理制度，没有专门的安全管理机构及人员，安全教育培训严重缺乏，员工无消防应急逃生能力。其对堵塞二层消防通道负有主要责任。

（4）承租单位武汉合傲商贸有限公司违规转租房屋。该公司分别于2010年10月、11月两次与武汉新星汽车有限公司签订租赁合同，合同约定"不能转租"。但2010年11月，在不清楚厂房安全条件是否满足天长市恒瑞橡塑制品有限公司（武汉分公司）生产经营要求的情况下，将自己公司租用的一部分厂房擅自违约转租给该公司。

（5）承租单位天长市恒瑞橡塑制品有限公司（武汉分公司）主体责任不落实。在不清楚厂房安全条件是否满足自身生产经营要求的情况下，该公司于2011年4月起开始试生产，未及时到当地工商部门备案。武汉分公司管理混乱，集生产、仓储、办公、食堂、住宿于一体，属于典型的"多合一"场所。该公司无安全管理制度，没有专门的安全管理机构及人员。生产车间管理混乱，人员混杂，老人、小孩在生产区域随意出入和玩耍。公司未对生产人员进行安全教育培训，人员无消防安全常识和应急逃生能力。

### 三、责任追究

（一）被追究刑事责任人员（4人）

（1）武汉东神轿车有限公司（兼武汉市政环卫机械有限公司、武汉新星汽车有限公司）法定代表人，涉嫌重大生产安全事故罪。

（2）武汉合傲商贸有限公司法定代表人，涉嫌重大生产安全事故罪。

（3）天长市恒瑞橡塑制品有限公司（武汉分公司）负责人，涉嫌重大责任事故罪。

（4）天长市恒瑞橡塑制品有限公司总经理，涉嫌重大责任事故罪。

（二）被给予党纪政纪处分人员（14人）

公安、消防、街道办事处等14名公职人员分别被依法依纪给予处分。

（三）有关责任单位的处理

（1）武汉经济技术开发区管委会向武汉市人民政府做出深刻检查，并抄报省监察厅、省安监局。

（2）武汉市人民政府向省人民政府做出深刻检查。

（3）武汉市人民政府对武汉市公安局在全市范围内通报批评。

（4）湖北省消防总队对武汉市消防支队在全省范围内通报批评。

（5）省安监局对武汉东神轿车有限公司、武汉新星汽车有限公司、天长市恒瑞橡塑制品有限公司（武汉分公司）、武汉市政环卫机械有限公司、武汉合傲商贸有限公司给予经济处罚。

## 四、专家点评

（一）经验教训

如果说责任制不落实是发生事故的根本原因，那么先天性不足就是事故发生的关键内因。此类问题主要有：

（1）未批先建、未验先用，或非法取得相关许可。在这起事故中，天长市恒瑞橡塑制品有限公司变更丁类厂房的用途，却没有及时申报，没有同时改进、完善建筑本身的防火安全条件，并采取相应的管理、防护措施。

（2）擅自变更已审批的内容、规模、时效、范围、用途。相关单位多次违规转租厂房，改变厂房用途，使本来不能生产易燃物品的厂房，变成了一个管理混乱，集生产、仓储、办公、食堂、住宿于一体的生产易燃、可燃物品的场所。

（3）施工质量、产品质量不过关，且没有经过检验检测，或检验检测报告与实际不符。发生短路的电气线路的防护措施不符合国家有关电气设计、施工安装规范。

（4）明知存在问题，却不整改、不停用、不拆除，以致最终成灾。武汉市政环卫机械有限公司对长期堵塞二层消防通道的违法行为负有主要责任，加上火灾发生初期施救不力，报警不及时，以至造成重大人员伤亡。

（二）意见建议

（1）加强对建筑变更使用性质情况的监督。园区工业厂房除了租赁方的变化，往往伴随着使用功能、使用范围、建筑设防等级的变化。在使用过程中，业主或租赁方会对既有建筑按照自身使用的需要进行改、扩建，还有一些是借既有建筑的名义私自加建其他建筑，造成防火分区、人员疏散、消防设施等不能满足要求。相关主管部门应及时对辖区各企业，尤其是对城中村、城乡接合部、工业、产业园区内轻工业、制造业、代工厂，以及彩钢板房集中连片的区域引起高度重视，定期开展巡查检查；各级、各类监管部门应当在整治违章建筑方面，按照各自的职权范围，加强政务互通，形成抄报抄送机制，形成监管合力。鼓励群众举报、投诉违法违规行为，利用大数据、物联网等手段，对建筑物进行实时动态管理。

（2）采取有效措施整改火灾隐患，对于彩钢板房集中连片区域，一是确认有无人员违规居住，二是确认有无违规存放危险化学品，三是确认保温夹芯材料是否不燃、难燃，四是确认电气线路穿越彩钢板时是否采取了穿管等保护措施。对于建筑生产、储存的火灾危险性类别与设防等级不匹配的，规划布局、平面布置、安全疏散和防火分区不符合要求的，以及建筑耐火等级达不到要求的，均应当采取技术措施进行评估、整改后，重新向有关行政部门申报审批。

（3）畅通安全疏散楼梯及出口。这起事故中，如果二楼唯一通向室外的楼梯没有被木柜封堵，并用铁丝缠死，也不会导致重大人员伤亡。因此，保证安全疏散楼梯、出口的数量充足、畅通，是所有生产、储存企业的首要任务。发现疏散楼梯、出口不足的，应增加；堵塞、封闭原有出口的，应恢复；出口、通道上锁的，应保证营业、工作期间畅通，夜晚有人居住、值守的，应能随时从内部开启。

（4）加强厂区安全宣传教育。一是严格厂区管理，防止老人、儿童等弱势人群进入。火灾发生正值学生放假，厂区内有部分职工带小孩在厂区工作，火灾遇难人员中，有5名儿童。二是制定逃生预案并组织员工演练。首先要教育员工如何及时报警，如这起火灾发生后25分钟，消防部门才接到报警；其次要教育员工如何疏散，如火灾中二楼被困人员均选择从被封堵的疏散楼梯逃生，无一人选择砸碎玻璃幕墙逃生，从而导致大量人员死亡。

扩展阅读

我国建筑的耐火等级分为一、二、三、四共四个等级。未采取耐火保护措施，如涂敷防火涂料、使用不燃烧材料包敷的钢结构建筑，一般达不到一、二级耐火等级建筑物的要求。在火灾中，这类钢结构一般15分钟左右即失去支撑能力和结构完整性。

我国现行国家标准规定，人员密集场所、施工现场等场所的宿舍、办公用房，其彩钢夹芯板的保温材料均应为不燃烧材料。电气线路在穿越彩钢板墙体时，由于可能被金属割伤绝缘造成短路，因此必须穿钢管保护。

**关联文献**

《低压配电设计规范》（GB 50054）

《建筑钢结构防火技术规范》（GB 51249）

《钢结构防火涂料》（GB 14907）

# 2013年吉林省长春市宝源丰禽业有限公司"6·3"特别重大火灾爆炸事故[①]
## ——电气故障+可燃材料+疏散不畅=群死群伤

2013年6月3日6时10分许，位于吉林省长春市德惠市的吉林宝源丰禽业有限公司主厂房发生特别重大火灾爆炸事故，共造成121人死亡、76人受伤，17234平方米主厂房及主厂房内生产设备被损毁，直接经济损失1.82亿元。事故现场如图22-1所示。

图22-1　吉林宝源丰禽业有限公司"6·3"火灾爆炸事故现场实景

---

① 资料来源：三权公开网.吉林省长春市宝源丰禽业有限公司"6·3"特别重大火灾爆炸事故调查报告[EB/OL].[2016-11-09].http://sqgkw.chqjjjcw.gov.cn/news/8965.html.

发生火灾的主厂房内共有南、中、北三条贯穿东西的主通道，将主厂房划分为四个区域，由北向南依次为冷库、速冻车间、主车间（东侧为一车间、西侧为二车间、中部为预冷池）和附属区（更衣室、卫生间、办公室、配电室、机修车间和化验室等）。

厂房结构为单层门式轻钢框架，屋顶内表面喷涂聚氨酯泡沫作为保温材料。屋顶下设吊顶，材质为金属面聚苯乙烯夹芯板。主厂房南侧、附属区及冷库外墙大面积使用金属面聚苯乙烯夹芯板。冷库墙体及其屋面内表面喷涂聚氨酯泡沫作为保温材料。主厂房共有10个安全出口直通室外。事故发生时，南部主通道西侧安全出口和二车间西侧直通室外的安全出口被锁闭，其余安全出口处于正常状态。现场结构复原图如图22-2所示。

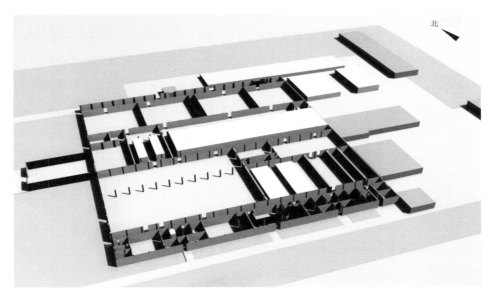

图22-2　吉林宝源丰禽业有限公司"6·3"火灾爆炸事故现场结构复原图

事故企业使用氨制冷系统，系统主要包括主厂房外东北部的制冷机房内的制冷设备、布置在主厂房内的冷却设备、液氨输送和氨气回收管线等。

一、事故经过

6月3日5时20分至50分左右，吉林宝源丰禽业有限公司（以下简称宝源丰公司）员工陆续进厂工作，当日车间现场人数395人（其中一车间113人，二车间192人，挂鸡台20人，冷库70人）。

6时10分左右，部分员工发现一车间女更衣室及附近区域上部有烟、火，主厂房外面也有人发现主厂房南侧中间部位上层窗户最先冒出黑色浓烟。部分较早发现火情人员进行了初期扑救，但火势未得到有效控制。火势逐渐在吊顶内由南向北蔓延，同时向下蔓延到整个附属区，并由附属区向北面的主车间、速冻车间和冷库方向蔓延。燃烧产生的高温导致主厂房西北部的1号冷库和1号螺旋速冻机的液氨输送与氨气回收管线发生物理爆炸，致使该区域上方屋顶卷开，大量氨气泄漏，介入了燃烧，火势蔓延至主厂房的其余区域。

6时30分57秒，德惠市公安消防大队接到110指挥中心报警后，第一时间调集力量赶赴现场处置。吉林省及长春市人民政府接到报告后，迅速启动应急预案，省、市党政主要负责同志和其他负责同志立即赶赴现场，组织调动公安、消防、武警、医疗、供水、供电等有关部门和单位参加事故抢险救援与应急处置，先后调集消防官兵800余名、公安干警300余名、武警官兵800余名、医护人员150余名，出动消防车113辆、医疗救护车54辆，共同参与事故抢险救援和应急处置。在施救过程中，共组织开展了10次现场搜救，抢救被困人员25人，疏散现场及周边群众近3000人，火灾于当日11时被扑灭。

制冷车间内的高压贮氨器和卧式低压循环桶中储存有大量液氨，消防部门采取喷雾稀释泄漏氨气、水枪冷却贮氨器、破拆主厂房排烟排氨气等技术措施，并组成攻坚组在宝源丰公司技术人员的配合下成功关闭了相关阀门。在国家安全生产应急救援指挥中心有关负责同志及专家的指导下，历经8昼夜处置，事故中尚存的30吨液氨全部导出并运送至安全地点。当地政府对残留现场已解冻、腐烂的2600余吨禽类产品进行了无害化处理。

事故发生时共有77名受伤人员入院治疗（其中15名为重症），卫生部门成立了一对一的医疗救治小组，国家卫生计生委向长春派遣了医疗专家组，共有18名国家级专家、52名省市专家、370名医护人员参与治疗，累计会诊392人次。

当地党委政府共成立121个安抚工作组，对121名遇难者家属实行帮扶，认真开展事故伤亡人员家属接待及安抚、遇难者身份确认和赔偿等工作。

## 二、事故原因

（一）直接原因

宝源丰公司主厂房一车间女更衣室西面和毗连的二车间配电室的上部电气线路短路，引燃周围可燃物。当火势蔓延到氨设备和氨管道区域，燃烧产生的高温导致氨设备和氨管道发生物理爆炸，大量氨气泄漏，介入了燃烧。

（二）间接原因

（1）宝源丰公司安全生产主体责任不落实。未按原设计施工，违规将保温材料换成易燃的聚氨酯泡沫，也未按规范对电气线路设备进行施工。企业从未组织开展过安全宣传教育，从未对员工进行安全知识培训，虽然制定了事故应急预案，但从未组织开展过应急演练，企业管理人员、从业人员缺乏消防安全常识和扑救初期火灾的能力。未制定各项规章制度，违规锁闭安全出口，未按照有关规定对重大危险源进行监控。

（2）公安、消防、建设、安监等相关行业监督管理部门履职不到位。派出所未将该单位纳入重点单位上报。消防大队违规出具行政许可，未认真查处事故隐患，消防支队对大队违规问题失察。建设部门把关不严，没有发现宝源丰公司项目建设设计、施工、监理挂靠或借用资质等问题，以及宝源丰公司擅自更改建筑设计、更换阻燃材料等问题。安监部门对该公司特种作业人员监管缺失，对重大危险源监管不力。

（3）地方政府安全生产监管职责落实不力。米沙子镇人民政府重经济增速、重财政收入、重招商引资，对宝源丰公司建设片面强调"特事特办、多开绿灯"，要"政绩"而忽视安全生产。上级政府只是做了隐患排查工作的安排部署，但没有对层层落实安全生产措施和隐患排查治理的实际情况进行督促检查。

### 三、责任追究

（一）追究刑事责任情况（16人）

（1）以工程重大安全事故罪判处：①吉林宝源丰禽业有限公司董事长贾某有期徒刑九年，并处罚金人民币100万元；②长春建工集团有限公司吉润管理公司退休职工刘某有期徒刑七年，并处罚金人民币30万元；③原铁岭瑞诚建设工程监理有限责任公司总经理王某有期徒刑六年，并处罚金人民币30万元；④原长春建工集团有限公司吉兴工程管理公司经理刘某有期徒刑五年六个月，并处罚金人民币20万元；⑤违规挂靠监理公司的无业人员张某有期徒刑五年六个月，并处罚金人民币20万元。

（2）以重大劳动安全事故罪判处：

原吉林宝源丰禽业有限公司总经理张某、综合办公室主任姚某分别判处有期徒刑四年和三年。

（3）以玩忽职守罪判处：①原吉林省德惠市建设工程质量监督站副站长刘某、原吉林省德惠市米沙子镇城乡建设管理分局局长宋某、原吉林省德惠市米沙子镇安全生产监督管理工作站负责人李某分别判处有期徒刑五年、四年和三年；②原德惠市公安局米沙子镇派出所所长赵某有期徒刑四年六个月；③原德惠市公安局米沙子镇派出所民警孙某有期徒刑四年；④原德惠市公安分局米沙子镇派出所民警冯某有期徒刑三年，缓刑四年。

（4）以滥用职权罪判处：①原德惠市公安消防大队大队长吕某有期徒刑五年六个月；②原德惠市公安消防大队副大队长刘某有期徒刑五年；③原德惠市公安消防大队验收员高某有期徒刑四年。

2人被免于追究刑事责任。

（二）被给予党纪政纪处分人员

吉林省各级党委、人民政府，以及公安、消防、住建、安全生产监督管理等部门在这起事故中负有领导责任的23名领导干部被建议给予严重警告、记大过、降级、撤职等党纪政纪处分。

## 四、专家点评

（一）经验教训

这起火灾事故的起火建筑是一座钢结构厂房，事故导致的伤亡人数之多、财产损失之大，彻底改变了人们以往对丁戊类钢结构生产加工厂房不大可能造成重大人员伤亡和财产损失的固有印象。正是这种刻板印象，导致单位自身对建厂、管理等一系列环节当中安全工作的漠视，也导致相关监管单位麻痹大意、履职不尽责、不到位，最终酿成大祸。这起事故也充分说明电气防火、彩钢板房屋和易燃可燃有毒有害建筑装修材料等问题依然没有得到有效解决。这起火灾事故的经验教训主要有以下几个方面：

（1）设计、施工、监理方不具备相应资质。宝源丰公司项目设计方系辽宁大河重钢工程有限公司总经理贾某金安排其公司内部无设计资质人员设计。土建施工由宝源丰公司法人代表贾某山自己组织人员施工。监理人员为不具备监理资质、不懂监理业务的物业人员张某。

（2）施工环节擅自降低消防标准。企业厂房建设过程中，为了达到少花钱的目的，未按照原设计施工，违规将主厂房内保温材料由不燃的岩棉换成易燃材料，大量使用聚氨酯泡沫保温材料和聚苯乙烯夹芯板；违规安装电气设备及布设线路，主厂房内电缆违规明敷，二车间的电线也未使用桥架、槽盒敷设，且未穿管进行安全防护；主厂房内未设置火灾报警装置。

（3）日常安全管理和安全措施不落实。未逐级明确安全管理责任，没有建立健全、更没有落实安全生产责任制，从未组织开展过安全宣传教育培训和演练；没有将可燃物较多的区域与人员密集的主车间进行有效的防火分隔，违法锁闭安全出口，主厂房疏散不畅。

（4）重大危险源管理相关规定不落实，漠视日常安全管理。宝源丰公司非法取得了特种设备使用登记证，未按规定建立特种设备安全技术档案，未按要求每月定期自查并记录，个别特种操作人员资格证书作假；制冷系统的设备及管线系该公司自行购买，在未进行系统工程设计的情况下，由大连雪山冷冻设备制造有限公司出借资质给吕某完成安装施工。

（5）长春市各级政府没有正确处理安全与发展的关系，强调经济利益，贯彻落实国家和吉林省安全生产法律法规、政策规定、工作部署要求不认真、不扎实、不得力，对有关部门和地方政府的安全及质量监管工作监督检查不到位，对"打非治违"和隐患排查治理工作要求不严、抓得不实，监管不到位。

（二）意见建议

（1）切实强化主体责任的落实。各类生产经营单位应当落实企业安全生产法定代表人负责制和安全生产主体责任，坚决贯彻执行安全生产和建筑施工、质量管理等方面的法律法规，保证安全生产投入，杜绝偷工减料、降低标准，建立健全并严格执行各项规章制度和安全操作规程，加强对重大危险源的监控和危险品的管理，尤其要加强安全教育、应急预案建设和应急演练，坚决克服重生产、重扩张、重速度、重效益、轻质量、轻安全的思想。

（2）保证建设工程本质安全。建设、设计、施工、监理等单位应当严格遵守国家基本建设相关法律法规的规定和程序，严格落实各方的安全和质量责任，遵守建设管理流程，力戒盲目赶工期、催进度，放松对质量和安全的监管，确保建设工程质量和安全。劳动密集型企业在建筑设计施工时应努力提高设防等级，严格限制劳动密集型企业生产加工车间中易燃、可燃保温材料的使用，严格划分防火分区，加强建筑防烟、排烟设施，畅通疏散通道和安全出口，完善应急标志标识和报警系统，对"三合一""多合一"场所，严格按照《住宿与生产储存经营合用场所消防安全技术要求》（XF 703），采取相应措施，从源头上防止火灾蔓延、损失扩大和重大人员伤亡。

（3）提高电气线路、设备的可靠性。严格按照国家有关电气安全的标准、规范设计、敷设、安装电气线路和设备，按标准要求选用生产环境中适用的电缆、导线和电器类别；安装电气保护装置；规范线路连接和设备安装，提高接头连接质量；采取防火封堵、耐火保护、穿管、槽保护等技术措施；按要求定期开展电气安全检测、维护，有效防止电气线路过负荷、短路、接触不良等问题。

（4）强化氨制冷系统等重大危险源的安全监管。加强日常监督检查和重大危险源监控，加强宣传教育和业务培训，促进使用氨制冷系统的企业和用氨单位全体员工了解并掌握氨的理化特性，制定相应的安全操作规程，严格落实持证上岗，加强企业现场的监测监控，切实做到早发现、早处置，按国家标准设置监测系统，落实事故泄漏储存设施，适当提高设防标准，大力推广安全、环保的制冷机组。

**扩展阅读**

重大危险源是什么？《危险化学品重大危险源辨识》（GB 18218）中，把重大危险源定义为：长期地或临时地生产、加工、使用或储存危险化学品，且危险化学品的数量等于或超过临界量的单元。氨属于火灾危险性为乙类的危险化学品，使用氨制冷系统的大型设备可能构成重大危险源，应按要求划分重点部位，实施重点管理。

危险化学品的火灾危险性是怎么划分的？按照国家现行标准《建筑设计防火规范》（GB 50016）的规定，生产、储存的火灾危险性均分为甲、乙、丙、丁、戊五类。其中，甲、乙类的生产、储存设防标准较高，丙类生产、储存设防标准相对较高。甲类生产、储存大致包括：闪点小于28℃的液体（闪点是一个衡量液体燃烧的最低指标，它越小越容易燃烧）；爆炸下限小于10%的气体（这包含我们常见的易燃气体，如乙炔、氢气、天然气、石油伴生气、水煤气、焦炉煤气等）；常温下能分解或在空气中氧化能导致迅速自燃或爆炸的物质（如硝化棉、赛璐珞、黄磷、三乙基铝、甲胺、丙烯腈等）；常温下受到水或水蒸气的作用能产生可燃气体并引起燃烧、爆炸的物质（如金属钠、钾）；遇酸、受热、撞击、摩擦、催化以及遇有机物或硫黄等易燃的无机物，极易引起燃烧或爆炸的强氧化剂（如氯酸钠、氯酸钾、过氧化钠、过氧化钾、过氧化氢等）；受撞击、摩擦或与氧化剂、有机物接触能引起燃烧或爆炸的物质（如赤磷、五硫化二磷等）。还有在密闭设备内操作温度不小于物质本身自燃点的生产等。乙类生产、储存大致包括：闪点不小于28℃但小于60℃的液体；爆炸下限不小于10%的气体；不属于甲类的氧化剂；不属于甲类的易燃固体；助燃气体；能与空气形成爆炸性混合物的浮游状态的粉尘、纤维以及闪点不小于60℃的液体雾滴。丙类生产、储存大致包括：闪点不小于60℃的液体；可燃固体。

**关联文献**

《危险化学品重大危险源辨识》（GB 18218）
《危险化学品重大危险源安全监控通用技术规范》（AQ 3035）

# 2013年广东省深圳市荣健农副产品贸易有限公司"12·11"重大火灾事故①

## ——电源短路造成"三合一"场所重大人员伤亡

2013年12月11日1时26分许，广东省深圳市光明新区公明办事处根竹园社区的荣健农副产品批发市场发生重大火灾事故，造成16人死亡、5人受伤，过火面积1290平方米，直接经济损失1781.2万元。事故现场概貌如图23-1所示。

---

① 资料来源：广东省应急厅. 深圳市"12·11"重大火灾事故调查报告 [EB/OL].[2019-06-11].http://yjgl.gd.gov.cn/gk/zdlyxxgk/sgdcbg/content/post_2511479.html.

图23-1　深圳市"12·11"火灾事故现场概貌

　　深圳市荣健农副产品批发市场位于光明新区公明办事处根竹园社区楼岗大道北侧，总占地面积约12.8万平方米，分属根竹园社区和薯田埔社区，其中根竹园社区占地约6.7万平方米，薯田埔社区占地约6.1万平方米，分A、B、C、D、H区。其中A区为市场配套设施、干货区；B区为水果批发区；C区为蔬菜批发、零售、茶叶批发以及干果销售区等；D区不属于荣健公司，为根竹园社区所有，拟作为建材市场，暂未使用；H区为水果批发区。起火建筑位于荣健市场B区通道东侧自编A栋，是一栋一层钢架铁皮房，建筑面积1290平方米，该建筑南北长134米、东西宽8.8米，呈两侧对开摆布，该建筑内各商铺均设金属卷闸作为大门。起火点商铺位于荣健市场B区A栋A56号，长约11米、宽约5米、高约5米，面积约60平方米，商户杨某于2010年5月始进驻该商铺经营水果，无工商营业执照，挂靠荣健公司经营，商铺名为"秦晋果业"。杨某和其妻儿及1名雇佣的员工共4人居住在该商铺。铺内靠西南部分为自制冷藏室。自制冷藏室长约5米、宽约4米、高约2.3米，功率5匹（1匹=735瓦），于2010年8—9月期间雇请黄某外购压缩机、冷风机、库板、电源线、冷凝剂等组装而成，并由其主要负责电线连接工作。自制冷藏室大量使用聚氨酯泡沫保温。黄某系非法经营。

## 一、事故经过

2013年12月11日1时26分许，荣健市场B区A54号商铺店主陈某发现异常，最先跑出商铺并敲打周边商铺的门，随后B区A55、A56、A57号商铺附近出现火光。紧接着，A56号商铺工人蔡某听到商铺外有吵闹声，发现A56号商铺上方有红色火光，立即打开铁卷闸门往外跑。1时28分许，A56号商户杨某从商铺内跑出来，敲打A57号商铺的门但没有反应，打开附近的消防栓自救但消防管网水压不足、无法进行有效扑救。同时，荣健市场保安李某正和A61号商铺郭某在市场办公室查看市场监控录像时，通过监控镜头发现市场有浓烟，有人使用灭火器救火，跑到市场B区后发现A54号至A57号商铺浓烟滚滚并有火光。1时29分许，保安李某回到市场办公室用手机报警并通知现场保安组织救援。

1时29分，119指挥中心接到火灾报警后，立即派出公明消防中队6台消防车及辖区5个分队5台消防车共50名指战员，于1时35分率先到达现场开展救援处置。广东省及深圳市政府接到报告后，迅速启动应急预案，省、市党政主要负责同志和其他负责同志立即赶赴现场，组织调动公安、消防、应急、武警、医疗、安监等有关部门与单位参加事故抢险救援和应急处置，先后组织8个中队、29辆消防车（载水量156吨）、190名消防官兵参与事故抢险救援和应急处置，火灾于当日3时被扑灭。

公安消防救援队伍到达前，火灾现场4名群众，荣健市场管理处值班11名保安以及部分被叫醒的商户和群众参与救援，通过呼喊、拍门以及到附近宿舍喊话等方式，疏散群众约30人。

事发当日，深圳市立即成立了火灾事故现场指挥部，部署事故救援、伤员救治、现场管控、社会维稳、善后处置以及市场整治等工作，光明新区迅速成立了安抚、救护、殡葬、后勤保障、赔偿等12个工作小组开展善后处置工作，抽调300多名机关事业单位干部职工，认真做好16名遇难者家属接待及安抚、遇难者身份确认和赔偿等各项工作。

## 二、事故原因

### （一）直接原因

荣健市场B区A栋A56号商铺西南角上方的自制冷藏室空气冷却器电源线路

短路，引燃可燃物蔓延成灾。起火部位概貌和实景如图23-2和图23-3所示。

图23-2　深圳市"12·11"火灾事故起火部位概貌

图23-3　深圳市"12·11"火灾事故起火部位实景

（二）间接原因

（1）荣健公司安全生产主体责任不落实。①违法建设经营荣健市场。荣健市场建设过程中未办理国土规划相关用地审批、报建手续，未经公安消防部门设计审核、消防验收，以及开业前安全检查；违规搭建大量铁皮棚房，顶棚彩钢板大量使用聚氨酯泡沫，内部没有承重墙体和防火分隔，整体互相连通，燃烧时释放出大量有毒浓烟，造成重大人员伤亡。②安全生产责任不落实。荣健公司作为荣健市场建设、经营和管理单位，严重违反安全生产法律法规，日常消防安全检查不彻底，未能及时消除违规住人、用电及消防设施不完善等事故隐患。该公司法定代表人在事故发生后，未能组织员工有效疏散和扑救初期火灾，反而擅自驾车离开现场逃往外地。③用电安全管理混乱。荣健市场雇请不具备相应资质的人员违规布设电气线路，整体配电干线、入户线敷设方式不符合规范要求。公司从未组织相关人员进行安全用电及消防方面的培训。④未按规范要求建设市场消防设施，未安装火灾报警装置，尤其是违规将市场内消防栓锁闭，消防供水管网总阀未调至最大状态，导致火灾发生后无法及时扑救初期火灾。

（2）A56号秦晋果业商铺经营户消防安全责任不落实。①未履行租赁合同和防火责任书，擅自改变商铺结构，大量使用彩钢板、木材等材料违规搭建阁楼，大量使用聚氨酯泡沫板保温隔热。未对存在的消防隐患进行排查整改消除，尤其是在周边商铺经常性地存在电线开关"跳闸"的情况下，没有引起警醒，及时整改。②将经营、储存和居住场所合为一体，未采取有效防火分隔和消防安全技防措施。尤其是在相关监管部门开展消防安全大排查、大整治和违规住人专项整治后，仍拒不拆除和迁出。③违规安装自制冷藏室和配电线路，聘请无相关资质的人员使用铁皮层、聚氨酯泡沫保温层、压缩机、冷凝剂等设备、材料违规自制冷藏室；配电线路未使用阻燃管穿管保护，线路乱拉乱接；在自制冷藏室及电源线附近堆放可燃物及杂物或可能导致电源线发生机械损伤的物品；未规范安装漏电保护器等。

（3）黄某违法组装销售自制冷藏室卖给A56号商铺使用，并负责电线连接工作。经查，该自制冷藏室是无生产日期、无质量合格证和无生产厂家的"三无"产品。

（4）根竹园公司出租场所消防安全责任不落实。①根竹园公司违法将未办理土地使用证、规划许可证、建设工程许可证等手续、没有消防许可手续的土地及上盖建筑物出租给荣健公司建设经营市场。②未按照《深圳经济特区消防条例》和《深圳市人大常委会关于加强房屋租赁安全责任的决定》相关规定，对荣健公司擅自建设铁皮棚房行为实施有效监督，也未督促承租方及时整改消防安全隐患和向有关部门报告，未履行出租场所消防安全责任。

### 三、责任追究

（一）被公安机关采取措施人员（8人）

（1）荣健公司董事长兼法人代表、荣健公司总经理、股东、荣健市场保安主管、保安队长等5人涉嫌重大责任事故罪；荣健公司出纳涉嫌职务侵占罪。

（2）荣健市场B区A56号秦晋果业商铺经营者涉嫌重大责任事故罪。

（3）荣健市场B区A56号秦晋果业冷藏室安装者黄某涉嫌重大责任事故罪。

（二）被检察机关立案侦查人员（8人）

（1）原深圳市光明新区公明办事处党工委书记、办事处主任，现任深圳市光明新区党工委委员、管委会副主任，宝安区人大代表，涉嫌玩忽职守罪。

（2）原深圳市光明新区公明办事处副主任，现任深圳市光明新区公共事业局副局长，涉嫌玩忽职守罪和受贿罪。

（3）原深圳市光明新区公明办事处安委办主任兼消安办主任，现任深圳市光明新区公明城市管理办公室（执法队）主任（队长），涉嫌玩忽职守罪。

（4）深圳市光明新区公明经济科技发展办公室主任，涉嫌受贿罪。

（5）深圳市公安局光明分局公明派出所副所长，涉嫌玩忽职守罪。

（6）深圳市公安局光明分局公明派出所专职消防民警等2人，涉嫌玩忽职守罪。

（7）深圳市公安局光明分局消防监督管理大队防火中队防火监督员，涉嫌玩忽职守罪。

（三）被移送司法机关处理人员（1人）

公明办事处根竹园社区党支部书记，兼公明办事处城管执法队案件审理科副科长，在担任根竹园社区党支部书记期间，利用职务便利，收受荣健公司老板许某巨额贿赂，在根竹园社区统建楼工程发包、荣健市场租赁以及证照办理、违法建设等方面，为许某提供帮助；未督促辖区内荣健市场落实消防安全和安全生产责任制，涉嫌受贿，同时开除党籍、开除公职。

（四）被给予党纪政纪处分人员（20人）

光明新区公明办事处党政主要负责人、深圳市公安局光明公安分局有关领导及派出所民警、综合执法、土地监察等人员分别被给予相应处分。

（五）被作诚勉谈话处理的人员（8人）

光明新区工作委员会副书记、深圳市规划和国土委员会光明管理局局长、深圳市光明新区城市建设局局长、光明新区规划土地监察大队大队长、公明办事处党工委委员、公明安监办兼安委办负责人、市场监管局光明分局市场监管三科2名执法员分别被给予相应处分。

（六）被建议由相关单位进行处理人员（7人）

公明办事处执法队二中队组长（职员）、公明办事处执法队一中队三组组长（协管员）、市场监管局光明分局市场监管三科雇员等由深圳市市场监管局光明分局按相关规定做出处理。

（七）相关行政处罚及问责建议

（1）对有关责任人按照广东省相关规定实行安全生产"一票否决"。

（2）对事故发生单位荣健公司、根竹园公司及其有关责任人员依法进行行政处罚。

（3）由有关部门按照相关法律、法规规定，对荣健公司违法建设行为依法予以取缔。

（4）光明新区管委会向深圳市政府做出深刻检查，深圳市政府向广东省政府做出深刻检查。

## 四、专家点评

（一）经验教训

这是一起较为典型的人员密集"三合一"场所冷库火灾。这起火灾暴露出的问题主要有以下几个方面：

（1）市场前期建设以及后期运营过程中存在先天性安全隐患，长期未得到有效解决。荣健市场用地范围内的建筑物均未办理报建手续，发生火灾的B区，相关用地单位既未向国土部门申请核发临时用地规划许可证，也未与国土部门签订临时使用土地合同。2008年以来，荣健公司在市场内原有工业厂房之间违法搭建了大量罩棚、连廊等钢结构建筑，逐步形成了集经营、仓储、居住于一体的"三合一"场所，这些建筑均不符合耐火等级、防火分隔等消防安全技术要求，未经有关部门工程质量验收、未经公安消防部门设计审核和消防验收，以及开业前安全检查。

（2）用电安全管理混乱。该市场无视国家电气安全规范，线路敷设、使用随意，如通信线路与强电线路未分开敷设；电缆线任意接驳、浮拉、拖地、多线缠绕；电源线路绝缘破损、老化未及时进行更换；未进行安全接地，没有安装剩余电流保护装置；室外路边低压电缆头制作不规范、敷设高度严重不足，且没有任何防护措施；保护接地线采用缠绕及钩挂方式等。

（3）商铺经营户消防安全意识淡薄。起火商铺经营人忽视消防安全，缺乏消防安全常识，擅自对租来的临时建筑进行扩建、改建，在经营、储存场所内住宿（经营户杨某和其妻儿2人，以及1名雇佣的员工共4人都居住在该商铺内），改变其使用性质，并且在住人的店铺内大量使用易燃、可燃的聚氨酯材料；对电气线路、电气设备的安装使用麻痹大意。市场内这种情况极为普遍。

（二）意见建议

（1）全面落实安全源头管控。有关主管部门应当按照规定督促市场开办单位、业主单位按流程办理相关手续，尤其是消防设计审查、验收或备案抽查，严格按照国家规范及技术标准要求，建设市场内部消防设施，完善市场内部安全管理职责、制度、规程、预案。

（2）清理违规搭建的临时建筑。市场运营单位和业主单位应当履行安全管理职责，定期对市场内部违规搭建临时建筑的行为进行检查、巡查，及时制止、拆除市场内部违规搭建的建筑，杜绝使用易燃材料进行保温，采用可燃材料时，必须按要求设置不燃烧体保护层。在商户入场前，应当按照《中华人民共和国消防法》的要求，签订物业管理协议或其他安全协议，明确搭建违章建筑和擅自使用易燃可燃材料装修的责任。

（3）保障市场用电安全。有针对性地开展电气线路私拉乱接方面的安全检查。电气线路明敷，必须符合国家有关供配电设计规范的要求。线路需要穿越彩钢板及其保温层的，必须穿金属管进行保护；电气线路和灯具、电器具应当与其他物品保持足够的安全距离；不得将电气开关、配电箱等直接安装在冷库的彩钢板围护结构上；聘请有资质的专业人员，定期对市场内的电气线路进行全面检查、整修。

（4）对涉氨以及使用可燃制冷剂的场所，必须采取严格的防火分隔措施，且应单独建造或采取严格的防火分隔措施，不应设在人员密集场所。构成重大危险源的，必须按有关规定进行严格管理，否则必须依法关停、取缔。

（5）开展消防安全疏散演练。定期组织市场内从业人员参加消防宣传教育培训和疏散应急演练，做到"一懂三会"（懂得本场所火灾危险性，会报警、会灭火、会逃生）。

扩展阅读

冷库是采用人工方式制冷的仓储用建筑或设备。为保证冷库的温度要求，往往需要在冷库内敷设保温材料。目前我国常见的冷库保温材料有聚苯乙烯（EPS）、聚氨酯（PU）及挤塑泡沫保温板（XPS）等。这些保温材料如果没有经过阻燃处理，都属于易燃、可燃物质。冷库大致分为土建式冷库和装配式冷库。土建式冷库采用铺设了保温材料的砖混或钢筋混凝土房屋，再安装制冷机组等配套设施组成。装配式冷库则采用轻钢结构，在四周安装组合式保温板。据统计，因电气焊、切割作业等造成的冷库火灾事故约占冷库火灾事故总数的65%，如2009年3月山东安丘市一废旧冷库因作业人员用气焊切割管道引燃保温材料引发重大大火事故；电气原因约占30%，如2014年11月山东寿光市某食品公司因制冷系统电气线路接头处过热，引燃墙面聚氨酯泡沫保温材料引发重大火灾事故；违规使用明火约占5%，如2003年4月山东即墨市某食品公司员工违章使用电炉造成特大火灾事故等。

关联文献

《冷库设计规范》（GB 50072）

《冷库安全规程》（GB 28009）

《冷库管理规范》（GB/T 30134）

《室内配装式冷库》（SB/T 10797）

《食品冷库HACCP应用规范》（GB/T 24400）（HACCP：食品生产企业危害分析与关键控制点）

《低温仓储作业规范》（GB/T 31078）

《冷库喷涂硬泡聚氨酯保温工程技术规程》（T/CECS 498）

《气调冷藏库设计规范》（SBJ 16）

# 2014年浙江省台州市大东鞋业有限公司
# "1·14"重大火灾事故①
## ——电气故障导致重大人员伤亡

2014年1月14日14时40分左右，位于浙江省台州市温岭城北街道杨家渭村的台州大东鞋业有限公司发生火灾，过火面积约1080平方米，造成16人死亡，5人受伤。失火建筑概貌如图24-1所示。

图24-1 台州"1·14"火灾事故失火建筑概貌

---

① 资料来源：浙江省应急厅.台州大东鞋业有限公司"1·14"重大火灾事故调查报告 [EB/OL].[2014-03-31].
https://yjt.zj.gov.cn/art/2014/3/31/art_1229243593_2073041.html.

失火厂房主体为砖混结构，坐东朝西，地上共有三层。其中，一层是成品鞋生产车间；二层为半成品加工车间和鞋料仓库；三层南半部为鞋帮加工车间，北半部为卫生间、厨房和休息室。主体厂房建筑中部设有一部连通各层的敞开式楼梯，主体建筑北侧外墙设有一部从二层通往一层的钢质疏散楼梯，二层通往该楼梯的疏散门为卷帘门。主厂房只在首层和二层室内楼梯处各设置了1个室内消火栓，但室内消火栓未接入市政消防管网，也未设屋顶水箱，故消火栓处于无水状态。租赁之初，大东鞋厂未经审批擅自在主体建筑东、南、北三面加建了由单层铁皮棚和砖墙围成的不规则形状违章建筑用作生产。铁皮棚高2米，建筑面积400余平方米。

## 一、事故经过

1月14日，大东鞋厂正常生产。当日下午，在企业车间内上班的员工共有75人（其中一层35人、二层8人、三层32人），由于学校放假，有6名小孩被员工带至车间。其时厂房内总计有81人。14时40分许，面对堆放鞋箱方向作业的工人吴某突然闻到一股焦味，随即发现靠近东北角流水线处堆放的一排鞋箱着火，并随即呼喊附近员工拿灭火器进行灭火。发现火情后，一层成品车间管理负责人余某闻讯立即拉下配电箱总电闸，正在一层办公室的业主林某听到有人喊起火后跑出办公室，随即指挥员工用灭火器进行扑救和抢搬物品。因当日东北风强劲，并通过东面砖墙上排风机孔洞进入铁棚，风助火势，浓烟与火焰蹿入一楼主厂房迅速蔓延。正在扑救的员工见火势无法控制，便相继逃离，并在厂房外呼喊楼上员工逃生。14时52分，逃离厂房的大东鞋厂员工陈某报警。随后，二层和三层部分员工通过二层外侧疏散楼梯或直接跳到一层铁棚顶逃生自救，也有部分员工躲在三层房间内等待救援，一些从三层逃至二层的员工因浓烟太大被困二层不幸遇难。

## 二、事故原因

（一）直接原因

位于鞋厂东侧钢棚北半间的电气线路故障，引燃周围鞋盒等可燃物引发火灾。

（二）间接原因

（1）大东鞋厂主体厂房未经消防设计审查，厂房内消火栓形同虚设，疏散楼梯门未采用平开门，存在严重消防安全隐患。厂房内电气线路及用电设备没有定期检测，线路陈旧、敷设不规范，未采取穿管等防火保护措施，线路直接穿过存放大量纸箱、成品鞋及可燃杂物等可燃易燃物品的包装车间，导致电气线路起火后迅速蔓延（室内过火情况如图24-2所示）。同时，违规擅自搭建的铁棚更增加了火灾负荷，影响人员疏散和火灾扑救。

图24-2　台州"1·14"火灾事故室内过火情况

（2）大东鞋厂内部安全管理混乱，安全生产主体责任不落实，消防安全无具体负责人，员工流动性大，企业内部组织管理松散，安全生产责任制、安全生产规章制度均得不到有效执行和落实。

（3）温岭市城北街道杨家渭村委会以包代管、放纵违章，未履行安全管理基本职责。杨家渭村委会未履行房屋出租方安全生产管理职责和基层消防安全检查责任，放纵大东鞋厂违法搭建行为，对大东鞋厂长期存在的严重消防安全隐患没有及时劝阻并向上级政府和有关部门报告。

（4）温岭市城北街道以及辖区派出所消防安全网格化管理工作制度在实际工作中没有得到很好地落实，日常消防和安全生产监督检查不到位。大东鞋厂开办十年来，街道有关部门和派出所没有对其进行过安全专项检查，仅以驻村干部例行检查代替安全检查，基层政府和相关部门安全管理存在死角盲区。

（5）温岭市相关部门监管不到位。当地"打非治违"和隐患排查治理工作不深入，消防、城管、安监等部门在执法、监管和指导城北街道工作上存在疏漏。

（6）温岭市委、市政府对消防安全重视不够，履职不到位。在全省上下认真开展消防安全大排查大整治期间发生重大火灾事故，暴露出当地党委、政府对有关部门和基层街道政府开展消防安全"打非治违"和隐患排查治理工作督促、指导、检查力度不大，落实不够，基层工作浮在表面、存在漏洞。

### 三、责任追究

（一）被追究刑事责任人员

大东鞋厂法人代表、执行董事、经理，大东鞋厂股东、监事等2人对事故发生负有直接责任，被依法追究刑事责任，并承担相应的民事赔偿责任。

（二）被给予党纪政纪处分人员

（1）温岭市市长、常务副市长、副市长等4名领导干部分别被给予行政记过、警告处分。

（2）温岭市城北街道党工委书记、街道主任、街道常务副主任、街道副主任4人分别被给予党内严重警告、行政记大过、行政撤职处分。

（3）温岭市公安消防大队大队长、城市管理行政执法局局长、安监局局长、城北派出所副所长、行政执法大队城区二中队中队长、城北中队副中队长6人分别被给予行政记大过、记过处分。

（4）温岭市城北街道杨家渭村党支部书记、村委会主任2人分别被给予留党察看一年、党内严重警告处分。

（三）对相关单位的行政处罚

（1）依据《中华人民共和国安全生产法》《生产安全事故报告和调查处理条例》等有关法律法规的规定，台州市安全生产监督管理局对大东鞋厂处以规定上限的罚款。台州市政府责成有关部门依据相关法律法规规定，对大东鞋厂依法予以取缔。

（2）台州市人民政府向省人民政府做出深刻检查，并抄报省监察厅、省安监局。

## 四、专家点评

（一）经验教训

这是一起因电气线路故障导致的小微企业（工业企业中，从业人员20人及以上，且营业收入2000万元以下300万元及以上的为小型企业；从业人员20人以下或营业收入300万元以下的为微型企业）火灾事故。小微企业在消防安全方面普遍存在的问题和特点主要有以下几个方面：

（1）消防安全意识整体不高。由于绝大部分小微企业从业人员受教育程度相对不高，高级管理人才缺乏，人员流动性大，以及一人多岗、事多事杂等因素，企业员工上至经营管理者，下至一线工人，对消防安全常识、要求普遍不清楚、不了解，造成小微企业整体安全素质、意识相对低下，而这些又导致企业消防安全管理不规范及安全职责、制度不落实等诸多漏洞。这起事故中，员工尚在义务教育阶段的未成年家属被随意带到生产区域活动，明敷电气线路未进行穿管保护等明显的安全隐患被视而不见。

（2）安全生产基础条件薄弱。由于原始资本有限、社会融资又相对困难等因素，间接导致小微企业生产经营的基础条件薄弱，如建筑、消防设施设防等级不高或严重不符合条件，以及生产设备陈旧带来的电气火灾风险等。这起事故中，被租用建筑物的疏散楼梯和疏散门开启方式不符合国家规范，违规擅自搭建的简易铁棚更增加了火灾负荷，影响了人员疏散和火灾扑救。

（3）社会面监管力量不足。客观上讲，由于小微企业数量众多，必然摊薄、稀释相关行业部门、街道、乡镇等政府的监管能力。由于政府部门编制有限，加上执法过程包括检查、处理、督促整改、强制执行等诸多环节，必然占用大量社会公共资源，甚至导致监管能力局部出现"真空"。近几年，虽然国家层面出台了一系列规章、制度，地方政府也不断提高对安全生产和消防安全的重视程度，但重特大安全生产和火灾事故仍时有发生就是例证。

（二）意见建议

鉴于这些不利因素，积极为小微企业提供指导、帮扶，探索、提供消防安全管理方案是解决困局的有效出路。

（1）开展消防安全教育培训。以政府组织或委派第三方教育培训组织的方式，采取集中教学、分类教学、实地实操、入厂教学，以及在职业技能学校开展专门课程等方法、手段，努力提高小微企业从业人员的消防安全能力、素质。

（2）加强政策扶持、引导。可以考虑在提供生产用地、厂房，以及财税扶持等资金支持方面加强对小微企业的扶持，如建立小微企业评级制度，并将消防安全管理水平作为重要内容，以此为依据，提供具备消防安全的统建厂房和资金扶持等方式，加强小微企业自主管理的积极性、主动性。

（3）推进标准化、示范化建设。不同规模企业配套、协作程度是产业结构优化程度的重要体现。配套、协作能够形成特色产业链和产业集群。抓住本地产业特色、特点和"龙头企业"，建立符合本地实际的街道、乡镇小微企业安全生产标准化规范，可以形成良好的示范、带头作用。

（4）鼓励企业应用"智慧消防"手段提升安全保障。一是采取消防安全社会化托管服务模式，将单位消防安全委托第三方服务机构进行监测、检查、维保、培训等一揽子管理。二是鼓励在"九小场所""三合一"场所等安装物联网火灾监测设备，接入消防社会化远程服务系统，帮助社会单位切实履行消防安全主体责任，帮助政府监管部门职能归位。

扩展阅读

至2020年，我国小微企业已达8000余万户，事故起数和死亡人数已占所有企业事故总量的70%~80%。据不完全统计，2014年至2019年冬春期间（每年11月1日至次年3月31日），全国共发生小微企业、家庭作坊较大以上亡人火灾29起，死亡134人，伤49人，直接财产损失2.3亿元。起火原因前三位是：电气原因占50.2%，生活用火不慎占15.2%，吸烟占5.9%。生产作业引发的火灾仅占1.8%。小微企业亡人火灾事故举例见表24-1。

表24-1 小微企业亡人火灾事故举例

| 发生时间 | 发生地点 | 火灾原因 | 火灾后果 |
| --- | --- | --- | --- |
| 2014-03-26 | 广东省揭阳市普宁市军埠镇一内衣作坊 | 小孩玩火 | 过火面积208平方米，造成12人死亡，5人受伤，直接财产损失390.9万元 |

| 发生时间 | 发生地点 | 火灾原因 | 火灾后果 |
|---|---|---|---|
| 2014-11-19 | 广东省东莞市凤岗镇黄洞村科技路46号安科工业园B2栋 | 锂电池故障 | 造成5人死亡,直接财产损失525.2万元 |
| 2015-01-05 | 江苏省常州市新北区宏图路32号常州明泰纺织印染有限公司在建厂房 | 焊割时焊渣遇可燃物 | 造成3人死亡,直接财产损失444.1万元 |
| 2016-12-13 | 山东省烟台市海阳市经济开发区深圳街30号韩国独资企业进元电子(烟台)有限公司 | 在不具备通风、防爆、防静电等安全要求的车间内,临时安排工人使用易燃液体清洗剂清洗手机壳,静电火花导致爆燃 | 造成5人死亡,4人受伤,直接财产损失2818.3万元 |
| 2017-11-20 | 广东省佛山市南海区大沥镇谭约村一床上用品厂 | 电气线路故障 | 造成6人死亡,直接财产损失165.2万元 |
| 2018-01-14 | 内蒙古自治区赤峰市翁牛特旗乌丹镇蒙都羊业食品股份有限公司二期生产车间 | 恒温室电热风幕机电源操作箱电气线路故障 | 造成4人死亡,烧毁、烧损生产车间内生产加工设备等物品,恒温室、气泵房等房间塌落,直接财产损失476万元 |
| 2018-03-13 | 江苏省泰州市海陵区森园路江苏天和食品有限公司冷库 | 焊接人员违规动火作业 | 造成9人死亡,18人受伤,直接财产损失1434.8万元 |

关联文献

《关于实施遏制重特大事故工作指南　构建安全风险分级管控和隐患排查治理双重预防机制的意见》(安委办〔2016〕11号)

# 2014年江苏省苏州市昆山市中荣金属制品有限公司"8·2"特别重大爆炸事故①

## ——铝粉爆炸导致大量人员伤亡

2014年8月2日7时34分,位于江苏省苏州市昆山市昆山经济技术开发区(以下简称昆山开发区)的昆山中荣金属制品有限公司(台商独资企业,以下简称中荣公司)抛光二车间(即4号厂房,以下简称事故车间)发生特别重大铝粉尘爆炸事故,当天造成75人死亡,185人受伤。依照《生产安全事故报告和调查处理条例》(国务院令第493号)规定的事故发生后30日报告期,共有97人死亡,163人受伤(事故报告期后,经全力抢救医治无效陆续死亡49人,95名伤员在医院治疗),直接经济损失3.51亿元。爆炸事故现场伤者如图25-1所示。

中荣公司成立于1998年8月,是由台湾中允工业股份有限公司通过子公司英属维京银鹰国际有限公司在昆山开发区投资设立的台商独资企业。该企业主要从事汽车零配件等五金件金属表面处理加工,主要生产工序是轮毂打磨、抛光、电镀等,设计年生产能力50万件。事故车间位于整个厂区的西南角,建筑面积2145平方米,厂房南北长44.24米、东西宽24.24米,两层钢筋混凝土框架结构,层高4.5米,每层分3跨,每跨8米(厂区概貌如图25-2所示)。屋顶为钢梁和彩钢板,四周墙体为砖墙。事故车间为铝合金汽车轮毂打磨车间,共设计32条生产线,一、二层各16条,每条生产线设有12个工位,沿车间横向布置,总工位

① 资料来源:应急管理部.江苏省苏州昆山市中荣金属制品有限公司"8·2"特别重大爆炸事故调查报告[EB/OL].[2014-12-30].https://www.mem.gov.cn/gk/sgcc/tbzdsgdcbg/2014/201412/t20141230_245223.shtml.

图25-1 中荣公司"8·2"爆炸事故现场伤者

图25-2 中荣公司厂区概貌

数384个。事故发生时，一层实际有生产线13条，二层16条，实际总工位数348个。打磨抛光均为人工作业，工具为手持式电动磨枪（根据不同光洁度要求，使用不同规格的磨头或砂纸）。该车间2006年一、二层共建设安装8套除尘系统。每个工位设置有吸尘罩，每4条生产线48个工位合用1套除尘系统，除尘器为机械振打袋式除尘器。2012年改造后，8套除尘系统的室外排放管全部连通，由1个主排放管排出。事故车间除尘设备与收尘管道、手动工具插座及其配电箱均未按规定采取接地措施。

## 一、事故经过

2014年8月2日7时，事故车间员工上班。7时10分，除尘风机开启，员工开始作业。7时34分，1号除尘器发生爆炸。爆炸冲击波沿除尘管道向车间传播，扬起的除尘系统内和车间集聚的铝粉尘发生系列爆炸。当场造成47人死亡、当天经送医院抢救无效死亡28人，185人受伤，事故车间和车间内的生产设备被损毁。

8月2日7时35分，昆山市公安消防部门接到报警，先后调集7个中队、21辆车辆、111名官兵，组织25个小组赴现场救援。8时3分，现场明火被扑灭，共救出被困人员130人。交通运输部门调度8辆公交车、3辆卡车运送伤员至昆山各医院救治。环境保护部门立即关闭雨水总排口和工业废水总排口，防止消防废水排入外环境，并开展水体、大气应急监测。安全监管部门迅速检查事故车间内是否使用危险化学品，防范发生次生事故。卫计委面对伤员伤势严重、抢救任务十分艰巨的情况，克服困难，集中力量，调动各方医疗专家、器械、药品等，全力投入救治工作。

江苏省及苏州市人民政府接到报告后，立即启动应急预案，及时成立现场指挥部，组织开展应急救援和伤员救治工作。苏州军分区、昆山人武部和解放军一〇〇医院等先后出动120余人投入事故救援和伤员救治工作。

## 二、事故原因

### （一）直接原因

事故车间除尘系统较长时间未按规定清理，导致铝粉尘集聚。除尘系统风机开启后，打磨过程产生的高温颗粒在集尘桶上方形成粉尘云。1号除尘器集尘桶锈蚀破损，桶内铝粉受潮，发生氧化放热反应，达到粉尘云的引燃温度，引发除尘系统及车间的系列爆炸。因没有泄爆装置，爆炸产生的高温气体和燃烧物瞬间经除尘管道从各吸尘口喷出，导致全车间所有工位操作人员直接受到爆炸冲击，造成群死群伤。

（二）间接原因

（1）厂房设计与生产工艺布局违法违规。事故车间厂房原设计为戊类，而实际应为乙类，导致一层原设计泄爆面积不足；疏散楼梯未采用封闭楼梯间，通道中放置了轮毂，造成疏散通道不畅通，加重了人员伤亡。

（2）除尘系统设计、制造、安装、改造违规。事故车间除尘系统改造委托无设计安装资质的单位设计、制造、施工安装。除尘器本体及管道未设置导除静电的接地装置，未按《粉尘爆炸泄压指南》（GB/T 15605）的要求设置泄爆装置，集尘器未设置防水防潮设施，集尘桶底部破损后未及时修复，外部潮湿空气渗入集尘桶内，造成铝粉受潮，产生氧化放热反应。

（3）车间铝粉尘集聚严重。按照《铝镁粉加工粉尘防爆安全规程》（GB 17269）规定的23米/秒支管平均风速计算，该总风量与原始设计差额为9.6%，故现场除尘系统吸风量不足，不能满足工位粉尘捕集要求，不能有效抽出除尘管道内粉尘。同时，企业未按规定及时清理粉尘，造成除尘管道内和作业现场残留铝粉尘多，加大了爆炸威力。

（4）安全生产管理混乱。中荣公司安全生产规章制度不健全、不规范，盲目组织生产，未建立岗位安全操作规程，现有的规章制度未落实到车间、班组。未建立隐患排查治理制度，无隐患排查治理台账。风险辨识不全面，对铝粉尘爆炸危险未进行辨识，缺乏预防措施。未开展粉尘爆炸专项教育培训和新员工三级安全培训，安全生产教育培训责任不落实，造成员工对铝粉尘存在爆炸危险没有认知。

（5）安全防护措施不落实。事故车间电气设施设备不符合《爆炸和火灾危险环境电力装置设计规范》（GB 50058）规定，均不防爆，电缆、电线敷设方式违规，电气设备的金属外壳未作可靠接地。现场作业人员密集，岗位粉尘防护措施不完善，未按规定配备防静电工装等劳动保护用品，进一步加重了人员伤害。

（6）苏州市、昆山市和昆山开发区安全生产红线意识不强、对安全生产工作重视不够。

（7）负有安全生产监督管理责任的有关部门未认真履行职责，审批把关不严，监督检查不到位，专项治理工作不深入、不落实。

（8）江苏省淮安市建筑设计研究院、南京工业大学、江苏莱博环境检测技术有限公司和昆山菱正机电环保设备有限公司等单位，违法违规进行建筑设计、安全评价、粉尘检测、除尘系统改造。

### 三、责任追究

（一）被司法机关采取措施人员（18人）

（1）中荣公司董事长、总经理、经理3人（均为台商）涉嫌重大劳动安全事故罪。

（2）昆山开发区管委会副主任、党工委委员，安委会主任涉嫌玩忽职守罪。

（3）昆山开发区经济发展和环境保护局副局长兼安委会副主任、昆山市安全监管局副局长、昆山市安全监管局职业安全健康监督管理科科长（副科级）、昆山开发区经济发展和环境保护局安全生产科科长（安委会办公室主任）、昆山市安全生产监察大队副大队长兼一中队队长、昆山市公安消防大队大队长、昆山市环境保护局副局长（正科级）等14人涉嫌玩忽职守罪。

（二）被建议给予党纪政纪处分人员（35人）

（1）江苏省政府、苏州市委市政府、昆山市委市政府、昆山开发区等10名领导同志被建议给予党纪政纪处分。

（2）江苏省、苏州市、昆山市安全监管局，昆山开发区经济发展和环境保护局，苏州市消防支队、昆山市消防大队，昆山市公安局、兵希派出所，昆山市住房城乡建设局，苏州市环境保护局、昆山市环境保护局，昆山开发区党工委等机关的有关领导、工作人员等25人被建议给予党纪政纪处分。

（三）行政处罚及问责

（1）依据《中华人民共和国安全生产法》《生产安全事故报告和调查处理条例》等相关法律法规的规定，由江苏省人民政府责成江苏省安全监管局对中荣公司处以规定上限的经济处罚。

（2）由江苏省人民政府责成有关部门按照相关法律、法规规定，对中荣公司依法予以取缔。

（3）依据《中华人民共和国安全生产法》等法律法规的规定，由江苏省住房城乡建设、安全监管和环境保护部门对江苏省淮安市建筑设计研究院、南京工业大学、江苏莱博环境检测技术有限公司、昆山菱正机电环保设备有限公司等单位和有关人员的违法违规问题进行处罚。构成犯罪的，依法追究其刑事责任。

## 四、专家点评

### （一）经验教训

这是一起典型的粉尘爆炸事故。铝粉虽然在通常条件下不会轻易发生燃烧、爆炸，但是在满足一定条件时，便可形成爆炸性粉尘环境。在这起事故中，由于一系列违法违规行为，整个环境具备了粉尘爆炸的要素：可燃粉尘、粉尘悬浮于空气中并与空气或氧气混合达到爆炸极限、引火源。事故教训主要是：

（1）设计、审查环节未正确识别涉事企业厂房的火灾危险性，存在违规。事故车间厂房原设计建设为戊类，而实际使用为乙类，导致厂房未按照爆炸危险场所的设防要求采取相应的技术措施，如原设计泄爆面积不足。事故车间电气设施设备均不防爆，电缆、电线敷设方式违规，电气设备的金属外壳未作可靠接地。事故车间除尘系统改造委托无设计安装资质的昆山菱正机电环保设备有限公司设计、制造、施工安装，除尘器本体及管道未设置导除静电的接地装置，未按要求设置泄爆装置，集尘器未设置防水防潮设施等。

（2）日常管理不规范、不到位。中荣公司安全生产规章制度不健全、不规范，未建立安全规程，未开展安全风险辨识，未开展安全教育培训。对于现场除尘系统吸风量不足不能满足工位粉尘捕集要求，不能有效抽出除尘管道内粉尘的问题，没有及时发现并解决。没有按照规定定期清理粉尘，造成除尘管道内和作业现场存在过量残留铝粉尘，未按规定配备防静电工装等劳动保护用品。集尘桶底部破损后未及时修复，导致铝粉发生化学反应放热，形成点火源。未能认真吸取开发区内发生的多起同类金属粉尘燃爆事故教训并重点防范。

### （二）意见建议

（1）认真自查自改，消除生产、储存场所先天隐患。认真进行粉尘爆炸危险源辨识，按照《粉尘防爆安全规程》（GB 15577）等国家标准的相关要求，及时消除各类先天隐患。按国家有关规范设计、安装、维护和使用上述场所的通风除尘系统，配备抑爆装置。严格按要求定时、规范清理粉尘，在爆炸危险场所规范安装、使用防爆电气设备。落实防雷、防静电等技术措施，配备铝镁等金属粉尘收集、储存、防水防潮设施。确保相关生产、储存场所建（构）筑物符合防爆设计要求，严查有关规章制度的落实情况，严格执行安全操作规程和劳动防护制度。

（2）落实部门监管职责，严格行政许可审批。相关行业主管部门应当准确掌握存在粉尘爆炸危险企业的底数和情况。针对粉尘爆炸危险，组织开展专项安全培训工作。认真开展检查，监督企业及时消除隐患。在消防设计审查、消防验收环节中依法依规核定厂房、库房的火灾危险性分类。依托、督促中介技术服务机构，合法合规地开展有关建设项目设计、安全评价、环境检测等业务。

（3）深刻吸取事故教训，强化粉尘防爆整治。落实《严防企业粉尘爆炸五条规定》，深入开展检查，重点查厂房、防尘、防火、防水、管理制度和泄爆装置、防静电措施等内容，及时消除安全隐患，确保治理实效。

（4）加强调查研究，提供技术指导。加强对可燃性粉尘企业生产工艺、安全生产条件、安全监管等基础情况的调查研究，建立可燃性粉尘重点监管目录，提出涉及可燃性粉尘企业安全设施与技术的指导意见。推广采用湿法除尘工艺和机械自动化抛光技术，提高企业本质安全水平，有效预防和遏制重特大粉尘爆炸事故发生。

**扩展阅读**

粉尘为什么会爆炸？固体可燃物只要粉尘颗粒足够小，粉尘浓度足够大，遇到点火源，都有可能发生爆炸。影响粉尘爆炸难易程度的主要因素有：化学性质（化学性质越活泼的物质越容易发生爆炸，如碳粉、硫粉）、挥发性（挥发性越强越容易爆炸，如煤粉）、带电性（越容易积累静电的粉尘越容易爆炸，如金属粉末）、颗粒度（颗粒越细小越容易爆炸）、浓度（单位空间内粉尘浓度处于爆炸极限内时即可能发生爆炸，粉尘爆炸极限通常只列最低浓度，即爆炸下限）。发生首次爆炸后，由于沉积的粉尘被冲击波扩散到环境中，从而极有可能导致二次甚至多次爆炸。

**关联文献**

《严防企业粉尘爆炸五条规定》（国家安全生产监督管理总局令第68号）

《粉尘防爆安全规程》（GB 15577）

《石油化工粉体料仓防静电燃爆设计规范》（GB 50813）

《铝镁粉加工粉尘防爆安全规程》（GB 17269）

《可燃性粉尘环境用电气设备》（GB 12476）

《爆炸危险环境电力装置设计规范》（GB 50058）

《粉尘爆炸泄压指南》（GB/T 15605）

# 2018年天津市滨海新区中外运久凌储运仓库"10·28"重大火灾事故①

## ——视频监控系统电气故障引发火灾

2018年10月28日17时25分左右，位于滨海新区大港经济开发区安和路的中外运久凌储运有限公司天津分公司（以下简称久凌天津公司）大港仓库发生火灾，过火面积23487.53平方米，事故未造成人员伤亡，直接经济损失约8944.95万元。火灾事故现场概貌如图26-1所示。

久凌天津公司大港仓库项目位于滨海新区大港安和路，东侧与天津克劳斯电梯有限公司、天津市滨海新区供热集团有限公司和天津鼎亿机械制造有限公司三家单位毗邻，南侧与天津振普筑炉衬里工程有限公司、爱塞克自行车有限公司和新康自行车有限公司三家单位毗邻，西侧为空地，北侧为安和路。库区总占

图26-1　天津"10·28"火灾事故现场概貌

---

① 资料来源：天津市应急局.滨海新区中塘镇中外运久凌储运仓库"10·28"重大火灾事故调查报告[EB/OL].[2019-05-22].http://yjgl.tj.gov.cn/ZWGK6939/SGDCBG354/202007/t20200729_3184829.html.

地面积42000平方米，库区南门常年锁闭，北门作进出使用。北门正对库区主通道，通道东侧由北向南依次为门卫室（消防控制室）、消防水泵房、充电间、厕所、柴油发电机房、库区总配电柜、4号仓库和5号仓库；通道西侧由北向南依次为办公楼、1号仓库、2号仓库和3号仓库。5个仓库均为轻钢结构，1号、2号、3号仓库完全相同，每个仓库长108.48米、宽72.48米、屋檐高度9.5米、屋脊高度11.4米，建筑面积7862.63平方米，划分4个防火分区，外墙均为1.2米实体墙加彩钢板结构，屋面采用坡屋顶结构。4号、5号仓库的各项建筑参数相同，每个仓库长97.68米、宽79.98米、屋檐高度9.5米、屋脊高度11.4米，建筑面积7812.45平方米，划分4个防火分区，防火分区之间采用防火墙分隔，连通部位采用防火卷帘，外墙均为1.2米实体墙加彩钢板结构，屋面采用坡屋顶结构，与西侧的1号、2号、3号仓库东西向水平距离为22米，其中最先起火的5号仓库划分的4个防火分区，每个防火分区南北墙各有一个安全出口，仓库共有8处安全出口（起火仓库内部布局如图26-2所示）。该仓库由中朗恒运（天津）实业有限公

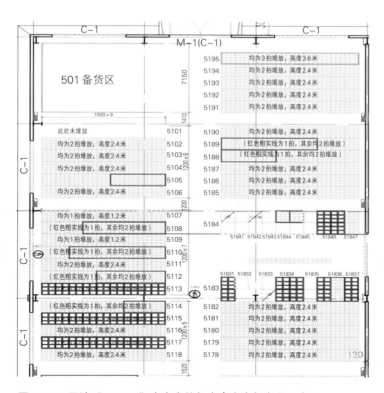

图26-2　天津"10·28"火灾事故起火仓库内部布局示意图

司投资建设，2012年6月租赁给久凌储运天津分公司使用。5号仓库设置有室内外消火栓系统、自动喷水灭火系统、火灾自动报警系统、机械排烟系统、视频监控系统、照明系统、应急照明灯、疏散指示标志和干粉灭火器。

## 一、事故经过

2018年10月28日17时29分，久凌天津公司大港仓库位于门卫室内的火灾自动报警联动控制柜发出火灾报警信号，显示5号仓库1区编号为015003的感烟探测器报警。当值保安听到报警后未做任何处置，调度室的工作人员听到火灾自动报警联动控制柜持续报警，便跑到门卫室让人去报警区域查看（起火时现场如图26-3所示）。17时49分，查看人员发现5号仓库起火，调度立即拨打119电话报警。17时53分，调度等人使用灭火器和消火栓扑救，但火势未能得到有效控制。

17时50分，消防总队接到报警后，先后调派总队和10个支队全勤指挥部、26个消防中队、战勤保障大队，以及2个企业专职消防支队、1个企业专职消防中队，共62辆消防车、6辆战勤保障车辆、383名指战员赶赴现场参与灭火战斗。10月29日3时17分，大火被扑灭。

图26-3 天津"10·28"火灾事故现场

## 二、事故原因

（一）直接原因

久凌天津公司大港仓库5号仓库501仓间西墙北数第3根与第4根立柱之间上方的视频监控系统电气线路发生故障，产生的高温电弧引燃线路绝缘材料，燃烧的绝缘材料掉落并引燃下方存放的润滑油纸箱和塑料薄膜包装物，随后蔓延成灾。

（二）间接原因

（1）前期处置不力。一是报警和现场处置延误，值班人员在消防控制室发出警报后20分钟内未采取任何有效措施扑救初期火灾，致使火灾扩大；二是自动消防设施未启动，初期火灾未得到控制。经查，火灾发生时自动消防设施设置在手动模式上，消防控制室值班人员未将手动模式转换为自动模式。

（2）久凌天津公司消防安全主体责任不落实，未认真执行消防安全法律法规、国家标准。一是仓储场所用电安全管理不到位，久凌天津公司未对视频监控系统电气线路进行定期检查、检测，违反《仓储场所消防安全管理通则》（XF1131）的有关规定；二是消防控制室部分值班人员无证上岗，久凌天津公司使用精英保安公司门卫室的保安员作为消防控制室值班员，事故发生时2名值班人员均无证上岗；三是不及时消除火灾隐患，久凌天津公司大港仓库用电安全管理不到位，违规设置建筑消防设施控制状态，消防控制室部分值班人员无证上岗等问题未及时整改。

（3）有关单位、属地政府及部门失职，管理不到位。一是中外运物流（筹）有限公司、中外运久凌储运有限公司作为久凌天津公司的上级公司，对久凌天津公司消防安全管理工作监督检查不深不细、流于形式，对久凌天津公司消防安全管理人员工作不负责任的行为失察；二是中朗公司作为久凌天津公司大港仓库产权方，未将建设工程竣工验收有关材料备案，对君安公司未按要求履行《建筑消防设施检测委托合同》，近十个月未出具《消防设施检测报告》，对《消防设施检测不符合项告知函》的情况不闻不问；未履行《安全管理责任协议书》有关职责，未对久凌天津公司租赁区域消防安全工作进行监督检查和管理；三是君安公司作为久凌天津公司大港仓库建筑消防设施维修保养、检测服务单位，未严格履行职责；四是精英保安公司违反《保安服务管理条例》，招用不符合保安员条件的人员担任保安员，且未对其进行知识、技能培训；五是滨海新区消防支队大港大队作为消防安全监督管理部门，未及时查处和督促整改久凌天津公司大港仓库存在的消防控制室部分值班人员无证上岗等隐患问题；六是大港经济开发区管委会作为滨海新区政府派出机构，未落实消防安全责任制的有关要求；七是原大港区建设工程质量监督站作为属地建设工程质量监管部门，对辖区建设工程竣工验收未备案的违法行为查处不到位。

### 三、责任追究

（一）被司法机关处理的有关责任人（17人）

（1）久凌天津公司总经理、副总经理、大港仓库总监、大港仓库经理、大港仓库行政主管、大港仓库小项目组长等7人，涉嫌重大责任事故罪。

（2）招商局物流（天津）有限公司技安部经理，涉嫌重大责任事故罪。

（3）天津市滨海新区精英保安服务有限公司保安队保安等2人，涉嫌重大责任事故罪。

（4）久凌天津公司、中朗公司、君安公司等7名人员，涉嫌重大责任事故罪。

（二）被给予政务处分和诫勉谈话的责任人员（15人）

（1）中外运物流（筹）有限公司北京管理部安全管理中心副经理兼中外运久凌储运有限公司安监部经理，中外运物流（筹）有限公司副总经理兼中外运久凌储运有限公司副总经理，中外运物流（筹）有限公司党委副书记、纪委书记兼中外运久凌储运有限公司总经理，中外运物流（筹）有限公司安全管理部经理，中外运物流（筹）有限公司常务副总经理，中外运物流（筹）有限公司总经理6人被给予警告、记过、记大过处分。

（2）滨海新区消防支队大港大队大队长、大队防火参谋等3人被给予警告、记过、记大过处分。

（3）大港经济开发区安监办主任和1名工作人员，被给予政务记过、记大过处分。

（4）中塘镇镇长兼大港经济开发区管委会主任，给予政务警告处分。

（5）原大港区建设工程质量监督站站长、监督员等3人，给予政务警告、记过处分。

（三）对相关责任人员和单位给予的其他处理

（1）久凌天津公司存在仓储场所用电安全管理不到位，违规设置建筑消防设施控制状态，消防控制室部分值班人员无证上岗，未及时消除火灾隐患等问题，对事故的发生负有责任。由滨海新区应急管理局对久凌天津公司处以420万元人民币的行政处罚。

久凌天津公司主要负责人李某终身不得担任本行业生产经营单位的主要负责人。

（2）中朗公司未对久凌天津公司租赁区域的消防安全工作进行监督、检查和管理。责令中朗公司限期改正，处5万元人民币罚款。

（3）君安公司存在发现久凌天津公司大港仓库将消防设施始终设置在手动状态，未将情况如实记录等未按照国家标准、行业标准维修、保养建筑消防设施的情形，责令君安公司限期改正，处3万元人民币罚款。

（4）精英保安公司存在对保安员进行法律、保安专业知识和技能培训不到位等违法情形，处10万元人民币罚款。

（5）中塘镇政府向滨海新区政府做出书面检查。

（6）滨海新区政府向天津市政府做出书面检查。

## 四、专家点评

（一）经验教训

这是一起因电气线路发生故障引发的仓库火灾事故。火灾暴露出的问题主要有以下几个方面：

（1）消防值班人员不具备基本消防操作技能。久凌天津公司使用精英保安公司提供的门卫室保安员作为消防控制室值班员，事故发生时，2名值班人员均无证上岗，从17时29分火灾自动报警联动控制器发出火灾报警信号至17时50分向119指挥中心报警的21分钟内，现场值班的保安人员没有采取任何措施。火灾发生时单位的自动消防设施设置在手动模式上，消防控制室值班人员未将手动模式转换为自动模式，导致自动喷水灭火系统和防火卷帘等自动消防设施没有启动，火势很快从501仓间蔓延至5号仓库的其他防火分区。

（2）用电安全管理不到位。久凌天津公司与天津锦腾科技发展有限公司2012年4月签订施工合同，投资建设大港仓库视频监控及网络和报警系统，

2012年年中工程完工，系统投入使用，并口头约定工程保修期为一年。保修期后至事故发生，久凌天津公司未对视频监控系统电气线路进行定期检查、检测。

（3）未对可燃液体采取防流淌技术措施。由于没有设置防流淌设施，火灾发生后，在持续高温作用下润滑油桶破裂，引发润滑油燃烧，形成液体流淌火向四周蔓延。第一出动力量消防西环路中队到场时，火势已突破5号仓库外壳，现场平均风力为3级，瞬时最大风力达6级，火势突破5号仓库外壳后，燃烧流淌的润滑油在风力作用下沿5号仓库北门外溢，向4号、3号仓库蔓延，形成猛烈的立体式燃烧。

（二）意见建议

（1）加强仓库的防火巡查、检查。特别是物资储存分类、分垛、防火间距是否符合要求；出入库管理情况；火源、电源管理和火源、电气设备使用情况；消防通道、安全出口是否畅通；是否存在违规设置办公室、休息室；灭火器、消火栓、消防给水、自动灭火设备、防烟排烟设施是否完好有效等。

（2）加强值班人员岗前培训。消防控制室值班人员上岗、转岗前均应当进行消防安全培训，在岗人员每半年应进行一次培训，至少每半年进行一次有针对性的消防安全演练。消防控制室必须实行每日24小时值班，每班不应少于2人，消防控制室值班人员应当取得消防设施操作员职业资格证书。

（3）加强建筑防火、消防设施等基础条件。特别是储存物品的防静电、防潮、防流散设施，控温、保温设施；防烟、排烟以及事故排风、除尘设施，消防给水及其他各类消防设施；各类消防安全标识、标志设置情况；供配电及电气设备的安装运行情况。

（4）严控电气线路的安装、敷设。仓储场所内部如无必要，尽可能不增加任何电气线路和用电、照明器具。后续确需增加，应当严格按照国家有关电气安全要求布线、施工，特别是明敷线路必须采取穿管保护、保持安全高度、距离等措施，防止线路受到机械损伤以及储存物品被发热、故障线路引燃；在穿越防火墙体时，线路与墙体之间的孔隙必须采用不燃烧材料严密填实。不同种类的弱电线路应分别安装有关的电气保护装置。

仓储场所的用电安全管理要求主要有：①控制高温设备。丙类固体物品的室内储存场所，不应使用碘钨灯和超过60瓦的白炽灯等高温照明灯具。当使用日光灯等低温照明灯具和其他防燃型照明灯具时，应对镇流器采取隔热、散热等防火保护措施，确保安全。室内储存场所内不应使用电炉、电烙铁、电熨斗、电热水器等电热器具和电视机、电冰箱等家用电器。②控制电气设备与货物的距离。仓储场所的电气设备应与可燃物保持不小于0.5米的防火间距，架空线路下方不应堆放物品。③防止摩擦生热。仓储场所的电动传送设备、装卸设备、机械升降设备等的易摩擦生热部位应采取隔热、散热等防护措施。对提升、码垛等机械设备易产生火花的部位，应设置防护罩。④规范电气设备敷设、安装。仓储场所的每个库房应在库房外单独安装电气开关箱，保管人员离库时，应切断场所的非必要电源。室内储存场所内敷设的配电线路，应穿金属管或难燃硬塑料管保护。不应随意乱接电线，擅自增加用电设备。仓储场所的电气设备应由具有职业资格证书的电工进行安装、检查和维修保养。电工应严格遵守各项电气操作规程。⑤加强维护管理。仓储场所的电气设备应设专人管理，由持证电工进行安装和维修。发现漏电、老化、绝缘不良、接头松动、电线互相缠绕等可能引起打火、短路、发热时，应立即停止使用，并及时修理或更换。禁止带电移动电气设备或接线、检修。仓储场所的电气线路、电气设备应定期检查、检测，禁止长时间超负荷运行。仓储场所应按照《建筑物防雷设计规范》（GB 50057）设置防雷与接地系统，并应每年检测一次，其中甲、乙类仓储场所的防雷装置应每半年检测一次，并应取得专业部门测试合格证书①。

---

① 全国消防标准化技术委员会消防管理分技术委员会 .仓储场所消防安全管理通则：XF 1131—2014[S]. 北京：中国标准出版社，2014.

**关联文献**

《保安服务管理条例》（国务院令第564号）

《国有粮油仓储物流设施保护办法》（国家发展和改革委员会令第40号）

《仓储场所消防安全管理通则》（XF 1131）

《物流建筑设计规范》（GB 51157）

《医药工业仓储工程设计规范》（GB 51073）

《应急物资储备仓库消防管理规范》（T/BJXF 006）

《自动化立体仓库设计规范》（JB/T 9018）

《仓储货架使用规范》（GB/T 33454）

典型火灾事故案例 50 例（2010—2020）

# 2018年河南省商丘市华航现代农牧产业集团有限公司"12·17"重大火灾事故①
## ——违章操作导致重大人员伤亡

2018年12月17日11时许，河南省商丘市城乡一体化示范区华航现代农牧产业集团有限公司南厂区一栋厂房，在违规气割作业过程中引发火灾，造成11人死亡、1人受伤，建筑过火面积3630平方米，直接经济损失1467万元。火灾事故现场概貌如图27-1所示。

图27-1 商丘"12·17"火灾事故现场概貌

---

① 资料来源：河南省应急厅.商丘市河南省华航现代农牧产业集团有限公司"12·17"重大火灾事故调查报告[EB/OL].[2019-04-28].http://yjglt.henan.gov.cn/2019/04-28/987240.html.

河南省华航现代农牧产业集团有限公司（以下简称华航农牧公司）分南北两个厂区。事故建筑位于南厂区，建筑东西总长136米，南北总长63米，总占地面积约6500平方米。因历经多次新建、改建、扩建，建筑结构较为复杂（起火建筑平面图如图27-2所示）。起火建筑为6号闲置厂房，2015年建设，地上二层，建筑结构为混合结构，墙、柱均为砖混结构，梁为工字型钢梁，该厂房东西长47米、南北宽44米，南侧西部凸出部分宽20米。该厂房南北两侧各有一个出口直通室外，东墙偏北位置有一门洞通向相邻的5号闲置厂房。该厂房东南角部位南墙下部有一不规则墙洞，洞口高1.1米、宽0.5米。厂房一层均匀分布78根承重立柱，规格为0.7米×0.7米，东西间距9米、南北间距4米。厂房顶板、立柱、墙面包覆保温材料，保温材料分两层，内层为聚苯乙烯泡沫板，表面喷涂聚氨酯泡沫。

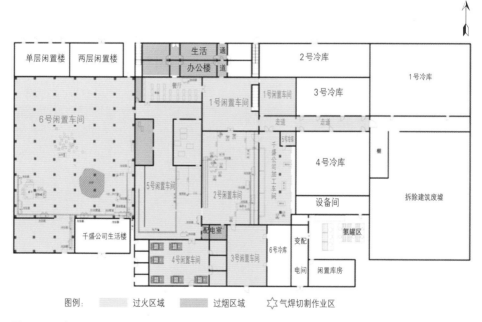

图27-2 商丘"12·17"火灾事故起火建筑平面图

## 一、事故经过

12月15日3名工人张某安、张某路、翟某，经人介绍到华航农牧公司安装相关设备。12月16日，3名工人在5号闲置厂房拆除楼梯，安装剥皮机设备时已经在焊割方形钢过程中引发一次火情，被张某路用灭火器喷灭，并用水浇湿。12月17日，张某安、张某路、翟某再次进入起火建筑施工作业。其中张某路、翟某在5号闲置厂房施工作业，张某安先后在餐厅和6号闲置厂房焊割金属管道。张某安在餐厅焊割金属管道过程中再次引发火情，自然熄灭。随后，张某安推着载有焊割工具（包括气割枪、液化气钢瓶、氧气钢瓶等，其中液化气钢瓶和氧气钢瓶并排固定）和灭火器（12月16日张某路使用过的）的手推车，从10号通道进入6号闲置厂房，按照从北向南、从东向西的顺序依次焊割东墙、南墙空气冷却机上方的金属管道，实施作业期间无人对动火作业过程进行监护。

12月17日11时许，张某安在切割东南角区域上方的金属管道时，发现其所在位置东侧刚切割过的部位下方有火，就立即到起火区域使用灭火器进行扑救，发现灭火器不能正常使用，随后取用其作业部位北侧地面堆放的沙土进行灭火，亦未能有效控制火势。张某安立即赶到5号闲置厂房呼喊张某路、翟某。3人发现起火厂房浓烟已经封闭入口，无法进入，即逃离现场，并拨打报警电话。

此时，火灾继续蔓延扩大，高温有毒烟气迅速蔓延进入5号闲置厂房、餐厅、1号和2号闲置厂房，随后进入河南千盛食品有限公司（租赁华航农牧公司厂房用于生产经营）加工厂房等区域，导致此时正在毗邻厂房进行猪蹄分割包装加工的河南千盛食品有限公司11名员工被困。事故中，生活办公楼二层有5名人员陆续通过东侧楼梯逃生；厨房内3名华航农牧公司厨师正在做饭，发现火情后，2人第一时间逃离现场，另一名厨师赵某在浓烟中关闭了3个液化气罐阀门后，受伤逃离现场。

2018年12月17日11时15分，商丘市消防支队指挥中心接到火灾报警，立即调集5个中队、20辆消防车赶赴现场应急处置。14时15分，现场火势基本得到控制。14时40分，明火全部扑灭。事故处置过程中，消防人员先后发现并救出14名被困人员，后经全力抢救无效，11名人员先后死亡，1人受伤，2人成功获救。

商丘市示范区管委会接到事故报告后，立即启动应急预案。商丘市委、市政府接到事故报告后启动了市级应急响应，组织公安、消防、安监、医疗卫生、工信、供电、环保、气象、畜牧、示范区管委会等相关部门迅速开展应急救援处置工作。火情得到控制后，商丘市示范区管委会组织安全专家现场指导，对液氨压力表、液氨设备、液氨管道、阀门、冷库等进行排查，对现存液氨进行导罐处理。12月28日处理完毕。

## 二、事故原因

（一）直接原因

气焊切割作业人员张某安在不具备特种作业资质，未履行动火审批手续，未落实现场监护措施，未配备有效灭火器材的情况下，违规进行气焊切割作业，在切割金属管道时，引燃墙面聚苯乙烯、聚氨酯等易燃可燃保温材料并蔓延扩大，燃烧产生的高温有毒烟气导致11人死亡。

（二）间接原因

（1）起火建筑不符合相关规范要求。建筑耐火等级低，建筑墙体、顶板大量使用聚苯乙烯、聚氨酯等易燃可燃建筑保温材料。此类材料热解快、燃点低，被气焊作业引燃后蔓延速度极快，同时产生大量高温、有毒烟气（现场建筑材料及切割工具残骸如图27-3~图27-5所示）。未按标准设置消防设施，厂房及疏散走道未按规定设置排烟设施，出口及其疏散通道未设置应急照明灯、疏散指示灯、出口标志灯，严重影响疏散逃生。闲置厂房与相邻厂房防火间距不符合要求，贴临建造的两栋厂房之间没有用防火墙进行分隔，导致火灾蔓延至相邻厂房，现场死亡人员均位于相邻厂房内。

图27-3　现场建筑材料残骸

图27-4　现场气割器材残骸

（2）企业主体责任不落实。华航农牧公司安全生产管理制度缺失，安全生产组织不健全，安全生产管理混乱，未按规定开展安全检查和隐患排查，教育培训不到位，违规组织不具备安全生产条件的单位进行废弃管道、设备拆除，委托没有特种作业人员资质的单位进行闲置厂房废弃管道、设备拆除。违法违规出租房屋，租赁相关各方未签订协议明确各自的安全生产管理职责和应当采取的安全措施，未确定消防安全责任人、管理人，未确定现场消防安全管理人员，没有履行动火作业监管责任，违法违规出借转让生猪定点屠

图27-5　现场气割枪残骸

宰证。河南千盛食品有限公司未依法履行安全职责，未建立安全管理制度，未开展隐患排查检查，未开展安全教育培训和演练。漯河市日昇鑫贸易有限公司介绍无资质人员进行气割作业，未对相关人员进行安全教育。

（3）相关行政管理单位对本行政区域内生产经营单位安全生产状况监督检查力度不够。

### 三、责任追究

#### （一）被司法机关采取措施人员

商丘市公安局开发区分局对12名犯罪嫌疑人采取刑事拘留措施，其中施工人员3人，企业管理人员9人。包括：业主单位华航农牧公司董事长、法人代表、安全负责人、日常事务负责人等6人；施工单位漯河市日昇鑫贸易有限公司负责人、焊割操作人员共4人；租赁单位河南千盛食品有限公司法人；租赁单位泰兴市泰江食品经营部主要负责人。

#### （二）被给予党纪政务处分人员

根据调查事实，依据《中国共产党纪律处分条例》第三十七条、第一百二十一条和《中华人民共和国监察法》第四十五条、《公职人员政务处分暂行规定》第十七条、《事业单位工作人员处分暂行规定》第五条等有关条款，6个单位的19名责任人员被给予相应处理，其中给予党纪政务处分14人，诫勉谈话3人，批评教育2人。

## 四、专家点评

### （一）经验教训

相比化工和其他劳动密集型企业，农牧业生产加工厂房发生火灾事故的概率较低。但这起造成11人死亡的火灾事故也充分说明，火灾事故防范来不得半点马虎。从表观上看，这是一起违规施工作业引燃外墙保温材料造成的事故，但核心问题在于单位本身对消防安全及管理不重视、责任不落实，具体表现在以下几个方面：

（1）建筑本身长期"带病运行"。该起火建筑多次违规改造，导致建筑耐火等级低、保温材料防火性能不过关、防火间距不足、消防设施缺失等先天性火灾隐患，尤其是采用易燃、可燃保温材料，是导致火灾迅速蔓延扩大和重大人员伤亡的主要原因。

（2）边施工边生产，且没有采取必要的防护措施。有关单位没有履行现场监护责任，用火用电制度缺失。施工过程中，没有按照有关要求将施工区域和生产、生活区域采用防火墙、防火门进行防火分隔，也没有配备足够的灭火器材。由于没有防火分隔措施，火势从施工区域迅速蔓延到仍有人员从事生产活动的区域，是造成重大人员伤亡的重要原因。

（3）租赁相关方未落实各自消防管理责任，施工现场管理和施工人员管理混乱等。有关责任方在签订租赁协议时，没有按照要求同时明确消防安全管理职责和范围，导致现场施工、生产各行其是，缺乏统一管理，客观上增大了发生火灾的风险。对于外来施工人员，由于缺乏统一管理，施工和防护行为较为随意，比如发生火灾前，施工人员已经因为违章操作导致2起小火，却没有引起重视。据现场证人证言，气割引燃保温材料，切割操作人员只是直接用手拍打，或者使用已经用过的灭火器进行扑救等。

### （二）意见建议

（1）严格落实企业主体责任。一是提高安全生产法律意识，提高安全生产的内生动力和主动性；二是不断提升企业安全标准化管理水平，着力解决"人、物、技、防"基础薄弱、现场管理混乱、各级职责不清、责任推诿等问题；三是制定完整的、符合自身实际的安全生产责任制，及时研判企业在生产经营活动中发生的人员变化、生产环境变化、生产环节变化和新业态、新用工方式产生的风险；四是落实奖惩，找好着力点，防止企业各级人员避重就轻，"干好干坏一个样""严谨随意一个样"，强化员工对于遵守责任制规定的主观意愿。

（2）着力解决先天性隐患。《建设工程质量管理条例》规定，建设单位应当将施工图设计文件报县级以上人民政府建设行政主管部门或者其他有关部门审查。施工图设计文件审查的具体办法，由国务院建设行政主管部门会同国务院其他有关部门制定。施工图设计文件未经审查批准的，不得使用。此外，港口、码头、矿山以及特种设备等，也都有各自的准入规定。但目前，各地各类违章项目依然存量不少，有些"旧账"未结又欠"新账"。为了解决这些问题，企业应当对相关建筑认真开展自查。一是检查建筑合法性，对于未批先建、未验先用，或者变更已审批的内容、规模、时效、范围、用途的，应当及时组织评估，并向主管机关申报；二是施工质量、产品质量不过关，且没有经过检验、检测，或检验、检测报告与实际不符的，应当及时组织进行检验、检测、复验，严防明知存在问题，却不停用、不拆除、不整改，以致最终成灾。

（3）做好施工现场消防安全管理。企业生产过程中，各类维修、施工不可避免，但必须保证安全。一是施工现场的临时用房、临时设施、材料堆场和消防车道等的布置，以及防火间距应满足现场防火、灭火及人员安全疏散的要求；二是临时用房和在建工程应采取可靠的防火分隔和安全疏散等防火技术措施；三是施工现场应设置灭火器、临时消防给水系统和应急照明等临时消防设施，临时消防设施应与在建工程的施工同步设置；四是施工现场的消防安全负责人应定期组织消防安全管理人员对施工现场进行检查，监理单位应对施工现场的消防安全管理实施监理。

**扩展阅读**

人员密集的生产加工车间内应保持疏散通道畅通，通向疏散出口的主要疏散通道的宽度不应小于2.0米，其他疏散通道的宽度不应小于1.5米，且地面上应设置明显的标示线。

应建立用火、动火安全管理制度，并应明确用火、动火管理的责任部门和责任人，用火、动火的审批范围、程序和要求等内容。动火审批应经消防安全责任人签字同意方可进行，用火、动火安全管理应符合下列要求：禁止在生产营业时间进行动火作业；需要动火作业的区域，应与使用、营业区域进行防火分隔，严格将动火作业限制在防火分隔区域内，并加强消防安全现场监管；电气焊等明火作业前，实施动火的部门和人员应按照制度规定办理动火审批手续，清除可燃、易燃物品，配置灭火器材，落实现场监护人和安全措施，在确认无火灾、爆炸危险后方可动火作业。

施工作业前，施工现场的施工管理人员应向作业人员进行消防安全技术交底。具体包括：施工过程中可能发生火灾的部位或环节，施工过程应采取的防火措施及应配备的临时消防设施，初起火灾的扑救方法及注意事项，逃生方法及路线等。

施工过程中，施工现场的消防安全负责人应定期组织消防安全管理人员对施工现场进行检查，重点检查以下内容：①可燃物及易燃易爆危险品的管理是否落实；②动火作业的防火措施是否落实；③用火、用电、用气是否存在违章操作，电、气焊及保温防水施工是否执行操作规程；④临时消防设施是否完好有效；⑤临时消防车道及临时疏散设施是否畅通。

**关联文献**

《建筑防烟排烟系统技术标准》（GB 51251）

《建筑防火封堵应用技术标准》（GB/T 51410）

《建筑外墙外保温用岩棉制品》（GB/T 25975）

《建筑绝热用玻璃棉制品》（GB/T 17795）

# 案例28

# 2020年重庆市松藻煤矿"9·27"重大火灾事故①

## ——输送带摩擦起火致重大人员伤亡

　　2020年9月27日0时20分，重庆能投渝新能源有限公司松藻煤矿发生重大火灾事故，造成16人死亡，42人受伤，直接经济损失2501万元。现场救援情况如图28-1所示。

图28-1　松藻煤矿"9·27"火灾事故现场救援情况

---

① 资料来源：中共重庆市纪委.重庆能投渝新能源有限公司松藻煤矿"9·27"重大火灾事故调查报告及处理情况 [EB/OL].[2021-03-26].http://jjc.cq.gov.cn/html/2021-03/26/content_51291857.htm.

重庆能投渝新能源有限公司松藻煤矿（以下简称松藻煤矿）位于重庆市綦江区，隶属于重庆市能源投资集团有限公司（以下简称重庆能投集团）所属重庆能投渝新能源有限公司（以下简称渝新能源公司），经济性质为国有，核定生产能力110万吨/年，2020年计划生产原煤100万吨，1—9月生产原煤78.65万吨。事故发生前煤矿处于正常生产状态，属证照齐全的生产矿井。松藻煤矿井田面积14.8612平方千米，倾角20°~40°，属无烟煤，开采煤层为自燃煤层，煤层无爆炸危险性。事故地点位于二号大倾角带式输送机运煤上山，该上山斜长919米、倾角28°、断面12.032平方米。该输送机卸载滚筒下方安设有堆煤传感器，上方安设有洒水装置，沿线安设有语音通信信号装置、拉线急停闭锁装置，机头和机尾等处安设有跑偏传感器，驱动滚筒下风侧10米处安设有烟雾传感器，驱动滚筒、改向滚筒及盘式制动器安设有温度传感器，驱动滚筒上方安设有电动阀洒水装置，驱动滚筒附近安设有速度传感器，+5米煤仓受煤点处安设有撕裂保护，机尾张紧小车上方安设有张紧力下降限位保护。经调查分析，烟雾传感器未报警的原因为传感器的通信线缆在达到报警值之前被高温气流烧坏，或者在事故前已经失效。其他保护装置在火灾中被烧毁，不能查证在事故中是否发挥作用。

一、事故经过

9月27日夜班，矿井374人入井，安全副矿长下井带班。事故当班，机电一队安排桂某学等7人在二号大倾角带式输送机运煤上山‑150米至‑75米段安装溜槽、清理浮煤，邓某负责二号大倾角带式输送机运转监护。事故当班井下其他主要作业地点有4个采煤工作面割煤作业，1个工作面安装作业，1个采煤工作面施工锚网梁索、补设挡矸网等预处理作业。五六区主要回风巷、三号人行下山上平巷等11个地点掘进作业。8个地点施工瓦斯抽采钻孔作业。

27日0时19分，二号大倾角带式输送机运转监护工邓某（在事故中死亡）发现输送带存在问题（电话录音中未说明具体问题），电话通知地面集控中心值班员张某停止二号大倾角带式输送机运行。0时20分，向机电一队值班副队长王某电话报告二号大倾角带式输送机运煤上山下方正在冒烟。0时21分，通风调度值班员孙某听见安全监控系统发出报警语音，经报告、现场核查，发现一氧化碳浓度超标。值班调度长接到电话报告后，立即赶到调度室指挥通知井下所有区域撤人，并依次向值班矿领导、机电副矿长、矿长等人电话报告事故情况，并召请松藻矿山救护大队到矿救援。

0时40分至1时，矿领导及相关部门负责人先后赶到调度室，成立了事故救援指挥部，启动应急救援预案，清点井下人员，准备井下人车等应急救援工作。渝新能源公司松藻矿山救护大队接到松藻煤矿调度员事故召请电话后，共出动松藻和南桐2支救护大队共18个小队、130名救护指战员，经过12小时46分全力灭火、救援，共搜救和组织撤离遇险人员86名，搜救遇难人员16名。

9月27日10时15分，事故当班入井的374人中358人陆续从5号进风井、+335米主平硐出井。13时51分，16名遇难者全部运送至地面。

## 二、事故原因

### （一）直接原因

松藻煤矿二号大倾角带式输送机运煤上山输送带下方煤矸堆积，起火点标高处回程托辊被卡死、磨穿形成破口，内部沉积粉煤（图28-2）。磨损严重的输送带与起火点回程托辊滑动摩擦产生高温和火星，点燃回程托辊破口内积存粉煤。带式输送机运转监护工发现输送带异常情况，电话通知地面集控中心停止带式输送机运行，紧急停机后静止的输送带被引燃，输送带阻燃性能不合格、巷道倾角大、上行通风，火势增强，引起输送带和煤混合燃烧。火灾烧毁设备，

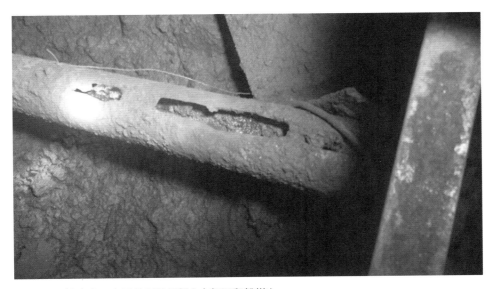

图28-2　被磨穿、卡死的回程托辊（内部沉积粉煤）

破坏通风设施，产生的有毒有害高温烟气快速蔓延至采煤工作面，造成重大人员伤亡。

（二）间接原因

（1）矿井重生产轻安全。松藻煤矿二号大倾角带式输送机于2019年1月更换投入使用，输送带实际使用了1年零8个月就磨损严重，该矿计划在国庆节停产检修期间更换。2020年9月，机电一队领导多次向煤矿矿长、机电副矿长等报告二号大倾角带式输送机巷浮煤多，回程托辊、上托架损坏变形严重等问题和隐患。煤矿矿长召开现场会，决定对二号大倾角带式输送机运煤上山进行整治，但要求整治工作不能影响带式输送机运煤；9月6日，机电副矿长再次到现场召开会议，研究落实整改工作。但矿级领导红线意识缺失、重生产轻安全，均未实施停产整治，致使带式输送机巷隐患未彻底消除，最终导致事故发生。

（2）矿井安全管理不规范。二号大倾角带式输送机运煤上山防止煤矸洒落的挡矸棚日常维护不及时，变形损坏，导致输送带运行中洒煤严重，又未及时清理，造成输送带下部煤矸堆积多、掩埋甚至卡死回程托辊，少数回程托辊被磨平、磨穿，已磨损严重的输送带与卡死的回程托辊滑动摩擦起火。松藻煤矿没有按规定检查输送带下方的浮煤堆积、金属挡矸棚损坏等情况。对该带式输送机巷长期存在的问题，煤矿安全检查人员未及时发现并消除隐患，致使输送带长时间"带病"运行。应急救援装备可靠性差，经事故区域现场勘查，压风自救装置存在面罩供气管过软，易老化、扭结等情况，1组压风自救装置供气管路有积水，已使用的12台压缩氧自救器中1台开关损坏、3台漏气、2台压力表损坏。

（3）松藻安全管理中心安全监督管理责任不落实。安全风险分析辨识和评估不全面，未对矿井带式输送机输送带火灾风险进行分析研判。对矿井安全监督管理不到位，隐患排查治理不深入，安全检查不全面、针对性不强。2020年，松藻安全管理中心对松藻煤矿开展检查90次，但均未到二号大倾角带式输送机运煤上山检查。渝新能源公司所属其他煤矿发生带式输送机断带事故后，中心未按公司通报要求对二号大倾角带式输送机运煤上山钢丝绳芯带式输送机进行检查。

（4）渝新能源公司安全管理弱化。公司业务部门和安全管理中心管理职责不清晰，权责不统一，造成安全责任不落实。近年来事故多发，吸取事故教训不深刻，未采取有效措施加强和改进煤矿安全生产工作。机运安全管理制度不完善，未认真督促煤矿全面开展隐患排查治理，致使带式输送机浮煤矸堆积、托辊损坏、输送带磨损严重等隐患未及时消除。公司所属其他煤矿发生带式输送机断带、断轴事故后，虽然下发了事故通报，但未举一反三全面排查整治带式输送机事故隐患。

（5）重庆能投集团督促煤矿安全生产管理责任落实不到位。集团对煤矿安全实行四级管理，职能交叉、职责不清，责任落实层层弱化。近年来煤矿事故多发，吸取事故教训不深刻，未按集团规定正常召开安全生产例会，未认真分析解决安全生产被动局面的系统性问题和深层次矛盾。对渝新能源公司煤矿安全工作疏于管理，对近年来发生的重伤或者重大非伤亡及以上事故未按照集团规定对二级公司进行通报问责。

（6）带式输送机使用的输送带质量不合格。经对事故地点的输送带取样送检和对输送带采购环节进行专项调查，该输送带为假冒伪劣产品。重庆能投集团物资有限责任公司存在物资采购制度不健全，采购询价和交货验收违规等问题。

（7）属地管理及监管监察工作效能不高。对重庆能投集团吸取事故教训不深刻，安全责任逐级弱化等问题督促不够，督促指导煤矿企业安全风险研判和隐患排查治理不够全面，推动煤矿企业落实安全生产主体责任不够有力。

### 三、责任追究

依据《中国共产党问责条例》《中国共产党纪律处分条例》《中华人民共和国监察法》和《中华人民共和国公职人员政务处分法》等有关规定，事故中涉嫌违纪、职务违法、职务犯罪的37名公职人员被严肃追责问责。按照干部管理权限，重庆市纪检监察机关对重庆市能源投资集团有限公司、市国资委、市应急管理局、綦江区人民政府等34名责任人员进行处理，其中4人涉嫌严重违纪违法被纪检监察机关立案审查调查，移送司法机关追究刑事责任，22名公职人员存在失职失责问题被给予党纪政务处分，8人被予以组织处分。事故涉及的重庆煤矿安全监察局3名责任人员按干部管理权限移送中央纪委国家监委驻应急管理部纪检监察组处理。

（一）被移送司法机关处理人员（4人）

（1）重庆能投渝新能源有限公司松藻煤矿机电运输科科长，开除党籍、开除公职，移送司法机关处理。

（2）重庆能投新能源有限公司松藻煤矿党委委员、副矿长，开除党籍、开除公职，移送司法机关处理。

（3）重庆能投渝新能源有限公司松藻煤矿党委委员、矿长，开除党籍、开除公职，移送司法机关处理。

（4）重庆市能源投资集团有限责任公司供应部副部长，给予党籍、公职处分，移送司法机关处理。

（二）被给予党纪政务处分及组织处理人员（30人）

1.市管干部（6人）

（1）重庆市能源投资集团有限公司党委委员、副总经理，给予政务记大过处分，免去党委委员、副总经理职务。

（2）重庆市能源投资集团有限公司党委副书记、总经理，给予政务警告处分。

（3）重庆市能源投资集团有限公司党委书记、董事长，给予党内严重警告处分，免去党委书记、董事长职务。

（4）重庆市綦江区人民政府党组成员、副区长，被责令向重庆市人民政府做出书面检查。

（5）重庆市应急管理局副局长，给予书面诫勉处理。

（6）重庆市国资委党委委员、副主任，被责令向重庆市人民政府做出书面检查。

2.企业及有关人员（24人）

分别被给予警告、记过、记大过、留党察看、降级、撤销党内职务、政务撤职等处分。

（三）移送中央纪委国家监委驻应急管理部纪检监察组处理人员（3人）

（1）重庆煤矿安全监察局渝南监察分局安全监察二室主任，给予行政警告处分。

（2）重庆煤矿安全监察局渝南监察分局党总支委员、局长，责令向重庆煤矿安全监察局党组做出书面检查。

（3）重庆煤矿安全监察局安全监察处处长，在其他安全事故中负有重要领导责任，合并处理，给予行政警告处分。

## 四、专家点评

（一）经验教训

这起事故发生在煤矿，但对于使用煤炭作为原料的生产企业，如火力发电厂、煤化工、煤焦化厂、煤气生产企业等单位，同样具有警示作用。事故的主要教训有以下几个方面：

（1）企业对运煤系统的消防安全检查、评估不全面，没有充分认识到运煤系统的火灾风险。例如，对该带式输送机巷长期存在的问题，煤矿安全检查人员未及时发现并消除隐患，致使输送带长时间"带病"运行；松藻安全管理中心未对矿井带式输送机输送带火灾风险进行分析研判，多次检查均未涉及事故地点；未及时吸取同类事故教训等。

（2）企业存在典型的重生产、轻安全思想，安全整治工作让位于企业生产，整改隐患风险严重滞后，不及时、不到位。例如，虽经生产一线人员多次报告，煤矿领导才组织整治，但依然认为整治工作不能影响带式输送机运煤生产。

（3）使用不合格阻燃输送带。经对事故现场二号大倾角带式输送机运煤上山未燃烧的部分输送带裁取样本，委托国家煤矿防尘通风安全产品质量监督检验中心进行鉴定，其中一份样本"滚筒摩擦试验"不合格，另一份样本"滚筒摩擦试验""酒精喷灯燃烧试验"不合格。

（二）意见建议

运煤系统的设备主要是带式输送机。输送带依靠电动传输机的带动，在输送带辊上运动以运输物料。若输送带辊转动不畅，长时间摩擦产生的高温会导致输送带及其运输物品燃烧起火。除了摩擦生热，运煤系统因煤炭自燃、机械故障、电气设备等导致的火灾也时有发生。目前，带式输送机运煤主要有敞开式、半敞开式和全封闭三种方式，运煤栈桥在工作期间仅有少量人员进行巡检，加上廊道距离长、环境恶劣，初期火灾往往较难发现，待发现时，基本已经开始猛烈燃烧。因此，运煤系统应当做到火灾早发现，早施救，保疏散。

（1）做好运煤系统的早期火灾探测。《煤化工工程设计防火标准》（GB 51428）、《火力发电厂与变电站设计防火标准》（GB 50229）等国家标准规定，在运输褐煤或易自燃的高挥发分煤种时，从储煤设施取煤的第一条带式输送机上应设明火监测装置。地下煤储运设施或煤储运系统的地下部分，应设可燃气体检测报警装置。储煤库等煤储量、存量较大的区域和场所，还应设置温度检测报警装置。

（2）配备相应的灭火设施、设备。目前，国内煤炭储运系统的灭火方式，主要是在运煤系统中设置自动喷水灭火系统灭火，并结合水幕系统将廊道火灾分段控制，辅以室内外消火栓系统冷却和扑救初期火灾，也可以采用高倍数泡沫灭火系统。

（3）提高生产设施、设备的安全性能。如采用符合阻燃性能要求的输煤皮带；设置除尘、降尘设备；采取可靠的静电接地和防雷设施；按要求设置防爆电气线路、设备；设置防爆安全门；采取惰化保护措施；设置紧急停车装置等。

（4）加强设施设备的维护、管理。按照《中华人民共和国消防法》《中华人民共和国安全生产法》《煤矿安全规程》等法律法规、规定的要求，定期对相关生产设施、设备进行检查、维护，聘请有能力或有资质的技术服务机构进行全面检测、维保。对于检查、维护过程中发现的问题，应当开辟单位内部的"绿色通道"，优先进行解决。

**扩展阅读**　　煤储运场所的火灾危险主要有：①易自燃：煤的挥发分越高，越容易自燃，其自燃点为300~700℃。②易被其他火源点燃：煤属于可燃固体，火灾危险性为丙类，运输过程中易被热源、火源点燃；长期存放的煤堆瓦斯含量相当高，也容易被外来火源如飞火等低能量点火源点燃。③易中毒：煤炭在分解、燃烧过程中会产生大量CO以及其他各种有毒、有害气体，导致在场人员中毒。④易坍塌：煤炭储运建筑往往为钢结构，耐火等级相对较低，发生火灾后长时间受热很容易坍塌导致伤亡扩大。⑤易爆炸：煤炭本身的可挥发物质如果因通风不畅聚集在受限空间，容易发生闪爆。⑥难施救：由于存量大、内部易蓄热等特点，其储存场所用水扑救较为困难。

**关联文献**　　《煤矿安全规程》（国家安全生产监督管理总局令第87号）

《煤化工工程设计防火标准》（GB 51428）

《火力发电厂运煤设计技术规程》（DL/T 5187）

# 2017年广东省莆田市仙游县莆永高速 "5·18" 冷藏车火灾事故①

## ——轮胎摩擦起火致车厢爆炸

2017年5月18日5时10分许，福建省莆田市仙游县莆永高速大济段一辆重型半挂冷冻车着火，造成2名消防员牺牲。事故现场如图29-1所示。

图29-1 莆永高速 "5·18" 火灾事故现场

着火车辆为冷藏集装箱半挂车。冷藏集装箱外部长14.8米、宽2.42米、高2.82米，额定载重33.5吨，实际载重28吨，运输的货物为袋装冷冻鸡肉。挂车车厢前端安装有一台制冷机（型号MICRO- LINK 2，机体外部喷涂R-134a制冷剂字样）。车厢外制冷机表面未过火，拆除车厢内壁钢板，制冷机的冷凝铜管均未变形，无破口。车载制冷剂为R-134a氟利昂（四氟乙烷，无色气体，有微芳香味，不燃），现场测试完好无泄漏，额定充装剂量3.96千克。集装箱隔热保温层由彩钢板和聚氨酯材料构成。起火半挂车情况如图29-2所示。

① 资料来源：田桂花，房三虎，鲁志宝，等．一起冷冻运输车辆起火爆炸事故分析 [J]．消防科学与技术，2018（1）：132-135.

图29-2　莆永高速"5·18"火灾事故起火半挂车情况

## 一、事故经过

2017年5月18日5时10分许，福建省莆田市仙游县莆永高速大济段一辆重型半挂冷冻车着火，其后部两侧轮胎猛烈燃烧。消防官兵到达现场后实施灭火，火势很快得到控制，但灭火后期事故车辆挂车密闭厢体突然发生爆炸，厢体左右两侧向外膨胀隆起，后厢门被冲击波冲开，致使2名在车体后方收整水带的消防员身受重伤，送医院抢救无效牺牲。

## 二、事故原因

（一）直接原因

半挂牵引车及拖挂的重型集装箱半挂车在行驶过程中，由于重型集装箱半挂车左中轮制动蹄片回位弹簧的弹性失效，造成该轮在每次制动后制动摩擦片无法及时彻底回位，在正常行驶中制动摩擦片与制动轮毂产生经常性摩擦，导致制动轮毂及轮胎钢圈的温度不断上升直至引燃轮胎。

（二）爆炸原因的分析认定

经现场勘验，并对该车制冷装置的制冷剂进行气密性测试，车载制冷剂无泄漏，没有引起爆炸的可能。勘验详细清理了车厢货物，除冷冻鸡肉块外，未发现有其余货品，因此，排除车内装载其他易燃易爆物品引起爆炸的可能。依据天津消防科研所《火灾物证技术鉴定报告》以及现场勘验痕迹分析，爆炸原因系：冷冻半挂车双侧轮胎燃烧后，后半段车厢体经过30多分钟灼烧，使车厢内聚氨酯保温泡沫受热分解出易燃易爆气体（实验显示，300℃加热硬质聚氨酯泡沫塑料，分解物的主要成分为苯胺以及含苯化合物和若干有机酸、酯，这些分解产物的爆炸极限在1.2%~14.5%之间。苯胺的理化性质：分子式$C_6H_7N$，无色油状液体，闪点70℃，高毒，第6.1类毒害品），这些气体在密闭的车厢内部形成爆炸性混合气体，遇高温或明火导致爆炸。

## 三、责任追究

驾驶人员王某、孟某二人涉嫌交通事故罪。

## 四、专家点评

### （一）经验教训

（1）冷藏车的火灾危险性没有得到充分重视。机动车火灾事故主要来自三个方面：一是汽车本身故障引起火灾，如电气系统引发火灾，燃油系统引发火灾，燃气泄漏引发火灾，电池故障引发火灾，机械部件故障引发火灾，车辆其他部件故障引发火灾等；二是外来火源引起机动车火灾，如烟头、玩火、放火及电焊、静电等原因引发火灾；三是操作不当或交通事故引发火灾，如轮胎摩擦引发火灾，燃料加注不规范引发火灾，偷油、倒油不慎引发火灾，随车设施、设备操作不慎或误操作引发火灾，行驶过程碰撞、刮擦、翻覆引发火灾等。货车在行驶过程中起火屡见不鲜，但冷藏车发生爆炸实属罕见，消防救援人员彼时对此类事故还知之甚少。

（2）基于冷藏车数量增加，此类事故风险也在不断加大。随着我国冷链物流的快速发展，冷链物流需求急剧增长，冷藏车数量也在不断增加。据统计，截至2019年，我国冷藏车数量已达到21.3万辆，目前还在以每年约20%的数量增加。冷藏车数量的不断增加，客观上增加了此类事故风险。

（3）部分制冷剂具有火灾危险性。从冷藏车的制冷方式上看，可以分为有源型制冷和无源型制冷两种方式。有源型制冷依靠制冷剂和压缩机组制冷；无源型制冷方式也叫作蓄冷方式，依靠相变蓄冷材料来维持低温恒定。根据《冷链物流信息管理要求》（GB/T 36088），冷链物流分为环境温度小于−50℃的超低温物流，小于−18℃的低温物流，−2~2℃的冰温物流，0~10℃的冷藏物流，以及10~25℃的控温物流。按照不同的制冷要求，市面上的制冷剂或蓄冷剂也各不相同。目前，我国大部分制冷车辆采用的都是有源制冷方式，常见的制冷剂主要是ODS（消耗臭氧层物质）或其环保替代产品R22（二氟一氯甲烷，市场约占60％）、R410（二氟甲烷与五氟乙烷的准共沸混合物，市场约占15％）、R23（二氟甲烷，市场约占10％）、R134a（四氟乙烷，市场约占10％）以及氨、二氧化碳等。其中，除R23、氨具有较大燃烧、爆炸危险性外，其余制冷剂化学性质相对稳定，但在受高温作用时也会分解出有毒有害气体。无源制冷车采用的有机相变蓄热材料，基本为烷烃、醇、酸等，火灾危险性相对较大。

（4）保温材料具有火灾危险性。由于冷藏车具有保温要求，一般会使用填充了保温材料的双层金属隔板作为壳体，而其中填充的保温材料往往易燃、可燃（目前常用的绝大部分是聚氨酯泡沫塑料），增加了此类车辆火灾的危险性。

（二）意见建议

（1）在采买、使用冷藏车辆时，需充分了解其火灾危险性。一是要看制冷剂或蓄冷材料是否属于易燃、可燃物质；二是看保温材料是否是难燃、不燃材料或是否经过了阻燃处理；三是在日常运行中经常进行检查，如果出现制冷剂泄漏、制冷机组工作异常、保温外壳破损，应当立即进行维修；四是一旦发生火灾，要告知救援人员相关制冷剂和保温材料的信息，防止救援过程中出现人员伤亡。

（2）完善此类事故的处置规程。有关部门和运输单位在制定涉及使用聚氨酯泡沫塑料作为保温材料的车辆火灾事故灭火预案时，首先需考虑破除潜在的封闭空间，防止火灾后期次生灾害——爆炸的发生。应充分考虑密闭环境中聚氨酯保温材料析出可燃爆炸气体发生爆炸的可能性，并加强安全防范，无论明火是否扑灭，救援人员和司乘人员严禁在爆炸泄压口（如车厢门、冷库门）附近停留。

**扩展阅读**

可燃气体、蒸气和粉尘与空气在一定的浓度范围内均匀混合，遇火源就会发生爆炸，这个浓度范围称为爆炸极限。可燃性混合物的爆炸极限有爆炸（着火）下限和爆炸（着火）上限之分。上限指可燃性混合物能够发生爆炸的最高浓度。在高于爆炸上限时，空气不足，导致火焰不能蔓延，则不会爆炸，但能燃烧。下限指可燃性混合物能够发生爆炸的最低浓度。由于可燃物浓度不够，在低于爆炸下限时不爆炸也不着火。可燃性混合物的爆炸极限范围越宽，爆炸下限越低和爆炸上限越高时，其爆炸危险性越大。这是因为爆炸范围越宽则出现爆炸条件的机会就多；爆炸下限越低则可燃物稍有泄漏就会形成爆炸条件；爆炸上限越高则有少量空气渗入容器，就能与容器内的可燃物混合形成爆炸条件。可燃性混合物的浓度高于爆炸上限时，虽然不会爆炸，但当它从容器或管道里逸出，重新形成爆炸混合物时仍有发生着火、爆炸的可能[①]。

**关联文献**

《道路运输 食品与生物制品冷藏车安全要求与实验方法》（GB 29753）

《制冷剂编号方法和安全性分类》（GB/T 7778）

《制冷系统及热泵 安全与环境要求》（GB 9237）

《家用和类似用途电器的安全 带嵌装或远置式制冷剂冷凝装置或压缩机的商用制冷器具的特殊要求》（GB 4706.102）

---

① 王钏. 彩涂生产线固化炉安全性分析 [J]. 制造业自动化，2009（2）：121–123.

# 第七部分
## 典型危险化学品及运输火灾事故

近 10 年间，与危险化学品有关的火灾、爆炸事故越来越成为各地、各级关注的重点，是各类火灾事故中单起平均死亡人数最高的一类。

从该类重特大火灾事故案例的历史发生地分布来看，主要是山东、河北、江苏等 15 个省、市，其中山东省最多，河北省和江苏省次之。

从事故发生场所来看，企业事故占比最多，高达七成，其余为高速公路、商业街或商贸中心、建设工地和高校。生产和储存过程是危险化学品火灾事故发生的主要类型，道路运输是多发类型。

从危险化学品火灾事故发生过程的构成上来看，危险化学品处于生产阶段发生事故的占比约四成，事故发生在储存阶段的占比约四分之一，道路运输和管道运输案例占比共约四分之一，危险化学品使用不当的占比逾一成。

危险化学品事故的直接原因主要有：一是意外泄漏，易燃液体、可燃气体等遇到火源后起火或发生爆炸事故。如 2017 年吉林省松原市燃气管道泄漏爆炸事故，造成 7 人死亡、85 人受伤。二是运输过程中发生交通事故次生火灾爆炸。如 2012 年广东省广州市广深沿江高速公路危险化学品泄漏爆炸事故，造成 20 人死亡、31 人受伤；2014 年山西省晋城市晋济高速公路岩后隧道危险化学品燃爆事故，造成 40 人死亡、12 人受伤。三是违规储存，发生自燃进而引发爆炸事故。如 2015 年天津港危险品仓库特别重大爆炸事故，造成 165 人死亡、798 人受伤；2019 年江苏响水天嘉宜化工有限公司特别重大爆炸事故，造成 78 人死亡、76 人重伤、640 人住院治疗。四是违规操作。如 2018 年宜宾市江安县阳春工业园区内的宜宾恒达科技有限公司因误操作发生重大爆炸着火事故，造成 19 人死亡、12 人受伤，直接经济损失 4100 余万元。

本部分选取 10 个较为典型的案例进行剖析、点评。

# 案例30

## 2014年晋济高速公路山西晋城段岩后隧道"3·1"特别重大事故[①]

### ——交通拥堵致两车追尾甲醇泄漏

2014年3月1日14时45分许，位于山西省晋城市泽州县的晋济高速公路山西晋城段岩后隧道内，两辆运输甲醇的铰接列车追尾相撞，前车甲醇泄漏起火燃烧，隧道内滞留的另外两辆危险化学品运输车和31辆煤炭运输车等车辆被引燃引爆，造成40人死亡、12人受伤和42辆车烧毁，直接经济损失8197万元。现场情况如图30-1所示。

图30-1　隧道火灾事故现场

---

① 资料来源：应急管理部. 晋济高速公路山西晋城段岩后隧道"3·1"特别重大道路交通危化品燃爆事故调查报告 [EB/OL].[2014-06-10].https://www.mem.gov.cn/gk/sgcc/tbzdsgdcbg/2014/201406/t20140610_245221.shtml.

事故发生在晋济高速公路（国家高速公路网二连浩特至广州主干线山西晋城段）山西晋城至河南济源方向的岩后隧道内K9+605.305处。该隧道为左右分离式，事发隧道（右洞）长786.875米，隧道进口段（K9+574.125至K10+265.319）位于直线上，出口段（K10+265.319至K10+361）位于半径为835米的平曲线上，隧道纵坡为2.2%。隧道建筑限界为净宽9.75米，限高5米，隧道内轮廓采用半径为5.29米的单心圆曲墙式断面。隧道围岩属二、三、四类，采用复合式衬砌，路面铺装为4厘米加6厘米改性沥青混凝土。隧道内设有人行横洞一处（右线里程桩号为K10+000.000），与隧道左洞相通，长35米，宽2.4米，用于维修、养护和消防救援；人行横洞两端设计可开启的钢质卷闸门，隧道正常运营时关闭。岩后隧道左右洞均采用自然通风；隧道内每50米设置一组消防箱，内置4具手提式灭火器。

距岩后隧道右洞出口3849米、距天井关隧道右洞出口1411米处，设有泽州收费站和晋济高速公路煤焦管理站。泽州收费站是晋济高速公路的省际收费站，2008年12月投入使用，出晋方向设有9个收费车道，其中煤焦车辆专用收费通道5个，其他车道4个（含ETC车道1个），在煤焦车辆专用收费通道与其他收费车道之间设置了隔离设施，煤焦管理站和泽州收费站同时建成投入使用。煤焦管理站在泽州收费站煤焦车辆专用收费通道前设立指挥岗，用于查验和指挥煤焦车辆进入煤焦车辆专用收费通道；煤焦车辆专用收费通道后设有磅房操作岗、验票岗。

## 一、事故经过

2月28日17时50分，晋济高速公路全线因降雪相继封闭，3月1日7时10分，交通管制措施解除。3月1日11时起，事故路段车流量逐渐增加。13时，持续出现运煤车辆在右侧车道和应急车道排队等候通行情况。

14时43分许，豫HC2923/豫H085J挂铰接列车装载29.66吨甲醇进入岩后隧道。14时45分许，晋E23504/晋E2932挂铰接列车装载29.14吨甲醇行驶至岩后隧道与豫HC2923/豫H085J挂铰接列车追尾。碰撞后，地面泄漏的甲醇起火燃烧。

晋城消防支队指挥中心接警后，先后调派7个公安消防中队、9个专职消防队共400名官兵、44辆消防车赶赴现场，山西省消防总队调集相邻的长治、临汾两市消防支队共29名官兵、5辆消防车到场增援。14时51分，交警部门接警到场后采取现场警戒、交通管制措施，配合消防、卫生部门开辟救援通道，并开展控制肇事车辆司乘人员、登记逃生人员等工作。3月2日0时10分，现场指挥部决定组成攻坚组从人行横洞进入隧道，分别向隧道南、北两侧梯次进攻灭火。3时30分，后车罐体内甲醇导出转移；9时30分，人行横洞以北隧道内大火被基本扑灭；3月3日18时，隧道内大火被全部扑灭。

接报后，晋城市委市政府有关领导同志率领相关部门相继抵达岩后隧道入口，成立了以晋城市常务副市长为总指挥的晋城市现场抢险救援指挥部，调派增援力量并部署有关单位进一步做好现场控制、人员搜救、伤者救治、疏散安置、环境保护、应急保障、善后维稳等有关工作。此次事故抢险共组织救援力量1000余人，投入各类救援车辆300余台次，紧急调运灭火用水9300余吨，清运煤炭1200余吨，吊装拖运烧毁车辆42辆。

### 二、事故原因

（一）直接原因

晋E23504/晋E2932挂铰接列车在隧道内追尾豫HC2923/豫H085J挂铰接列车，造成前车甲醇泄漏，后车发生电气短路，引燃周围可燃物，进而引燃泄漏的甲醇。

经认定，在晋E23504/晋E2932挂铰接列车追尾碰撞豫HC2932/豫H085J挂铰接列车的交通事故中，晋E23504/晋E2932挂铰接列车驾驶员负全部责任。

（二）间接原因

（1）运输企业主体责任不落实。存在"以包代管"问题，没有按照设计进行介质充装，驾驶员和押运员习惯性违章操作，罐体底部卸料管根部球阀长期处于开启状态。

（2）煤焦管理站违反设计要求设置指挥岗，加重了车辆拥堵。拥堵发生后，未主动协调配合收费站等单位对车辆进行疏导。

（3）车辆生产单位生产销售不合格产品。半挂车罐体未安装紧急切断阀，车辆未经过检验机构检验销售出厂。

（4）有关交通运输管理部门，对危险化学品运输车辆行车记录仪终端长时间无法运行、从业人员安全教育培训走形式等问题监管不力、执法不严，督促企业整改安全隐患不到位。

（5）高速公路管理部门信息监控中心发现道路拥堵后，未按应急响应要求及时通知高速交警、煤焦管理站，也未对拥堵情况进行跟踪和处理；泽州收费站未主动向煤焦管理站提出疏导措施建议。

（6）高速交警部门在拥堵情况出现后，对事故路段交通巡查、疏导不力，未积极主动协调泽州收费站、煤焦管理站等相关单位采取有效措施疏导车辆。

（7）检验机构对未安装紧急切断阀的罐体违规出具检验报告。

## 三、责任追究

（一）被司法机关采取措施人员（33人）

（1）道路运输管理部门9人涉嫌玩忽职守罪。

（2）高速公路管理部门3人涉嫌玩忽职守罪、滥用职权罪。

（3）高速交警部门2人涉嫌玩忽职守罪。

（4）质量技术监督部门2人涉嫌滥用职权罪、受贿罪。

（5）高速公路有限责任公司1人涉嫌玩忽职守罪。

（6）高速公路信息监控中心1人涉嫌玩忽职守罪。

（7）3个检验机构3人涉嫌玩忽职守罪、滥用职权、行贿和提供虚假证明文件罪。

（8）肇事车辆驾驶员、押运员等4人被批准逮捕。

（9）物流公司2人被逮捕。

（10）运输公司5人被逮捕。

（11）肇事车辆实际车主被司法机关取保候审。

（二）被给予党纪政纪处分人员

各级党政机关、行政管理部门共计33人受到党纪政纪处分。

## 四、专家点评

（一）经验教训

（1）超载影响刹车制动。晋E23504/晋E2932挂铰接列车在进入隧道后，驾驶员未及时发现停在前方的豫HC2932/豫H085J挂铰接列车，距前车仅5~6米时才采取制动措施；晋E23504牵引车准牵引总质量（37.6吨），小于晋

E2932挂罐式半挂车的整备质量与运输甲醇质量之和（38.34吨），存在超载行为，影响刹车制动。

（2）车辆安全装置缺失。追尾造成豫H085J挂半挂车的罐体下方主卸料管与罐体焊缝处撕裂，该罐体未按标准规定安装紧急切断阀，造成甲醇泄漏。湖北东特车辆制造有限公司生产销售的"晋E2932挂"半挂车的罐体，以及河北昌骅专用汽车有限公司生产销售的"豫H085J挂"半挂车的罐体和"豫U8315挂"半挂车的罐体均未安装紧急切断阀，不符合《道路运输液体危险货物罐式车辆　第1部分：金属常压罐体技术要求》（GB 18564.1）的规定，属于不合格产品；车辆未经过检验机构检验销售出厂，不符合《危险化学品安全管理条例》的规定。

（3）道路交通拥堵疏导不力。拥堵发生后，晋济高速公路煤焦管理站未主动协调配合收费站等单位对车辆进行疏导。晋城高速公路有限责任公司作为晋济高速公路的运营管理单位，对晋济高速公路煤焦管理站在泽州收费站前方违规设立指挥岗的请求采取默许态度，未予制止，在信息监控中心发现道路拥堵后，未按应急响应要求及时通知高速交警、煤焦管理站，也未对拥堵情况进行跟踪和处理。泽州收费站未主动向煤焦管理站提出疏导措施建议。

（4）危险化学品车辆运输监管存在漏洞。有关道路交通管理部门未能及时发现并纠正危险货物车辆挂靠经营问题，对有关物流运输企业存在的行车记录仪终端长时间无法运行、从业人员安全教育培训走形式等问题监管不力、执法不严，督促企业整改安全隐患不到位。山西省锅炉压力容器监督检验研究院、河南省正拓罐车检测服务有限公司对涉事不合格罐体违规出具了"允许使用"的委托检验报告。

（二）意见建议

随着社会经济活跃程度提高，各类危险化学品运输车辆也不断增多。据统计，至2019年底，我国从事危险货物道路运输的车辆约37.5万辆，每年达到7亿吨以上，占运输总量的70%。每年发生的危险化学品事故中，运输事故占30%~40%，主要为交通事故引起，其中单车事故约44.1%，追尾、碰撞事故约为38.7%。例如，2012年8月26日，陕西包茂高速公路一大客车驾驶员疲劳驾驶追尾前方罐车引发甲醇泄漏导致两车起火，造成36人死亡，3人受伤；2017年5月23日，河北省保定市张石高速保定段石家庄方向浮图峪五号隧道内发生一起运输氯酸钠车辆的爆燃事故，造成15人死亡、3人重伤、16人轻伤，9车、

43间民房受损，直接经济损失4200余万元；2017年6月5日，山东省临沂市金誉石化装卸区内一辆液化气运输车在卸车过程中液化气泄漏，导致爆炸着火事故，造成10人死亡、9人受伤，直接经济损失4468万元。对此提出以下建议：

（1）严控危险货物运输车辆的安全质量。运输企业和监管部门应当逐台核查危险货物运输车辆的出厂合格证明，尤其是对常压罐式危险货物运输车辆加装紧急切断装置情况，应当进行全面排查整改。否则应依法取消车辆营运资格，收回危险货物道路运输证。对于违规出具检验检测报告的机构，应当依法严惩。

（2）严格危险货物运输企业、车辆和从业人员管理。企业要防止"包而不管、挂而不管、以包代管、以挂代管"情况发生；运输企业应当建立完善的驾驶员、押运员安全培训、考核制度和录用、淘汰机制，把不具备相应资质、安全培训不合格和安全记录不良的人员彻底排除在外；严把运输车辆采购、准入关，按要求设置标识、标志，定期检测检验、维护保养，保持营运车辆技术状况良好，按照规定安装卫星定位装置，并且监控数据准确、实时、完整地传输。

（3）加强公路安全设施建设和行政管理，尤其是隧道安全管理。增设和完善灯光照明、通风排烟、防撞护栏、紧急避险车道和交通警示标识、逃生指示标识等隧道安全基础设施，严控车速；加装监控视频、声光报警、应急广播、应急按钮等监测预警设施，保证隧道内人员能够及时获知危险信息、避险逃生；对易造成隧道交通拥堵的公路隧道沿线各类检查站、收费站、管理站等进行停用或取消；严厉查处危险货物运输车辆在公路隧道内违法变道、超速超员、疲劳驾驶以及车、证不符等交通违法行为。

（4）加强人工智能、物联网、大数据等先进技术手段的应用。根据分析，超过80%的危运事故与驾驶员的行为相关，近20%的危运事故与车辆自身及附件缺陷、故障相关。应在传统加强安全培训的基础上，提升车辆安全系统的安装使用，如安装全天候运行轨迹监测系统、驾驶员监测系统、车辆防碰撞系统、车道偏离系统等，进行远程实时监控，增加车辆行驶过程中的可视化监管。

（5）完善应急救援机制，减轻灾害损失，防止次生灾害。针对石化企业分布特点及跨境运输危险化学品的种类，建立危险化学品应急救援处置信息平台；组建化工专业应急救援队伍，配备专业救援车辆和高精尖装备器材，开展危险化学品处置等专业技术培训，提升专业处置能力；重点区域配置专业的现场应急检测设备，对泄漏液体、气体类危险化学品进行快速检测。

**扩展阅读**

《道路货物运输及站场管理规定》第六十三条规定,有下列行为之一的,由县级以上道路运输管理机构责令停止经营;有违法所得的,没收违法所得,处违法所得2倍以上10倍以下的罚款;没有违法所得或者违法所得不足2万元的,处3万元以上10万元以下的罚款;构成犯罪的,依法追究刑事责任:①未取得道路货物运输经营许可,擅自从事道路货物运输经营的;②使用失效、伪造、变造、被注销等无效的道路运输经营许可证件从事道路货物运输经营的;③超越许可的事项,从事道路货物运输经营等行为。运输危险货物的车辆,需要按照国家有关规定在货运车辆上安装符合标准的具有行驶记录功能的卫星定位装置。禁止使用报废、擅自改装、拼装、检测不合格以及其他不符合国家规定的车辆从事道路运输经营活动。

**关联文献**

《中华人民共和国道路运输条例》(国务院令第406号)

《道路货物运输及站场管理规定》(交通运输部令2016年第35号)

《危险货物道路运输安全管理办法》(交通运输部令2019年第29号)

《道路运输从业人员管理规定》(交通运输部令2016年第52号)

《道路运输车辆技术管理规定》(交通运输部令2016年第1号)

《交通行政许可实施程序规定》(交通运输部令2004年第10号)

《道路运输危险货物车辆标志》(GB 13392)

《汽车及挂车侧面和后下部防护要求》(GB 11567)

《危险货物道路运输营运车辆安全技术条件》(JT/T 1285)

《危险货物道路运输规则》(JT/T 617)

《公路隧道交通工程设计规范》(JTG/T D71)

# 2015年福建省漳州市腾龙芳烃（漳州）有限公司"4·6"爆炸着火事故①
## ——焊接缺陷致物料泄漏引发爆炸着火

2015年4月6日18时56分，位于福建省漳州市古雷的腾龙芳烃（漳州）有限公司二甲苯装置发生爆炸着火重大事故，造成6人受伤（其中5人被冲击波震碎的玻璃刮伤），另有13名周边群众陆续到医院检查留院观察，直接经济损失9457万元。火灾事故现场概貌如图31-1所示。

图31-1　福建漳州"4·6"火灾事故现场概貌

腾龙芳烃（漳州）有限公司位于漳州市古雷港经济开发区，主要从事生产销售对二甲苯、邻二甲苯、苯、液化石油气及相关石化产品，总投资约138亿元，共16套装置，福建省安监局核准其生产规模为对二甲苯80万吨/年，试生产时间为2014年11月10日至2015年11月9日。但企业实际上按对二甲苯160万吨/年

---

① 资料来源：腾龙芳烃（漳州）有限公司"4·6"爆炸着火重大事故调查报告 [J]. 劳动保护，2015（9）：10–15.

进行设计、建设和试生产，没有按核准规模和经安全设施设计审查的方案进行施工，违反规定超核准规模建设、试生产。

## 一、事故经过

2015年4月6日18时56分，腾龙芳烃（漳州）有限公司二甲苯装置在停产检修后开车时，二甲苯装置加热炉区域发生爆炸着火事故，导致二甲苯装置西侧约67.5米外的2个重石脑油储罐和2个轻重整液储罐爆裂燃烧。4月7日16时40分，储罐明火全部被扑灭，之后部分储罐出现复燃，但均被扑灭。

消防部门共调动269辆消防车、1169名官兵，实施喷水冷却、水幕隔离等措施，冷却保护周边储罐和装置。省军区部分官兵及31集团军120名防化官兵参与救援。救援行动共转移并妥善安置周边群众29096人。漳州市、漳浦县两级政府共调度70台救护车待命、出动16台，共收治事故伤员19名。截至4月13日，受伤人员全部伤愈出院。

事故发生后，福建省立即成立事故现场指挥部，下设现场处置、警戒维稳、伤员救治、群众疏导、信息发布、善后工作、事故调查、后勤保障8个组，分头开展各项工作，并密切监测周边环境，防止环境污染。

## 二、事故原因

（一）直接原因

二甲苯装置开工引料操作过程中出现压力和流量波动，引发液击，存在焊接质量问题的管道焊口作为最薄弱处断裂。管线开裂泄漏出的物料扩散后被鼓风机吸入风道，经空气预热器后进入炉膛，被炉膛内高温引爆，此爆炸力量以及空间中泄漏物料形成的爆炸性混合物的爆炸力量撞裂储罐，爆炸火焰引燃罐内物料，造成爆炸着火事故（图31-2、图31-3）。

（二）间接原因

（1）腾龙芳烃（漳州）有限公司安全观念淡薄，安全生产主体责任不落实。①重效益、轻安全。该公司2013年7月30日发生过加氢装置爆燃事故后，拒不执行省安监局下发的停产指令，违规试生产；超批准范围建设与试生产。②工程建设质量管理不到位。未落实施工过程安全管理责任，对施工过程中的分包、无证监理、无证检测等现象均未发现；工艺管道存在焊接缺陷，留下重大事故隐患。

图31-2 福建漳州"4·6"火灾现场管线损毁情况

图31-3 火灾现场监控图像

③工艺安全管理不到位。一是二甲苯单元工艺操作规程不完善，未根据实际情况及时修订，操作人员工艺操作不当产生液击；二是工艺连锁、报警管理制度不落实，解除工艺连锁未办理报批手续；三是试生产期间，事故装置长时间处于高负荷甚至超负荷状态运行。

（2）施工单位中石化第四建设有限公司违反合同规定，未经业主同意，将项目分包给扬州市扬子工业设备安装有限公司，质量保证体系没有有效运行，质检员对管道焊接质量把关不严，存在管道未焊透等问题。

（3）分包商扬州市扬子工业设备安装有限公司施工管理不到位，施工现场专业工程师无证上岗，对焊接质量把关不严；焊工班长对焊工管理不严；焊工未严格按要求施焊，未进行氩弧焊打底，焊口未焊透、未熔合，焊接质量差，埋下事故隐患。

（4）南京金陵石化工程监理有限公司未认真履行监理职责，内部管理混乱，招收的监理工程师不具备从业资格，对施工单位分包、管道焊接质量和无损检测等把关不严。

（5）岳阳巨源检测有限公司未认真履行检测机构的职责，管理混乱，招收12名无证检测人员从事芳烃装置检测工作，事故管道检测人员无证上岗，检测结果与此次事故调查中复测数据不符，涉嫌造假。

### 三、责任追究

#### （一）被司法机关采取措施人员（13人）

（1）腾龙芳烃（漳州）有限公司法定代表人、董事长（美籍华人），企业安全生产主要负责人职责履行不到位，在项目建设过程中，不按核准的规模和经安全设施设计审查的方案施工，超核准规模建设、试生产；未认真履行施工过程管理职责，对施工方违法分包、监理公司和检测公司聘用无资质人员均未予制止；"7·30"事故后，未认真汲取教训，拒不执行政府相关部门的停产指令，违规试生产，终身不得担任危险化学品企业的主要负责人，由安全生产监管部门处年收入百分之六十的罚款，并由司法机关进一步调查处理。

（2）腾龙芳烃（漳州）有限公司生产副厂长，生产部门的第一安全责任人，未根据实际情况及时组织修订二甲苯岗位工艺操作规程；工艺连锁、报警管理制度不落实，解除加热炉工艺连锁未办理报批手续；事故装置41单元长时间处于高负荷甚至超负荷状态运行；在应急处置过程中指挥不当，4月19日装置充氮保护时芳烃火炬分液罐管道振动导致管托飞出，造成未遂事故，对事故负有主要责任，由司法机关进一步调查处理。

（3）腾龙芳烃（漳州）有限公司生产四部经理，负责事故装置安全生产工作，未及时组织修订岗位工艺操作规程；对操作工的实操培训不到位，未能有效防止液击现象；未有效贯彻落实企业各项制度和管理措施，保证生产安全稳定运行，对事故负有主要责任，由司法机关进一步调查处理。

（4）腾龙芳烃（漳州）有限公司生产三部经理，未落实施工过程安全管理责任，对施工过程中的分包、无证监理、无证检测等现象均未制止或报告；工艺管道存在焊接缺陷，留下事故隐患，对事故负有主要责任，由司法机关进一步调查处理。

（5）腾龙芳烃（漳州）有限公司生产四部内操，在装置开工引料操作过程中涉嫌操作不当，出现压力和流量波动，引发液击，存在焊接质量问题的管道焊口作为最薄弱处断裂，对事故负有主要责任，由司法机关进一步调查处理。

（6）中石化第四建设有限公司腾龙项目部质检员，负责管道施工安装质量管理工作，未落实公司质量保证体系，对管道焊接工程质量把关不严，对事故负有主要责任，由司法机关进一步调查处理。

（7）扬州市扬子工业设备安装有限公司技术员，不具备中级职称，却担任管道焊接的专业工程师，对焊接质量把关不严，对事故负有主要责任，由司法机关进一步调查处理。

（8）扬州市扬子工业设备安装有限公司焊工班长，对焊接质量把关不严，对事故负有主要责任，且在第一次笔录后失联，违反《生产安全事故报告和调查处理条例》第二十六条规定，拒不配合事故调查，由司法机关进一步调查处理。

（9）扬州市扬子工业设备安装有限公司焊工，未按设计文件要求进行氩弧焊打底，焊口有未焊透、部分未熔合等缺陷，违反《石油化工有毒、可燃介质钢制管道工程施工及验收规范》（SH 3501）第7.3.5条、《现场设备、工业管道焊接工程施工规范》（GB 50236）第6.3.6条规定，对事故负有主要责任，由司法机关进一步调查处理。

（10）南京金陵石化工程监理有限公司总监理工程师，未认真履行总监理工程师职责，内部管理混乱，招收的监理工程师不具备从业资格，对施工单位分包、管道焊接质量等把关不严，违反《石油化工建设工程项目监理规范》（SH/T 3903）第5.1.4、5.2.2和9.4.3条规定，对事故负有主要责任，由司法机关进一步调查处理。

（11）南京金陵石化工程监理有限公司监理工程师，未取得监理工程师资格证，监理过程又未认真履行职责，未对该管道焊接施工进行有效监理，违反《石油化工建设工程项目监理规范》（SH/T 3903）第5.1.4、9.2.7和9.4.3条规定，对事故负有主要责任，由司法机关进一步调查处理。

（12）岳阳巨源工程检测有限公司腾龙芳烃项目施工经理，违反《特种设备安全监察条例》（国务院令第549号）第四十四条、第四十六条规定，招收、安排无证检测人员从事无损探伤检测工作，部分管道无损检测结果与此次事故调查中复测数据不符，涉嫌造假，对事故负有主要责任，由司法机关进一步调查处理。

（13）岳阳巨源工程检测有限公司（中国化学工程第四建设公司全资子公司）检测员，无证上岗，违反《特种设备安全监察条例》（国务院令第549号）第四十四条规定，部分管道无损检测结果与此次事故调查中复测数据不符，涉嫌造假，对事故负有主要责任，由司法机关进一步调查处理。

（二）被给予党纪政纪处分人员（11人）

漳州市委、市政府、古雷港经济开发区管委会、古雷港经济开发区管委会经济发展局、漳州市质监局、省锅炉压力容器检验研究院容器管道检验中心、省锅炉压力容器检验研究院漳州分院、漳州市安监局等有关人员被分别给予相应处分。

（三）被查处的其他人员（9人）

腾龙芳烃（漳州）有限公司、中石化第四建设有限公司、扬州市扬子工业设备安装公司、岳阳巨源工程检测有限公司、省锅炉压力容器检验研究院容器管道检验中心等一般干部被分别给予相应处理。

（四）被给予诫勉谈话、责令做出深刻书面检查的人员（6人）

古雷港经济开发区时任党工委、省安监局监管三处、省锅炉压力容器检验研究院、漳州市安监局古雷分局、漳州市公安消防支队防火监督处、省环保厅环评处等6名干部，履行职责不认真，工作作风不扎实，建议分别由漳州市纪委，省纪委驻省安监局、质监局、环保厅纪检组进行诫勉谈话，并责令其做出深刻书面检查。

（五）行政处罚情况

（1）由安全生产监管部门对腾龙芳烃（漳州）有限公司处以规定上限的经济处罚。

（2）对在事故中负有责任的中石化第四建设有限公司、扬州市扬子工业设备安装有限公司、南京金陵石化工程监理有限公司和岳阳巨源工程检测有限公司四家单位及其主要负责人，由属地安全生产监督管理部门进行罚款的行政处罚，由相关主管部门进行罚款外的其他行政处罚。

（六）行政问责

漳州市委、市政府分别向省委、省政府做出深刻书面检查。

## 四、专家点评

（一）经验教训

导致这起事故最终发生的最为重要的因素有以下两个方面：

（1）建设、施工、监理、检测单位严重违反安全生产和工程建设质量管理法律法规。如涉事企业拒不执行安全生产监管部门的停产指令，超范围组织试生产；施工过程中存在违规分包、无证焊接、无证监理、无证检测等违法行为，最终为工艺管道留下了焊接缺陷等致命隐患。

（2）工艺措施没有可靠的安全保障。如二甲苯单元工艺操作规程不完善，未根据实际情况及时修订，导致操作人员工艺操作不当产生液击；工艺连锁、报警管理制度不落实，擅自解除工艺连锁措施；试生产期间，事故装置长时间处于高负荷甚至超负荷状态运行。

（二）意见建议

不论事故灾难的强度、类型、时空特点如何，归根到底，还是物质、能量、信息等灾害要素在起作用。这起事故是一起典型的化工安全生产事故。这类事故的核心要素，一是物质（特指化工生产物料），二是能量，一旦物质或能量泄漏或者不受控，就会发生事故。导致物质或能量泄漏或者不受控的一般因素主要有：人的原因（主要是人的不安全行为）、设备原因（主要是设备的不安全状态）、技术原因（主要是工艺条件不良和工艺控制能力薄弱）、环境原因（主要是生产环境条件等客观因素不利）、管理原因（主要是执行和反馈没有形成良性循环）和生产物料本身原因（主要是其固有危险性高）。控制好核心要素，是防止这类事故发生的必要条件。

（1）努力预防、纠正人的不安全行为。化工生产中的火灾、爆炸事故很多是因为缺乏相应技能、思想麻痹大意以及违章操作引起的。因此必须加强上岗员工的知识、技能培训，并且通过具体实践养成按章办事的作业习惯。需要相应资格的生产岗位，必须配备具备资格的人员。有条件的，还可以通过视频图像分析技术，运用先进的大数据智能手段，及时判别不安全行为并发出警示。

（2）提高设施、设备的本质安全。化工生产设施、设备的疲劳、腐蚀、结构破坏、失能、密封失效，以及安全设施、设备的缺失、不完好有效等问题需要靠定期进行安全评估来预防和解决。设备安全涉及设计、制造、安装、运行、检修等多个环节，对于生产中的化工企业，除设备在安装之初就需要进行检验、检测之外，设备在运行和检修过程中出问题是最多的，必须定期、定时、定点进行检查，对发现的设施、设备运转异常，必须及时追根溯源，必要时停车。

（3）提高技术防范水平。充分运用现代化工生产技术手段，提高化工生产自动化控制水平，进一步增强通风换气、防火阻断、物料切断、泄压、放空等工艺措施，设置紧急排放场，按规范配置自动消防设施，利用"互联网＋"技术，不断提高化工生产监测预警能力等。

（4）提高环境交互、人机交互的标准化管理水平。对生产环境如气象条件、地质条件、温度、湿度、受限空间、通风换气等作业条件进行实时监控，并给出指导阈值，及时发出警示。对生产设备的型号、工作年限、常见问题、多发问题、曾发问题以及应急操作指南，制作信息卡进行提示。对于上岗人员的工作资质、资历、连续工作时间等信息及时掌握报备。

（5）严格落实奖惩。促进管理良性循环，防止规章制度不合理、不落实、无实效。

**扩展阅读**

清华大学范维澄院士团队最先采用灾害三角形模型（图31-4）来描述灾害要素、承灾载体、突发事件、灾害链、应急管理等关系。

灾害要素：物质、能量、信息。不论突发事件的强度、类型、时空特点如何，归根到底，还是物质、能量、信息在起作用。

承灾载体：承灾载体本质上也同样是由物质、能量、信息三者组合而成的，在形式上表现为丰富的客观世界，如突发事件作用下的人、物和经济社会运行系统。

突发事件：突然发生，造成或者可能造成严重社会危害，需要采

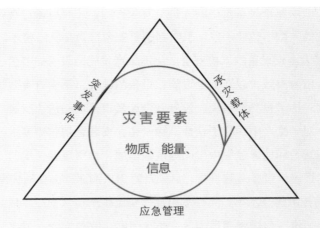

图31-4 灾害三角形模型示意图

取应急处置措施予以应对的自然灾害、事故灾难、公共卫生事件和社会安全事件。

应急管理：政府及其他公共机构在突发事件的事前预防、事发应对、事中处置和善后恢复过程中，通过建立必要的应对机制，采取一系列必要措施，应用科学、技术、规划与管理等手段，保障公众生命、健康和财产安全，促进社会和谐健康发展的有关活动[①]。

灾害链：灾害与灾害之间因某种关联产生的各种连锁关系的总称。一般可分为因果型、同源型、重现型、互斥型、偶排型五种。在应急管理中防止灾害链产生、传导、失控是非常重要的。

**关联文献**

《关于全面实施危险化学品企业安全风险研判与承诺公告制度的通知》（应急〔2018〕74号）

《化工园区安全风险排查治理导则（试行）》《危险化学品企业安全风险隐患排查治理导则（试行）》（应急〔2019〕78号）

---

① 刘奕. 论灾害要素[C]. 中国突发事件防范与快速处置优秀成果选编. 北京：中国灾害防御协会，2009：108-109.

《危险化学品企业生产安全事故应急准备指南》（应急厅〔2019〕62号）

《"工业互联网＋危化安全生产"试点建设方案》（应急厅〔2021〕27号）

《特种设备安全监察条例》（国务院令第549号）

《石油化工企业设计防火标准》（GB 50160）

《石油化工钢结构防火保护技术规范》（SH 3137）

# 2015年天津港瑞海公司危险品仓库
# "8·12"特别重大火灾爆炸事故①
## ——企业违法违规、监管层层失守酿成巨灾

2015年8月12日22时52分许，天津港瑞海国际物流有限公司（以下简称瑞海公司）危险品仓库发生火灾爆炸事故，造成165人遇难（其中公安消防人员24人，天津港消防人员75人，公安民警11人，其他人员55人）；8人失联（其中天津港消防人员5人，周边企业员工、天津港消防人员家属3人）；798人受伤住院治疗（伤情重及较重的伤员58人、轻伤员740人）；304幢建筑受损（其中办公楼宇、厂房及仓库等单位建筑73幢，居民1类住宅91幢、2类住宅129幢、居民公寓11幢），12428辆商品汽车、7533个集装箱受损。至2015年12月10日，已核定的直接经济损失68.66亿元人民币。事故灾后概貌如图32-1所示。

瑞海公司危险品仓库位于天津港吉运二道95号，东侧为跃进路，南侧为吉运一道，北侧为吉运二道，西侧与中联建通物流公司相邻，占地面积约46226.8平方米。瑞海公司危险品仓库按功能分为重箱区、空箱区、装箱区、拆装箱作业区和运抵区。运抵区又称海关监管区，设在堆场西北侧，面积约5800平方米，用铁质栅栏与瑞海公司其他区域隔开。

爆炸事故中心区面积约54万平方米，南北向位于吉运一道、吉运三道之间，东西向位于跃进路、海滨高速之间（图32-2）。两次爆炸分别在中心区地面形成直径15米、深1.1米的月牙形爆坑和直径97米、深2.7米的圆形爆坑。瑞海公司

---

① 资料来源：应急管理部.天津港"8·12"瑞海公司危险品仓库特别重大火灾爆炸事故调查报告 [EB/OL].[2017-01-13].https://www.mem.gov.cn/gk/sgcc/tbzdsgdcbg/2016/201602/P020190415543917598002.pdf.

图32-1　天津港瑞海公司"8·12"火灾爆炸事故灾后概貌（黑色区域为事故爆坑）

的绝大多数货物及建筑物严重损毁，大量集装箱、集装罐被冲击波掀翻、解体、炸飞，堆积成3座巨大的堆垛（图32-3）。事故中心区周边道路上散落着各种爆炸抛出物，多辆参与救援的消防车、警车被摧毁。

爆炸科学与技术国家重点实验室（北京理工大学）采用经验公式和数值模拟方法，对爆炸能量进行了分析计算。第一次爆炸的能量约为15吨TNT当量，第二次爆炸的能量约为430吨TNT当量，考虑期间还发生多次小规模爆炸，综合分析确定，本次事故中爆炸总能量约为450吨TNT当量。

## 一、事故经过

2015年8月12日22时52分，天津市公安局110指挥中心、天津市公安消防总队119指挥中心分别接到报警。公安指挥中心立即转警给隶属于天津港公安

运抵区

图 32-2　天津港瑞海公司"8·12"火灾爆炸事故中心概貌

第二次爆炸形成的直径 97 米大坑

第一次爆炸形成的直径 15 米大坑

图 32-3　天津港瑞海公司"8·12"火灾爆炸事故形成的"两坑三堆"

局的天津港消防支队。接警后，天津港消防支队立即调派与瑞海公司仅一路之隔的责任区消防四大队紧急赶赴现场。天津市公安消防总队也快速调派开发区公安消防支队三大街中队赶赴增援。

22时56分，天津港消防四大队首先到场。指挥员立即向瑞海公司现场工作人员询问具体起火物质，但现场工作人员均不知情，遂组织力量清理通道未果。根据现场情况，指挥员向天津港消防支队请求增援，指挥中心立即调派五大队、一大队赶赴现场。与此同时，天津市公安消防总队119指挥中心增派开发区公安消防支队全勤指挥部以及所属特勤队、八大街中队，保税区公安消防支队天保大道中队，滨海新区公安消防支队响螺湾中队、新北路中队前往增援。至此，天津港消防支队和天津市公安消防总队共向现场调派了3个大队、6个中队，36辆消防车、200人参与灭火救援。参战人员利用车载炮对集装箱堆垛进行射水冷却和泡沫覆盖保护。同时，组织疏散瑞海公司和相邻企业在场工作人员以及附近群众100余人。

23时34分6秒，现场突发第一次爆炸，在运抵区东南角地面炸出一个直径约15米、深1.1米的月牙形爆坑。23时34分37秒，距第一次爆炸堆垛西北方向约20米处，另一装有大量硝酸铵、硝酸钾、硝酸钙、甲醇钠、金属镁、金属钙、硅钙、硫化钠等氧化剂、易燃固体和腐蚀品的集装箱堆垛，受到南侧堆垛大火长时间的热作用以及第一次爆炸冲击波影响，发生了第二次大爆炸，在运抵区中心地面炸出一个直径97米、深2.7米的圆形爆坑。

天津市委、市政府在事故发生后成立事故救援处置总指挥部，由市委代理书记、市长任总指挥，确定"确保安全、先易后难、分区推进、科学处置、注重实效"的原则，把全力搜救人员作为首要任务，以灭火、防爆、防化、防疫、防污染为重点，统筹组织协调解放军、武警、公安以及安监、卫生、环保、气象等相关部门力量，积极稳妥推进救援处置工作。动员救援处置的人员达1.6万多人，动用装备、车辆2000多台，其中解放军2207人，装备339台；武警部队2368人，装备181台；公安消防部队1728人，消防车195部；公安其他警种2307人；安全监管部门危险化学品处置专业人员243人；天津市和其他省区市防爆、防化、防疫、灭火、医疗、环保等方面专家938人。公安部先后调集河北、北京、辽宁、山东、山西、江苏、湖北、上海8省市公安消防部队的化工抢险、核生化侦检等专业人员和特种设备参与救援处置。国家卫计委和天津市政府组织医疗专家，抽调 9000 多名医务人员，组成 4 个专家救治组和 5 个专家巡视组，全力开展伤员救治工作。指挥部对进出中心现场的人员、车辆进行全面洗消，封堵 4 处排海口、3 处地表水沟渠和 12 处雨污排水管道，把污水封闭在事故中心区内。同时，对事故中心区及周边大气、水、土壤、海洋环境实行 24 小时不间断监测，采取针对性防范处置措施，防止环境污染扩大。9 月 13 日，现场处置清理任务全部完成，累计搜救出有生命迹象人员 17 人，搜寻出遇难者遗体 15 具，清运危险化学品 1176 吨、汽车 7641 辆、集装箱 13834 个、货物 14000 吨。

## 二、事故原因

### （一）直接原因

天津瑞海公司危险品仓库 "8·12" 特别重大火灾爆炸事故的直接原因为：运抵区南侧集装箱内的硝化棉由于湿润剂散失出现局部干燥，在高温（天气）作用下加速分解，积热自燃，引起相邻集装箱内的硝化棉和其他危险化学品长时间大面积燃烧，导致堆放于运抵区的硝酸铵等危险化学品发生爆炸。硝化棉着火实验与现场起火特征吻合，实景与对比如图 32-4 和图 32-5 所示。

图 32-4　监控视频实景

图 32-5　桶装硝化棉燃烧状态对比实验

### （二）间接原因

**1.瑞海公司主体责任不落实**

（1）严重违法违规。严重违反天津市城市总体规划和滨海新区控制性详细规划，未批先建、边建边经营危险货物堆场；无证违法从事港口危险货物仓储经营业务；以不正当手段获得经营危险货物批复。

（2）安全管理混乱。违规储存硝酸铵类物质，事发当日在运抵区违规存放硝酸铵高达800吨；严重超负荷经营，多种其他危险货物超量储存；违规混存、超高堆码危险货物；违规开展拆箱、搬运、装卸等作业；未按要求进行重大危险源登记备案。

（3）安全宣传培训演练缺失。危险化学品从业人员没有经过相关危险货物作业安全知识培训；未按规定制定应急预案并组织演练。

2.地方政府及有关部门履职尽责不到位

（1）天津市交通运输委员会（原天津市交通运输和港口管理局）滥用职权，违法违规实施行政许可和项目审批；玩忽职守，日常监管严重缺失。违法违规审批许可，明知瑞海公司不具备港口危险货物作业条件，以批复形式违法批准瑞海公司从事港口危险货物经营；违法违规审查项目，致使瑞海公司未批先建和违反有关法律法规及技术标准的危险货物堆场改造项目得以验收通过；日常监管严重缺失，未发现瑞海公司违法行为及安全隐患并积极督促整改，导致事故损失和影响扩大。

（2）天津港（集团）有限公司在履行监督管理职责方面玩忽职守，个别部门和单位弄虚作假、违规审批，对港区危险品仓库监管缺失。天津港（集团）有限公司未履行港区安全生产管理职责；天津港建设公司弄虚作假，帮助瑞海公司以欺骗手段取得规划许可；天津港（集团）有限公司规划建设部违规出具同意瑞海公司危险货物堆场改造项目的初审意见；天津港建设工程质量安全监督站未制止瑞海公司违法施工行为；天津港公安局对危险品防火检查督导工作不落实；天津港公安局消防支队违规进行消防设计审查、验收，消防监督检查未能发现并督促整改违法行为和火灾隐患。

（3）天津海关系统违法违规审批许可，玩忽职守，未按规定开展日常监管。违法违规审批许可，未发现瑞海公司超出工商营业执照经营范围申请从事危险货物经营业务的问题，违规提前给瑞海公司开通发送运抵报告权限，允许其提前经营危险货物；未按规定开展日常监管，未及时查处瑞海公司在无证期间违法从事危险货物报关申报业务的行为，放纵其违法违规经营。

（4）天津市安全监管部门玩忽职守，未按规定对瑞海公司开展日常监督管理和执法检查，也未对安全评价机构进行日常监管。天津市安全监管局未认真履行危险化学品综合监管职责；滨海新区安全监管局对瑞海公司长期违法储存危险化学品的安全隐患失察；滨海新区安全监管局第一分局明知该公司从事危险化学品储存业务，仍作为一般工贸行业生产经营单位进行监管；天津港集装箱物流园区安全生产监督检查站未按规定开展安全检查。

（5）天津市规划和国土资源管理部门玩忽职守，在行政许可中存在多处违法违规行为。天津市规划局对滨海新区规划和国土资源管理局建设项目规划许可工作中存在的违法违规问题失察；滨海新区规划和国土资源管理局严重违反天津市总体规划和滨海新区控制性详细规划，规划许可证和所附平面图中对建设项目关键信息表述不一致，违反程序调整瑞海公司危险货物堆场改造项目所在地块的规划条件，在审批瑞海公司危险货物堆场改造项目规划许可时未进行现场踏勘，未发现瑞海公司危险品堆场改造项目未批先建的问题。

（6）天津市市场和质量监督部门对瑞海公司日常监管缺失。天津市市场和质量监督管理委员会未对天津港区内特种设备使用单位进行监督检查，未按职责对滨海新区市场和质量监督管理局工作进行指导检查，对其存在的问题失察；滨海新区市场和质量监督管理局对瑞海公司的日常监管缺失，未及时发现并处理瑞海公司特种设备及操作人员无证，异地无照经营的违法行为。

（7）天津海事部门培训考核不规范，玩忽职守，未按规定对危险货物集装箱现场开箱检查进行日常监管。天津海事局未按规定对所属北疆海事局和东疆海事局工作进行督促指导，对相关人员开箱检查瑞海公司船载危险货物集装箱工作不规范等问题失察；北疆海事局、东疆海事局未按规定对瑞海公司船载危险货物集装箱开箱检查。

（8）天津市公安部门未认真贯彻落实有关法律法规，未按规定开展消防监督指导检查。天津市公安局未认真贯彻落实国家消防法律法规，未对天津港公安消防工作实施业务监督指导；天津市公安局消防局未对天津港公安局消防支队的消防安全工作进行业务指导；天津市滨海新区公安局没有落实属地管辖，未对天津港公安局的消防安全工作进行业务指导。

（9）天津市滨海新区环境保护局未按规定审核项目，未按职责开展环境保护日常执法监管。未严格依法依规进行审查，即审批通过瑞海公司危险货物堆场改造项目环境影响报告书，疏于日常环境保护执法监管，未发现并处罚瑞海公司未申请环境影响评价即开工建设的问题。

（10）天津市滨海新区行政审批局未严格执行项目竣工验收规定。在设计单位、施工单位、环境保护验收监测报告编制单位未参与的情况下，对瑞海公司危险货物堆场改造项目组织竣工环境保护验收，并在事故应急池容量批建不符的情况下通过验收。

（11）天津市委、天津市人民政府和滨海新区党委、政府未全面贯彻落实有关法律法规，对有关部门和单位安全生产工作存在的问题失察失管。天津市委、天津市人民政府未全面认真贯彻落实安全生产责任制以及党的安全生产方针政策和国家安全生产、港口管理、公安消防等法规政策，对天津港危险化学品安全管理统筹协调不到位，对天津港（集团）有限公司履行政府管理职能的问题负有责任，对城市规划执行、交通运输、公安消防、安全生产工作等方面存在的问题失察失管；滨海新区党委、政府未认真组织开展天津港港口危险化学品安全隐患排查治理工作，对滨海新区规划和国土资源管理局等所属部门违反市、区域规划行为失察失管，对城市规划执行、安全生产工作等方面存在的问题失察失管。

（12）交通运输部未认真开展港口危险货物安全管理督促检查，对天津交通运输系统工作指导不到位。

（13）海关总署未认真组织落实海关监管场所规章制度，督促指导天津海关工作不到位。

（14）中介及技术服务机构弄虚作假，违法违规进行安全审查、评价和验收等。天津中滨海盛科技发展有限公司与天津中滨海盛卫生安全评价监测有限公司违反规定同时承接瑞海公司的安全预评价和安全验收评价，且安全预评价报告和安全验收评价报告弄虚作假，故意隐瞒不符合安全条件的关键问题；天津水运安全评审中心审核把关不严，特别是在安全设施验收审查环节中，采取打招呼、更换专家等手段，干预专家审查工作；天津市化工设计院违法设计，火灾爆炸事故发生后，该院组织有关人员违规修改原设计图纸；天津市交通建筑设计院违规向天津港建设公司出借规划编制资质；天津市环境工程评估中心未按规定进行现场考察，未认真审核环境影响评价报告书；天津博维永诚科技有限公司在墨线复核中弄虚作假，未去现场实测，竣工验收后采用倒推数据的方式补作墨线复核实测报告。

## 三、责任追究

### （一）对有关责任人员的处理

公安机关对24名相关企业人员依法立案侦查并采取刑事强制措施（其中瑞

海公司13人，中介和技术服务机构11人）。检察机关对25名行政监察对象依法立案侦查并采取刑事强制措施［其中正厅级2人，副厅级7人，处级16人；交通运输部门9人，海关系统5人，天津港（集团）有限公司5人，安全监管部门4人，规划部门2人］。事故调查组另对123名责任人员提出了处理意见。建议对74名责任人员（其中省部级5人，厅局级22人，县处级22人，科级及以下25人）给予党纪政纪处分（其中撤职处分21人，降级处分23人，记大过及以下处分30人）；对其他48名责任人员，由天津市纪委及相关部门予以诫勉谈话或批评教育；1名责任人员在事故调查处理期间病故，不再给予其处分。

地方党委、政府及相关行业部门，有关单位被处理人员数量具体如下：

（1）瑞海公司被采取刑事强制措施人员13人。

（2）天津港（集团）有限公司（共22人）：被采取刑事强制措施人员5人，被给予党纪政纪处分人员13人，被给予诫勉谈话或批评教育人员4人。

（3）交通运输部门（共14人）：被采取刑事强制措施人员7人，被给予党纪政纪处分人员4人，被给予诫勉谈话或批评教育人员3人。

（4）海关系统（共18人）：被采取刑事强制措施人员5人，被给予党纪政纪处分人员5人，被给予诫勉谈话或批评教育人员8人。

（5）安全生产监督管理部门（共21人）：被采取刑事强制措施人员4人，被给予党纪政纪处分人员9人，被给予诫勉谈话或批评教育人员8人。

（6）规划部门（共15人）：被采取刑事强制措施人员2人，被给予党纪政纪处分人员7人，被给予诫勉谈话或批评教育人员6人。

（7）环境保护部门（共5人）：被给予党纪政纪处分人员4人，被给予诫勉谈话或批评教育人员1人。

（8）公安和消防部门（共6人）：被给予党纪政纪处分人员4人，被给予诫勉谈话或批评教育人员2人。

（9）工商和质检部门（共9人）：被给予党纪政纪处分人员3人，被给予诫勉谈话或批评教育人员6人。

（10）海事部门（共11人）：被采取刑事强制措施人员1人，被给予党纪政纪处分人员4人，被给予诫勉谈话或批评教育人员6人。

（11）中介评估机构和设计单位（共24人）：被采取刑事强制措施人员11人，被给予党纪政纪处分人员9人，被给予诫勉谈话或批评教育人员4人。

（12）地方党委、政府被给予党纪政纪处分共7人。

（13）国务院相关部委（共6人）：被采取刑事强制措施人员1人，被给予党纪政纪处分人员5人。

（二）对有关单位的处理

（1）事故企业：依据《中华人民共和国安全生产法》，吊销瑞海国际物流有限公司有关证照，并处罚款，企业相关主要负责人终身不得担任本行业生产经营单位的主要负责人。

（2）中介和技术服务机构：依法没收中滨海盛安全评价公司瑞海项目评价的违法所得，并处违法所得五倍的罚款；撤销中滨海盛安全评价公司的甲级安全评价资质，依法吊销中滨海盛安全评价公司参与瑞海项目预评价、验收评价有关人员的安全评价执业资格；依法吊销天津市化工设计院的化工石化医药行业工程设计资质；依法处天津市交通建筑设计院3万元罚款；没收天津博维永诚科技有限公司在瑞海项目违法测绘所得，并处标准测绘费百分之一百的罚款。

（三）其他处理情况

（1）天津市委、市政府被通报批评，天津市委、市政府向党中央、国务院做出深刻检查；交通运输部向国务院做出深刻检查。

（2）时任天津市分管建设规划的副市长，天津市市长助理、天津市公安局党委书记及局长向天津市人民政府做出深刻检查。

（3）国家安全生产监管总局深刻总结教训，改进工作。

（4）对司法机关已立案侦查人员中，属中共党员或行政监察对象的，司法机关做出处理后，由当地纪检监察机关或负有管辖权的单位给予相应的党纪政纪处分。

## 四、专家点评

（一）经验教训

这起特大事故暴露出的问题有很多，对于涉事企业来说，企业安全生产管理状况与自身的危险化学品火灾、爆炸风险严重不相适应，是导致事故发生的内在因素。

（1）超量储存危险化学品。瑞海公司违反规定在港口内存放1.1项、1.2项爆炸品和硝酸铵类物质的危险货物集装箱；据测算月均周转货物达7.8万吨，已大大超过批准的年周转量（5万吨），属于严重超设计、超负荷经营。另有多种危险化学品严重超最大设计储存量，如事发时硝酸钾储存量达1342.8吨，超最大设计储存量53.7倍；硫化钠储存量达484吨，超最大设计储存量19.4倍；氰化钠储存量达680.5吨，超最大设计储存量42.5倍；现场违规储存800吨巨量硝酸铵，而且与其他易燃易爆危险货物集装箱间隔未达到安全距离。危险化学品超量，直接导致灾害事故后果扩大。

（2）违规拆箱、搬运、装卸作业。瑞海公司违反《危险货物集装箱港口作业安全规程》（JT 397）关于"拆、装易燃易爆危险货物集装箱，应使用防爆型电气设备和不会摩擦产生火花的工具，并有专人负责现场监护"的规定，使用普通非防爆叉车装卸货物，同时对委托外包的运输、装卸作业安全管理严重缺失，在易燃易爆危险货物的装箱、搬运作业中存在野蛮操作问题。这起事故中，硝化棉包装破损，润湿剂散失导致硝化棉温度升高发生自燃，是火灾发生的直接原因。

（3）严重违规堆码危险货物。瑞海公司违反《危险货物集装箱港口作业安全规程》（JT 397）关于"不同类别的危险货物集装箱要分别堆放、采取有效隔离措施、保持安全距离、易燃易爆危险货物集装箱最高堆码不超过2层、其他危险货物不超过3层"的规定，不仅将不同类别的危险货物混存，且间距严重不足，危险货物集装箱堆码4层或5层的现象非常普遍。危险货物混存、超限堆放，是火灾蔓延的直接因素。

（4）没有可靠的储存场所监控措施。对于有存放环境条件要求和特殊包装要求的危险货物，缺乏有效的监控、检测和报警措施，不能及时发现环境条件是否符合存放要求，以及包装是否符合规定，是否发生破损、泄漏；对于大面积的堆场和密闭储存空间，缺少监测预警设备。

（二）意见建议

危险化学品企业除了必须取得合法条件之外，这起事故还提示我们，要在以下几个方面重点予以防范。

1. 进一步强化危险化学品企业的规范化管理

（1）危险化学品储存地点和环境条件必须符合要求。仓库，尤其是甲乙类仓库的耐火等级、防火间距必须满足要求。对于有控温、控湿要求的危险物品，应当设置自动监测预警设备。应当在厂区、园区设置同类备用仓库，或者危险化学品紧急处理场地，用以临时存放、处置因包装破损、物料漏撒、车辆故障，需要倒库（车）、重装、就地无害化处理的少量危险化学品。

（2）危险化学品出入库作业和检查必须到位。淘汰落后生产工艺、设备，提高与安全性有关的质量要求以及包装、运输、装卸的安全要求。在搬运危险化学品时，必须设置安全监督员，在现场根据危险化学品的性质，及时告知搬运操作人员危险性和搬运方法、要求，并对出库、入库的危险化学品包装进行检查。发现搬运操作不符合要求的，必须立即制止；发现包装物不符合条件或破损的，不应允许出入库。有条件的，应当采取违章操作行为自动识别、包装自动识别的视频或其他监测预警系统进行辅助管理。

（3）加强外来人员安全管理和培训教育。单位外来人员在通过进入厂区时的一次性检查后，在厂区内往往游离于企业管理之外，造成许多不可控、不安全因素。有些单位认为外包工作应全部由承包方负责，因此不愿为管理和教育培训投入；很多单位、企业对内部人员管理较为规范，但对于外来人员，尤其是外来施工、操作人员，往往限于动火管理，至于其他事项往往不闻不问。因此，有必要在危险品生产、储存、运输企业，尤其是存在甲、乙类物品和重大危险源的单位和企业，建立外来人员档案，一人一档、一事一档，对相关培训、作业等事项进行统一、实时管理。

2.进一步加强危险化学品监督管理

（1）加强化学危险物品生产企业质量管理。在实行生产许可证制度的前提下，对危险物品实行强制性认证制度，强化产品一致性监督确保产品质量。将安定性和危险性分类指标作为强制性要求。

（2）加强涉爆、剧毒化学品监管。将硝酸铵生产、储存、运输环节按照民爆物品进行对待，强化硝酸铵全链条安全管理；进一步加强氰化钠等剧毒化学品购买运输的监督管理。对区域易爆和剧毒品的生产、运输、储存规模进行总量控制。

（3）严格危险物品审批，强化事后监管。具有危险物品相关审批职能的安监、交通、工信、公安等部门应按照职责分工，严把危险物品生产、建设项目准入关，同时加强对企业的事后监管，加大执法力度，严厉打击未批先建、批小建大、擅自扩大许可范围等非法违法行为，督促企业严格落实企业安全生产主体责任，依法依规经营，提升企业安全管理水平。

3.建立、完善危险化学品应急管理、处置机制

（1）建立危险物品监管、备案和信息共享机制。推动行业主管部门建立物联

网危险物品信息管理系统，制定企业危险物品信息动态申报、备案制度，实现企业、监管部门同企业专职消防队、消防救援部门之间的信息共享。通过物联网手段串联整合上下游资源，与物流企业和生产制造企业形成联动，形成危险货物全程管理和控制，保障危险货物在运输、储存环节的安全。

（2）加强危险物品企业专职消防队伍建设。督促危险物品企业严格按照《中华人民共和国消防法》规定，组建专职消防队伍，配备装备器材；加强企业专职消防人员业务培训，与当地消防救援部门建立联训联勤机制；危险物品企业要成立专业处置技术小组，平时协助消防救援部门做好熟悉演练，发生事故时提供应急处置方面的技术支持。

（3）完善危险化学品事故应急处置指挥机制。制修订危险化学品灾害事故应急处置预案，明确处置任务牵头、联动单位，理顺职责分工、处置流程，推行扁平化、专业化指挥，健全灾情处置信息发布机制，提升应对危险化学品灾害的综合处置水平。

硝化棉为白色或微黄色棉絮状物，易燃且具有爆炸性，化学稳定性较差，常温下能缓慢分解并放热，超过40℃时会加速分解，放出的热量如不能及时散失，会造成硝化棉温升加剧，达到180℃时能发生自燃。硝化棉通常加乙醇或水作湿润剂，一旦湿润剂散失，极易引发火灾。硝化棉燃烧会产生大量气体。实验表明，去除湿润剂的干硝化棉在40℃时发生放热反应，达到174℃时发生剧烈失控反应及质量损失，自燃并释放大量热量。如果在绝热条件下进行实验，硝化棉在35℃时即发生放热反应，达到150℃时即发生剧烈的分解燃烧。分析测试表明，如果包装密封性不好，湿润剂在一定温度下会挥发散失，且随着温度升高而加快；如果包装破损，在50℃下2小时湿润剂会全部挥发散失。

硝酸铵是无色无臭的透明结晶或呈白色的小颗粒结晶，易溶于水，易吸湿结块。纯硝酸铵在常温下稳定，但在受猛烈撞击、高温、高压和有还原剂存在的情况下会发生爆炸。硝酸铵在110℃开始分解，230℃以上时分解加速，400℃以上时剧烈分解发生爆炸。

《中华人民共和国港口法》

《中华人民共和国环境影响评价法》

《港口危险货物安全管理规定》（交通运输部令2012年第9号）

《海关实施行政许可法办法》（海关总署令第117号）

《海关监管场所管理办法》（海关总署令第171号）

《生产安全事故应急预案管理办法》（应急管理部令第2号）

《关于进一步加强企业安全生产工作的通知》（国发〔2010〕23号）

《国务院关于投资体制改革的决定》（国发〔2004〕20号）

《港口危险货物重大危险源监督管理办法》（交水发〔2013〕274号）

《集装箱港口装卸作业安全规程》（GB 11602）

# 2017年湖南省岳阳市中南大市场
# "1·24"烟花爆竹火灾事故①
## ——违规试放烟花引发事故，老板亦未幸免

2017年1月24日21时5分，岳阳市经济技术开发区中南大市场A4栋101号门店发生一起较大烟花爆竹火灾事故，事故造成6人死亡，直接经济损失766.6万元。事故现场概貌如图33-1所示。

图33-1　岳阳市中南大市场"1·24"烟花爆竹火灾事故现场概貌

岳阳市久盛烟花爆竹有限公司是一家烟花爆竹批发企业。2014年6月25日取得岳阳市安监局颁发的烟花爆竹经营（批发）许可证，公司仓储地址在岳阳经济技术开发区康王乡龙凤村。公司注册地址为岳阳经济技术开发区中南大市场。

---

① 资料来源：岳阳市政府网．岳阳市中南大市场"1·24"较大烟花爆竹火灾事故调查报告 [EB/OL]．[2017-05-19].http://www.yueyang.gov.cn/zwgk/25374/25377/25438/25471/content_1203463.html.

## 一、事故经过

2017年1月24日21时5分左右，岳阳市久盛烟花爆竹有限公司临时聘用人员李某走到距门店西北角10余米处将试放烟花放在地面上点燃，被点燃的烟花射出一个燃烧效果件，沿着地面射到了附近健铭纸业的卷闸门上并引燃了其他烟花。李某慌慌张张地想将被引燃的烟花搬开，但是在搬动过程中不慎使该烟花倾倒，将整堆烟花引燃，随后将门口停着的一辆装满烟花爆竹的皮卡车引燃。李某赶紧跑到自己停车的地方将货车开走，随后拨打了119。约十分钟后，店外火势越来越大，一直蔓延到门面二楼，引燃了

图33-2　岳阳市中南大市场"1·24"烟花爆竹火灾事故建筑过火情况

存放在二楼的烟花爆竹，很快又蔓延到三楼。接到报警后，消防部门立即出动消防车19台，消防战士84名。23时许，大火被扑灭。建筑过火情况如图33-2所示。

## 二、事故原因

（一）直接原因

烟花爆竹经营点临时聘用人员李某在中南大市场A4栋101号门店西北角试放烟花时倒筒，燃烧的效果件冲射引燃门面外堆垛的烟花引发事故。

（二）间接原因

（1）岳阳市久盛烟花爆竹有限公司股东张某非法经营烟花爆竹，非法在中南

大市场A4栋101号门面和旁边楼梯间储存烟花爆竹实物；违规将烟花爆竹实物摆放在门面外占道经营；指使临时聘用人员李某违规在中南大市场内燃放烟花爆竹。

（2）属地"打非"不力。通海路管理处组织打击中南大市场非法经营烟花爆竹的行动中，发现张某存在非法经营、储存烟花爆竹的行为，仅以收缴、令其自行搬走等方式进行处置，而未采取有效措施进行打击和取缔。

（3）负有安全生产监督管理职责的部门"打非"不力。①岳阳经开区城管局执法大队没有对张某未在规定的时间内将违规占道零售的烟花爆竹全部搬离的情况采取相关后续措施；对全区烟花爆竹燃放整治不力；②岳阳经开区安监局对张某无证非法经营烟花爆竹的行为，未依法依规予以打击和取缔；③岳阳经开区工商分局对张某无证非法从事烟花爆竹零售行为，未采取有效措施依法进行打击和取缔；④岳阳市公安局白石岭分局对张某非法经营、运输、储存烟花爆竹行为，未采取有效措施依法进行打击和取缔，对2017年1月23日阻碍执法行为未依法依规进行调查处理；⑤岳阳市安监局对张某无证非法经营烟花爆竹行为，未依法依规予以打击和取缔。

### 三、责任追究

（一）不予追究责任人员

张某，A4栋101号门面烟花爆竹非法经营者，岳阳市久盛烟花爆竹有限公司股东，对事故发生负有主要责任，鉴于其已死亡，免于责任追究。

（二）司法机关已采取措施人员

李某，临时聘用工作人员，涉嫌危险物品肇事罪被批准逮捕。

（三）建议给予党纪政纪处分人员（14人）

经开区通海路管理处安监办、经开区通海路管理处、经开区城管局禁炮中队、经开区城管局执法大队、经开区改革和产业发展局、经开区安监局、开发区工商分局金凤桥工商所、白石岭公安分局金凤桥派出所、白石岭公安分局治安大队等14名干部被依法依纪追究责任。

（四）其他处理

岳阳经济技术开发区管委会向岳阳市人民政府做出深刻检查。

## 四、专家点评

（一）经验教训

近年来，因烟花爆竹造成的事故案例时有发生。例如，2019 年 12 月 4 日上午 7 点 50 分许，湖南省浏阳市碧溪烟花制造有限公司石下工区因超许可范围、超定员、超药量、改变工房用途违法组织生产造成一起爆炸事故，导致 13 人死亡、13 人受伤，直接经济损失 1944.6 万元；2016 年 1 月 14 日河南省通许县长智镇一家烟花爆竹生产厂因违规生产导致爆炸，造成 10 人死亡、7 人受伤，其中 5 人重伤、2 人轻伤。吸取事故教训，做好烟花爆竹生产、销售企业的火灾预防工作十分重要。这起事故暴露出的主要问题有以下几点：

（1）违法开办烟花爆竹销售点。张某利用自己岳阳市久盛烟花爆竹有限公司股东的身份，在无烟花爆竹经营（零售）许可证的情况下，使用该公司注册地址 A4 栋 101 号门面，擅自从事烟花爆竹非法零售活动（系个人行为），站点安全管理措施、选址位置、储存场所、消防设施均不具备条件，还占道经营。

（2）相关人员安全意识淡薄。依据《烟花爆竹经营许可实施办法》（国家安全生产监督管理总局令第 65 号）的规定，烟花爆竹零售点与集贸市场应保持 100 米以上的安全距离，但张某却直接把零售点设置在中南大市场内，并违法进行储存。按照规定，站点主要负责人必须经过安全培训合格，销售人员必须经过安全知识教育，但张某却罔顾严禁烟火的规定，安排临时聘用人员李某试放；李某不具备安全常识，在明知周围堆放大量烟花爆竹的情况下，距离站点 10 米左右进行试放，且慌乱中处置不当，直接导致了事故发生。

（3）行政监管不力。工商、安监、城管、公安，以及该地方管理处等负有监管职责的行政部门，对中南大市场存在连片经营、无证经营烟花爆竹产品等问题均没有采取有力措施进行彻底清理和依法取缔，致使中南大市场烟花爆竹非法零售行为一直存在，没有得到有效遏制，最终发生事故。

（二）意见建议

（1）加强烟花爆竹企业的人员管理。烟花爆竹生产经营单位的主要负责人、安全生产管理人员必须具备相应的安全生产知识和管理能力，必须经安全监管部门考核合格；烟花爆竹生产经营单位从事药物混合、造粒、筛选、装药、筑药、压药、切引、搬运等危险工序和仓库保管、守护的人员等特种作业人员必须按照国家有关规定经专门的安全作业培训，取得相应资格，方可上岗作业。烟花爆竹生产经营企业各危险性工（库）房的定级、定员不应超出国家有关规范的规定。

（2）加强烟花爆竹流通领域的管理。零售站点应当与其他建筑物保持足够的防火间距，且使用面积、存放量均必须符合行业标准的安全要求。对于零售经营场所以"下店上宅""前店后宅"等形式与居民居住场所设置在同一建筑物内，与人员密集场所和重点建筑物安全距离不足、集中连片生产和经营的，要坚决依法关闭或取缔；对于生产经营来源不明，超规格、超范围的烟花爆竹，应依法予以组织清剿和处罚。最近几年，国内多个省市的市区及农村地区制定了一系列关于禁止或限制燃放烟花爆竹的政策，建议其他地区参考、借鉴有关做法，出台相应的燃放管理办法、条例，对烟花爆竹的燃放进行规范。

（3）加强烟花爆竹厂房、储运管理。各危险性工（库）房的定级、核定药量应当符合规定；企业内、外部安全距离和防护屏障的设置、形式、结构应当符合规定，且保证完好有效；不得擅自改变工（库）房用途或者违规私搭乱建；工厂围墙或者分区设置应当符合国家标准；氧化剂、还原剂严禁同库储存、违规预混或者在同一工房内粉碎、称量；企业中转库、药物总库和成品总库的储能力应与生产能力相匹配，确保药物、半成品、成品合理中转、正常存放，以保障生产流程顺畅，防止危险品超量，消除安全隐患，减少事故伤害。

（4）加强烟花爆竹企业的设备管理。烟花爆竹生产经营企业涉药工器具、机器设备的安全性能、防护措施必须符合国家规范要求，不得自行携带工器具、机器设备进厂进行相关作业；确保防静电、防火、防雷设备设施完好有效；涉药机械设备必须经过安全性论证，且不得擅自更改、改变用途。

**扩展阅读**

根据烟花爆竹内部装填的药量及其能构成的危险性，按照英文字母顺序分为 A、B、C、D 四个级别。其中 A 级指适用于由专业人员在特定条件下燃放的产品；B 级指按照产品说明书燃放时，距离产品及燃放轨迹在 25 米以上的人或财产不致受到伤害的产品，一般在室外大的开放空间燃放；C 级指按照产品说明书燃放时，距离产品及燃放轨迹在 5 米以上的人或财产不致受到伤害或手持者不致受到伤害的手持类产品，同样是用于室外相对开放的空间燃放；D级指按照产品说明进行燃放时，距离产品及其燃放轨迹在1米以上的人或财产不致受到伤害的产品或手持者不致受到伤害的手持产品，适用于近距离燃放。烟花爆竹的主要危险性是填充剂——烟火药，这种填充剂都是氧化剂和可燃物组成的混合物，敏感易燃，在一定条件有相当的爆炸破坏性。因此，在购买和使用烟花爆竹时，应辨别适于购买者自身专业性及燃放场所的产品，确保人员安全。

**关联文献**

《中华人民共和国大气污染防治法》

《中华人民共和国治安管理处罚法》

《烟花爆竹生产经营单位重大生产安全事故隐患判定标准（试行）》（安监总管三〔2017〕121号）

《烟花爆竹安全管理条例》（国务院令第455号）

《烟花爆竹经营许可实施办法》（国家安全生产监督管理总局令第65号）

《烟花爆竹工程设计安全规范》（GB 50161）

《烟花爆竹安全与质量》（GB 10631）

《烟花爆竹作业安全技术规程》（GB 11652）

《烟花爆竹运输默认分类表》（GB/T 38040）

《烟花爆竹批发仓库建设标准》（建标125）

《烟花爆竹工程设计安全审查规范》（AQ 4126）

《烟花爆竹工程竣工验收规范》（AQ/T 4127）

《烟花爆竹防止静电通用导则》（AQ 4115）

《烟花爆竹化工原料使用安全规范》（AQ 4129）

《烟花爆竹安全生产标志》（AQ 4114）

《烟花爆竹零售店（点）安全技术规范》（AQ 4128）

# 2017年山东省临沂市金誉石化有限公司"6·5"罐车泄漏重大爆炸着火事故[①]
## ——疲劳作业、操作失误致液化气泄漏

  2017年6月5日凌晨1时左右，临沂市金誉石化有限公司储运部装卸区的一辆液化石油气运输罐车在卸车作业过程中发生液化气泄漏，引起重大爆炸着火事故，造成10人死亡，9人受伤，直接经济损失4468万元。起火单位火灾前后概貌如图34-1所示。

（a）

---

① 资料来源：山东省应急厅.临沂市金誉石化有限公司"6·5"罐车泄漏重大爆炸着火事故调查报告 [EB/OL].[2021-07-22].http://yjt.shandong.gov.cn/xwzx/zt/zxxd/jsjy/202107/t20210722_3678335.html.

（b）

图34-1　临沂市金誉石化有限公司"6·5"罐车泄漏重大爆炸着火事故起火单位火灾前后概貌

发生液化气泄漏的事故车辆为液化气体运输半挂车，由重型半挂牵引车和重型罐式半挂车组成。牵引车2015年12月24日合格出厂，安装北斗&GPS双模定位系统；半挂车于2015年12月15日制造，压力容器产品质量证明文件齐全。该车具备液化气运输装卸安全技术条件，装卸方式为下装下卸，卸车装置主要包括气相、液相连接管口（即快接接口）、卸车球阀、排气（排液）阀和紧急切断阀。涉事罐车残骸如图34-2所示。

## 一、事故经过

2017年6月5日0时58分，临沂金誉物流有限公司驾驶员唐某峰驾驶豫J90700液化气运输罐车经过长途奔波、连续作业后，驾车驶入临沂金誉石化有限公司并停在10号卸车位准备卸车。唐某峰下车后先后将10号装卸臂气相、液相连接管口与车辆卸车口连接，并打开气相阀门对罐体进行加压，车辆罐体压力从0.6兆帕上升至0.8兆帕以上。0时59分10秒，驾驶员打开罐体液相阀门一半时，液相连接管口突然脱开，大量液化气喷出并急剧气化扩散。正在值班的临沂金誉石化有限公司等现场作业人员未能有效处置，致使液化气泄漏长达2分10秒钟，很快与空气形成爆炸性混合气体，遇到点火源发生爆炸，造成事故车及其他车辆罐体相继爆炸，罐体残骸、飞火等飞溅物接连导致1000立方米液化气球

图34-2　临沂市金誉石化有限公司"6·5"罐车泄漏重大爆炸着火事故涉事罐车残骸

罐区、异辛烷罐区、废弃槽罐车、厂内管廊、控制室、值班室、化验室等区域先后起火燃烧。现场10名人员撤离不及当场遇难，9名人员受伤。

　　事故发生后，企业员工拨打119、120报警，疏散撤离厂区人员，紧急关闭装卸物料的储罐阀门、切断气源等。省公安厅、省消防总队、省安监局等省有关部门负责人连夜赶赴事故现场指导救援工作。省消防总队共调集了8个消防支队，189辆消防车，7套远程供水系统，76门移动遥控炮，244吨泡沫液，958名官兵到场处置。经过15个小时的救援，罐区明火被扑灭，未造成任何次生灾害事故发生。至6月6日10时，共找到10具遇难者遗骸。

　　临沂市委、市政府和临港经济开发区管委会主要领导接到事故报告后，立即启动重大事故应急预案，赶赴事故现场，成立了由临沂市市长任总指挥的事故救援指挥部，设现场救援、后勤保障、安抚救治、事故调查、新闻发布5个工作组，迅速协调组织专业救援队伍、技术专家和救援设备等各方面力量科学施救、稳妥处置，全力做好冷却灭火、人员疏散与搜救、伤员救治、处置保障、道路管控、环境监测、舆情导控等处置工作。

## 二、事故原因

### （一）直接原因

肇事罐车驾驶员长途奔波、连续作业，在午夜进行液化气卸车作业时，没有严格执行卸车规程，出现严重操作失误，致使快接接口与罐车液相卸料管未能可靠连接，在开启罐车液相球阀瞬间发生脱离，造成罐体内液化气大量泄漏。现场人员未能有效处置，泄漏后的液化气急剧气化，迅速扩散，与空气形成爆炸性混合气体达到爆炸极限，遇点火源发生爆炸燃烧。液化气泄漏区域的持续燃烧，先后导致泄漏车辆罐体、装卸区内停放的其他运输车辆罐体发生爆炸。爆炸使车体、罐体分解，罐体残骸等飞溅物击中

图34-3　临沂市金誉石化有限公司"6·5"罐车泄漏重大爆炸着火事故爆炸引燃范围示意图

图34-4　临沂市金誉石化有限公司"6·5"罐车泄漏重大爆炸着火事故爆炸现场实景

周边设施、物料管廊、液化气球罐、异辛烷储罐等，致使2个液化气球罐发生泄漏燃烧，2个异辛烷储罐发生燃烧爆炸（爆炸引燃范围如图34-3所示，爆炸现场实景如图34-4所示）。点火源可能是临沂金誉石化有限公司生产值班室内在用的非防爆电器产生的电火花。

（二）间接原因

1.临沂金誉物流有限公司未落实安全生产主体责任

（1）超许可违规经营，违规成为河南省清丰县安兴货物运输有限公司所属40辆危险化学品运输罐车的实际控制单位。

（2）日常安全管理混乱，安全检查和隐患排查治理不彻底、不深入，安全教育培训流于形式，实际管理的河南牌照道路运输车辆违规使用未经批准的停车场。

（3）对疲劳驾驶失管失察，对实际管理的河南牌照道路运输车辆未进行动态监控。

（4）事故应急管理不到位，未按规定制定有针对性的应急处置预案，未定期组织从业人员开展应急救援演练，致使该驾驶员出现泄漏险情时未采取正确的应急处置措施，该公司管理的其余3名驾驶员在事故现场未正确处置并及时撤离。

（5）装卸环节安全管理缺失，未依法配备道路危险货物运输装卸管理人员，肇事豫J90700罐车卸载过程中无装卸管理人员现场指挥或监控。

2.临沂金誉石化有限公司未落实安全生产主体责任

（1）未依法落实安全生产物质资金、安全管理、应急救援等保障责任，未认真落实安全生产风险分级管控和隐患排查治理工作，安全管理水平低，安全管理能力不能适应高危行业需要。

（2）特种设备安全管理混乱，未依法取得移动式压力容器充装资质和工业产品生产许可资质违法违规生产经营，特种设备充装质量保证体系不健全，特种设备维护保养、检验检测不及时；储运区压力容器、压力管道等特种设备管理和操作人员不具备相应资格和能力，32人中仅有3人取得特种设备作业人员资格证。

（3）未严格执行安全技术操作规程，对快装接口与罐车液相卸料管连接可靠性检查不到位，对流体装卸臂快装接口定位锁止部件经常性损坏更换维护不及时；危险化学品装卸管理不到位，连续24小时组织作业，10余辆罐车同时进入装卸现场，超负荷进行装卸作业，液化气卸载过程中不具备资格的装卸管理人员现场指挥或监控。

（4）工程项目违法建设，存在擅自开工建设的违法行为，逃避行政监管，并使用非法施工队伍。

（5）事故应急管理不到位。未依法建立专门的应急救援组织，应急装备、器材和物资配备不足，预案编制不规范，针对性和实用性差，未根据装卸区风险特点开展应急演练，应急教育培训不到位，实战处置能力不高。

3.河南省清丰县安兴货物运输有限公司未落实安全生产主体责任

（1）对所属车辆处于脱管状态。对长期在临沂运营的危险化学品运输罐车管理缺位，仅履行资质资格手续办理和名义上管理职责，欺瞒监管。

（2）未履行异地经营报备职责。所属车辆运输线路以临沂临港经济开发区为起讫点累计5年以上，未按照道路危险货物运输管理相关规定向经营地临沂市交通运输主管部门进行报备并接受其监管。

（3）车辆动态监控不到位。未按规定对危险化学品运输罐车进行动态监控，未按规定使用具有行驶记录功能的卫星定位装置，未及时发现豫J90700罐车驾驶员疲劳驾驶行为并予以制止。

（4）移动式压力容器管理不到位。对公司所属40辆危险化学品运输罐车，未按规定配备移动式压力容器安全管理人员和操作人员。

4.中介技术服务机构未依法履行设计、监理、评价等技术管理服务责任

（1）山东大齐石油化工设计有限公司，作为临沂金誉石化有限公司一期8万吨/年液化气深加工建设项目设计单位，未严格按照石油化工控制室房屋建筑结构设计相关规范对控制室进行设计，建设单位聘用的非法施工队伍又未严格按照设计进行施工，导致控制室墙体在爆炸事故中倒塌，造成控制室内一名员工死亡。

（2）临沂市华厦城市建设监理有限责任公司，作为临沂金誉石化有限公司一期8万吨/年液化气深加工建设项目（除设备安装工程外）工程监理单位，未依法履行建筑工程监理职责，未发现建设单位临沂金誉石化有限公司和非法施工队伍冒用日照市岚山童海建筑工程有限公司房屋建筑工程施工资质进行施工作业，未发现控制室墙体材料施工时违反设计要求，导致控制室墙体在爆炸事故中倒塌，造成控制室内一名员工死亡。

（3）济南华源安全评价有限公司，作为临沂金誉石化有限公司二期20万吨/年液化气深加工建设项目安全设施竣工验收评价单位，出具的评价报告风险分析前后矛盾，评价结论严重失实，厂内各功能区之间风险交织，未提出有效的防控措施，且事故发生造成重大人员伤亡和财产损失。

（4）山东瑞康安全评价有限公司，作为临沂金誉石化有限公司一期8万吨/年液化气深加工建设项目安全设施竣工验收评价单位，出具的安全评价报告中的评价结论失实，且事故发生造成重大人员伤亡和财产损失。

5.交通运输部门未依法履行危险化学品运输安全监管职责

工作失职，对临沂金誉物流有限公司存在超越许可事项经营管理河南籍40辆危险化学品运输车辆的违法违规问题，未采取有效监管措施；对河南省清丰县安兴货物运输有限公司自2013以来在临沂市异地经营未向交通运输主管部门备案并接受其监管的违法行为，监督检查失职。对临沂金誉石化有限公司多年以来

作为年发送量超过20万吨（达30多万吨）的道路货物运输源头单位，未加强货物运输源头管理，未派驻现场管理人员。

监督不力，未依法履行道路危险货物运输车辆动态监管职责，对临沂金誉物流有限公司未按规定使用卫星定位监控平台、监控终端的行为监管监察不力，对临沂金誉物流有限公司未及时发现纠正肇事豫J90700罐车驾驶员疲劳驾驶行为检查督导不力。对临沂金誉物流有限公司道路危险货物运输装卸安全监管失察，对其未依法配备使用道路危险货物运输装卸管理人员、未健全执行装卸作业安全作业制度规程失察，对肇事豫J90700罐车卸载过程中无装卸管理人员现场指挥监控违规的行为监督不力。对临沂金誉物流有限公司安全教育和业务技能培训不到位等问题监管失察，对该公司应急救援体系不健全问题监管失察，对该公司未依法开展事故应急演练、提高从业人员应急处置和逃生互救能力监督督促不力。

6. 质监部门未依法履行特种设备安全监察职责

工作失职，两次发现临沂金誉石化有限公司未取得移动式压力容器充装资质擅自从事充装活动行为，虽下达处罚决定，未依法予以取缔并放任非法充装活动行为长期存在，监管失察不力。

监督不力，发现临沂金誉石化有限公司未取得工业产品生产许可证擅自生产危险化学品行为后，未及时制止并督促整改。未发现临沂金誉石化有限公司储运区部分压力容器及压力管道等特种设备管理和操作人员未取得特种设备作业人员资格证从事相关作业的行为，特别是对当班操作工韩某国未取得相关资质行为严重失察，对该公司特种设备相关操作人员安全技术知识不足、操作技能差等问题监管失察。对临沂金誉石化有限公司未建立健全特种设备充装质量保证体系及特种设备安全管理混乱等问题监管失察，对该公司特种设备从业人员违规操作监督检查不到位，发现临沂金誉石化有限公司部分特种设备超期未检后未采取有效监管措施。

7. 安监部门未依法履行危险化学品安全监管综合工作职责

未认真履行危险化学品安全监管综合工作职责，未有效指导督促各负有危险化学品安全监督管理职责的部门依法履行安全监管职责。

监督不力，组织开展危险化学品行业安全生产隐患大排查快整治严执法集中行动不扎实，对临沂金誉石化有限公司安全生产风险分级管控和隐患排查治理体系建设落实不到位监管不力，对临沂金誉石化有限公司安全意识淡薄、从业人员安全素质低、化工专业技能不足等问题监管失察。

8.公安消防机构未依法履行消防安全监管和工程项目消防审批职责

工作失职，对临沂金誉石化有限公司8万吨/年液化气深加工建设项目和20万吨/年液化气深加工建设项目都存在的消防未批先建行为监管失察，项目建设完成后补办消防设计审核和消防验收手续；对4万吨/年废酸回收建设项目未经消防设计审核擅自施工行为失察。

监督不力，未正确履行临沂金誉石化有限公司火灾高危单位监督管理职责，对临沂金誉石化有限公司消防日常安全监督检查不到位，对该公司值班室内使用的电器产品不符合消防安全质量要求失察。未及时发现临沂金誉石化有限公司未定期组织综合性消防演练的违法行为，对该公司消防宣传教育、消防应急演练和处置及逃生互救能力指导督促不力。对临沂金誉石化有限公司内部防火管理工作不到位监管失察，未及时发现该公司未委托消防设施检测机构定期进行全面功能检测的违法行为，对该公司未委托消防安全评估机构对公司消防安全管理运行情况进行评估并备案的违法行为失察。

9.经信部门未依法履行化工行业主管部门职责

工作不力，未按照危险化学品生产、储存行业规划和布局要求，推动临沂金誉石化有限公司新建的液化气深加工项目进入符合标准的化工园区。

工作失职，未按照"管行业必须管安全、管业务必须管安全、管生产经营必须管安全"要求认真履行化工行业主管部门安全生产监管职责，对临沂金誉石化有限公司开展化工行业安全生产综合管理工作不力。

监督不力，对加强安全环保节能管理开展化工产业转型升级工作推进不力，对辖区内化工行业建设项目进区入园把关上重项目轻安全、重发展轻安全。对临沂金誉石化有限公司一期8万吨/年液化气深加工建设项目和二期20万吨/年液化气深加工建设项目未取得立项、备案手续违规建设行为监管失察。不依法履行化工行业主管部门日常安全生产监管职责，未对临沂金誉石化有限公司开展安全生产监督检查，日常监管严重缺失。

10.住建部门未依法履行建设工程安全监管职责

工作失职，对临沂金誉石化有限公司一期8万吨/年液化气深加工建设项目和二期20万吨/年液化气深加工建设项目未取得建设工程施工许可证擅自施工的行为监管失察。在该项目建设过程中补办建设工程施工许可证，且在该项目施工图设计文件未按规定审查合格，未按规定办理工程质量、安全监督手续的情况下，违法违规进行审批。对该公司未办理施工许可证擅自施工建设的行为查处不力，致使违法建设行为一直持续到施工许可证办理完毕。未发现临沂金誉石化有限公司一期8万吨/年液化气深加工建设项目、二期20万吨/年液化气深加工建设项目未按规定办理工程质量、安全监督手续，施工图设计文件未按规定审查合格的违法行为，未对该工程履行日常的工程质量、安全监督等监管职责。未按规定履行建设工程监督检查职责，未发现一期8万吨/年液化气深加工建设项目的设计单位山东大齐石油化工设计有限公司未按照工程建设强制性标准进行设计的违法行为，未发现一期8万吨/年液化气深加工建设项目的建设单位临沂金誉石化有限公司和非法施工队伍冒用日照市岚山童海建筑工程有限公司房屋建筑工程施工资质进行基础工程施工的违法行为，未发现一期8万吨/年液化气深加工建设项目（除设备安装工程外）工程监理单位临沂市华厦城市建设监理有限责任公司未依照法律法规和工程建设强制性标准实施工程监理的违法行为。

11. 环保部门未依法履行工程项目环保审批职责

工作失职，贯彻落实国家环境法律法规不到位，对临沂临港经济开发区大量化工建设项目未取得环评批复擅自开工建设的突出问题长期监管失控，导致环保违法行为大量存在。对临沂金誉石化有限公司一期8万吨/年液化气深加工建设项目和二期20万吨/年液化气深加工建设项目在未获得环境影响评价报告批复情况下擅自开工建设并投产的违法行为长期监管失察。

12. 规划部门未依法履行工程项目规划审批职责

工作失职，对临沂金誉石化有限公司一期8万吨/年液化气深加工建设项目、二期20万吨/年液化气深加工建设项目未取得建设用地规划许可、建设工程规划许可的情况下擅自开工建设的行为失察，并在该项目建设过程中补办建设用地规划许可证、建设工程规划许可证。对三期4万吨/年废酸回收项目建设工程规划许可未批先建行为失察，并在该项目建设过程中补办建设工程规划许可证。

13. 地方党委政府未依法履行安全生产属地监管职责

（1）临沂临港经济开发区团林镇党委、政府贯彻落实相关法律法规和上级安排部署不到位，履行安全生产属地管理责任不力，对辖区企业安全生产工作组织领导不力，督促交通运输、特种设备、化工等行业领域的企业落实安全生产主体责任不到位。

（2）临沂临港经济开发区党工委、管委会贯彻落实相关法律法规和上级安排部署不到位，对安全生产工作不够重视，产业布局不合理，化工企业进区入园工作推动不力，对交通运输企业落实主体责任管理不到位，对辖区内存在的河南籍等异地危险化学品运输车辆长期在本地运输经营行为监管严重失职，对交通运输、特种设备、化工等行业领域的企业审批、安全监管、执法检查等方面督导执行不严不实；履行安全生产属地管理责任不力，督促指导有关职能部门和团林镇党委政府落实安全、审批监管责任不到位。

（3）临沂市政府贯彻落实相关法律法规和上级安排部署不到位，组织全市安全生产工作不到位，产业布局不合理，对交通运输、特种设备、化工等行业领域的企业审批、安全监管、执法检查等方面督导执行不严不实；督促指导有关职能部门和临港经济开发区党工委、管委会落实安全、审批监管责任不到位。

### 三、责任追究

（一）已在事故中死亡，免予追究责任人员（2人）

临沂金誉物流有限公司车辆驾驶员、临沂金誉石化有限公司储运部操作工等2人已在事故中死亡，免予追究责任。

（二）被公安机关采取措施人员（2人）

（1）临沂金誉物流有限公司、临沂金誉石化有限公司、河南省清丰县安兴货物运输有限公司法定代表人，涉嫌重大责任事故罪被临沂市公安局临港经济开发区分局刑事拘留。

（2）临沂金誉石化有限公司常务副总经理，涉嫌重大责任事故罪被临沂市公安局临港经济开发区分局刑事拘留。

（三）被移送司法机关追究刑事责任人员（4人）

（1）临沂金誉物流有限公司总经理，涉嫌构成重大责任事故罪。

（2）临沂金誉物流有限公司副总经理，涉嫌构成重大责任事故罪。

（3）临沂金誉物流有限公司押运员，涉嫌构成重大责任事故罪。

（4）临沂金誉石化有限公司储运部经理，涉嫌构成重大责任事故罪。

（四）涉嫌玩忽职守罪被依法追究刑事责任人员（5人）

临沂市交通运输局临港经济开发区分局运管科科长与副科长、临沂临港经济开发区市场监管局副局长、临沂临港经济开发区市场监管局质量监管科科长、临沂临港经济开发区市场监管局综合稽查大队大队长，涉嫌构成玩忽职守罪，依法追究刑事责任。

（五）被建议给予党纪政纪处分人员（29人）

根据《中国共产党纪律处分条例》《行政机关公务员处分条例》《事业单位工作人员处分暂行规定》等规定，给予交通运输、开发区、质量技术监督、安监、应急救援指挥中心、消防、经贸发展、经信委、规划、建设、人民政府等29名人员相应的党纪政纪处分。

（六）行政处罚情况

（1）临沂市交通运输局依法暂扣临沂金誉物流有限公司的道路运输许可证。

（2）依法吊销临沂金誉石化有限公司的安全生产许可证。

（3）临沂金誉物流有限公司、临沂金誉石化有限公司、河南省清丰县安兴货物运输有限公司法定代表人，自刑罚执行完毕之日起，5年内不得担任任何生产经营单位的主要负责人，并且终身不得担任交通运输、化工行业生产经营单位的主要负责人。责成临沂市安监局依法对其处2016年度年收入60%的罚款。

（4）临沂金誉物流有限公司总经理，自刑罚执行完毕之日起，5年内不得担任任何生产经营单位的主要负责人，并且终身不得担任交通运输行业生产经营单位的主要负责人。责成临沂市交通运输局依法吊销其道路运输从业人员相关资格。责成临沂市安监局依法对其处2016年度年收入60%的罚款。

（5）对临沂金誉石化有限公司生产技术部经理、安全环保部部长、储运部副经理、储运部班长4人做出事故处罚。

（6）对一期8万吨/年液化气深加工建设项目设计单位山东大齐石油化工设计有限公司，给予规定上限罚款并责令停业整顿一年的行政处罚。

（7）对一期8万吨/年液化气深加工建设项目（除设备安装工程外）工程监理单位临沂市华厦城市建设监理有限责任公司，给予规定上限罚款并责令停业整顿一年的行政处罚。

（8）吊销济南华源安全评价有限公司甲级安全评价机构资质。

（9）山东省安监局对山东瑞康安全评价有限公司做出暂停资质一年并给予规定上限罚款的行政处罚，对相关责任人依法给予处理。

（七）对河南省有关单位和人员处理建议

鉴于河南省清丰县安兴货物运输有限公司未落实道路危险货物运输安全和移

动式压力容器使用安全主体责任，对事故发生负有主要责任，由河南省人民政府及其有关部门依法组织开展事故调查处理相关工作，对相关企业及其人员未落实道路危险货物运输安全和移动式压力容器使用安全主体责任进行责任追究和行政处罚，对相关政府部门及其人员未落实危险货物运输安全监管、特种设备安全监察责任进行行政责任追究和处分。

（八）问责单位

临沂临港经济开发区党工委、管委会向临沂市委、市政府做出深刻检查；责成临沂市委、市政府向省委、省政府做出深刻检查；上述情况同时抄报省监察厅、省政府安委会办公室。

### 四、专家点评

（一）经验教训

我国是危险化学品、爆炸物品、放射性物品等危险物品的生产和使用大国，也是危险货物道路运输大国。近年来，我国危险货物道路运输行业管理不断规范、发展形势持续向好，但危险货物道路运输事故依然时有发生，暴露出危险货物道路运输管理中还存在一些漏洞和问题。导致这起事故发生的最重要、最为直接的原因有以下两点。

（1）疲劳驾驶、疲劳操作。肇事罐车驾驶员驾驶豫J90700车辆，从6月3日17时到6月4日23时37分，近32小时只休息4小时，期间等候装卸车2小时50分钟，其余时间均在驾车行驶和装卸车作业。车辆抵达临沂金誉石化有限公司后，押运员回家休息，驾驶员独自一人实施卸车作业。在极度疲惫状态下，操作出现严重失误，直接导致泄漏发生。

（2）安全生产制度、安全操作规程不落实。物流单位对所属驾驶员疲劳驾驶不能及时发现；化工企业危险化学品装卸管理不到位，连续24小时组织作业，10余辆罐车同时进入装卸现场，超负荷进行装卸作业，且未采取有效的管控措施；液化气卸载过程中没有具备资格的装卸管理人员现场指挥或监控，未依法配备装卸管理人员。

（二）意见建议

（1）加强危险货物运输装备的安全管理。一是在生产环节，生产企业按照国家标准规定的车辆产品型号、车辆类型进行生产，车辆应取得认证证书；常压罐车罐体生产企业应当取得生产许可证。二是在检验环节，罐车罐体、可移动罐柜、罐式集装箱需经具有专业资质的检验机构检验合格方可使用。三是危险货物包装容器属于移动式压力容器或者气瓶的，应当满足特种设备相关要求。

（2）规范危险货物运输车辆运行管控措施。一是按照押运员、警示标志、防护用品、应急救援器材、安全卡等人员和安全设施的配备要求，以及承运人对车辆、驾驶人的监控管理要求配备人员、设备。二是营运企业应当严格限制危险货物运输车辆行驶速度，高速公路及其他道路分别不超过每小时80千米、60千米，承运人应当对车辆及驾驶人进行动态监督管理。三是统一通行限制和保障措施。公安机关应提前向社会公布在哪些特定区域、路段、时段采取限制危险化学品车辆通行措施以及绕行路线。

（3）建立健全各项安全生产管理制度。运营企业应当建立主要包括安全生产操作规程、安全生产责任制、安全生产监督检查制度以及从业人员、车辆、设备安全管理制度、安全教育培训制度在内的各项管理制度。加强对驾驶员、押运员、装卸员、值班员、管理员等相关从业人员及各级分管安全领导的安全教育培训，把相关法律法规、安全操作规程、安全操作技能作为重点培训内容，切实增强安全生产意识，提高安全操作技能和水平。

（4）明确各部门监管责任及协作要求。根据有关法律法规和文件要求，进一步明确交通运输、工业和信息化、公安、生态环境、应急管理和市场监管等相关部门的法定职责和任务；同时，建立联合执法协作机制和违法案件移交、接收机制，以增强执法合力，切实提高市场监管效果。

**扩展阅读**

道路危险货物运输是指使用专用车辆，通过道路运输危险货物的作业全过程。道路危险货物运输车辆是指从事道路危险货物运输的载货汽车。危险货物的分类、分项、品名和品名编号应当按照国家标准《危险货物分类和品名编号》（GB 6944）、《危险货物品名表》（GB 12268）执行；危险货物的危险程度依据国家标准《危险货物运输包装通用技术条件》（GB 12463），分为Ⅰ、Ⅱ、Ⅲ级。罐式专用车辆的罐体应当经质量检验部门检验合格。运输爆炸、强腐蚀性危险货物的罐式专用车辆的罐体容积不得超过20立方米，运输剧毒危险货物的罐式专用车辆的罐体容积不得超过10立方米，但罐式集装箱除外。从事道路危险货物运输的驾驶人员、装卸管理人员、押运人员经所在地设区的市级人民政府交通主管部门考试合格，取得相应从业资格证。危险货物承运人在运输前，应当对运输车辆、罐式车辆罐体、可移动罐柜、罐式集装箱及相关设备的技术状况，以及卫星定位装置进行检查并做好记录，对驾驶人、押运人员进行运输安全告知。在危险货物道路运输过程中，除驾驶人外，还应当在专用车辆上配备必要的押运人员，确保危险货物处于押运人员监管之下。收货人应当及时收货，并按照安全操作规程进行卸货作业[①]。

**关联文献**

《散装液体化学品罐式车辆装卸安全作业规范》( T/CFLP 0026 )

---

[①] 交通运输部 . 危险货物道路运输安全管理办法 [EB/OL].[2019−11−28].https://xxgk.mot.gov.cn/2020/jigou/fgs/202006/t20200623_3308239.html.

# 2017年吉林省松原市"7·4"燃气管道较大泄漏爆炸事故①

## ——违规开挖道路施工导致燃气泄漏

2017年7月4日，吉林省松原市宁江区繁华路发生城市燃气管道泄漏爆炸事故。事故造成7人死亡，85人受伤，直接经济损失4419万元。事故现场如图35-1所示。

图35-1 松原市"7·4"较大燃气泄漏爆炸事故现场

经现场开挖确认，泄漏位置在繁华路段，漏孔直径约0.060米，埋深约3.9米，距市医院综合楼南区墙体垂直距离为8.23米，距市医院总务科平房墙体垂直距离为2.78米。泄漏的燃气通过钻孔，大部分直接泄漏出地表面，在漏点上方周围扩散，其余部分通过地下缝隙及松土层向周边扩散。当日下午1点至3点，西南风1级，对泄漏燃气的扩散影响很小，泄漏的燃气迅速弥漫漏点周围空间，扩散至周边建筑物内。燃气主要通过4条通道进入市医院综合楼：第一条是通过松土层进入综合楼底部的沉降空间，并进入地沟；第二条是洗衣房面向繁华路直开的门，并经与

---

① 资料来源：湖北省住建厅.松原市"7·4"城市燃气管道泄漏爆炸较大事故调查报告[EB/OL].[2018-01-26]. https://zjt.hubei.gov.cn/bmdt/ztzl/hbcjda/dxgx/201910/t20191028_81441.shtml.

该洗衣房通向走廊的门，与东区走廊形成气流通道入市医院东区；第三条是通过敞开的门窗，直接扩散进入综合楼各房间；第四条是市医院综合楼西侧的户外门。

## 一、事故经过

2017年7月4日13时23分许，松原市广发建设有限公司（以下简称广发公司）在对松原市市政公用基础设施建设项目（三标段）繁华路（乌兰大街至五环大街段）道路改造工程实施旋喷桩基坑支护施工时，旋喷桩机将吉林浩源燃气有限公司（以下简称浩源燃气公司）在该路段埋设的燃气管道（材质PE，管径110毫米，工作压力0.3兆帕，埋深3.9米）贯通性钻漏，造成燃气（天然气，下同）大量泄漏，扩散至道路南侧的松原市人民医院（以下简称市医院）总务科平房区和道路北侧的市医院综合楼内，积累达到爆炸极限。14时51分26秒，市医院总务科平房内的燃气遇随机不明点火源发生爆炸，爆炸能量瞬间波及并传递引爆泄漏点周边区域爆炸气体，市医院总务科平房区和市医院综合楼及周围部分房屋倒塌、起火燃烧及设备设施毁损，造成人员伤亡。

## 二、事故原因

### （一）直接原因

事故的直接原因是施工中钻漏燃气管道，导致燃气［主要成分甲烷，相对密度（空气=1）为0.5548］泄漏，达到爆炸极限，遇随机不明点火源引发爆炸。被钻漏的燃气管道如图35-2所示，管道埋设如图35-3所示。

图35-2　被钻漏的燃气管道

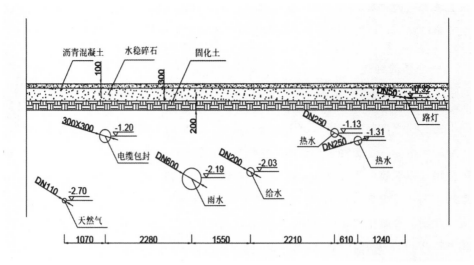

图35-3 地埋管线埋设情况纵向剖面图

（二）间接原因

（1）施工单位违规转包、施工。繁华路改造施工单位广发公司不具备施工能力，以欺骗手段承揽工程，对分包工程和临时雇佣人员管理严重缺失，违法将部分工程转包；未与燃气经营企业共同制定地下燃气设施保护方案，也未采取相应的安全保护措施。宏远公司无施工资质和施工管理人员，通过转包长期从事地下燃气管线工程施工，燃气设施保护不到位；在《繁华路雨水管道基坑支护方案》未经专家论证通过、监理机构审核同意、公用局项目办审批同意的情况下，进行旋喷桩施工。长春新星宇建安公司违法违规，将中标工程转包给宏远公司，且不履行安全管理职责。浩源非开挖公司无施工资质和施工管理人员，通过转包长期从事地下燃气管线工程施工；竣工档案造假，事故管线实际位置与竣工图严重不符。安顺公司违法违规，将中标工程转包给不具备资质的浩源非开挖公司。

（2）燃气公司安全生产主体责任不落实，燃气设施保护不到位，应急管理工作缺失。在未与建设单位和施工单位制定燃气设施保护方案、签订地下天然气管道安全保护告知书的情况下，允许施工单位在燃气管道附近施工；巡线人员未在施工现场进行指导和监护，在施工单位挖探坑未查明燃气管道位置的情况下，仍同意其进行旋喷桩施工。未对压力管道安装质量进行监督检验、定期检验和办理使用登记，事故燃气管道长期超设计压力（设计压力0.2兆帕，运行压力0.3兆帕）运行；燃气中加臭剂浓度不符合标准；公司燃气管网运行图不完整、不准确，抢维修人员不熟悉阀门位置。未向负有安全生产监督管理职责的部门报告事故情况，主要负责人到达泄漏现场后，没有认真分析、研判泄漏严重程度，未组织现场应急处置工作和疏散周边相关单位人员；未对现场及周围建筑物的燃气浓度进行检测和监测，未有效组织人员疏散，特别是未疏散市医院的人员，致使伤亡扩大；抢维修主管在事发后主导抢维修人员向事故调查组做伪证。未认真组织事故燃气管道工程验收，竣工档案造假，造成事故燃气管道实际位置与竣工图严重不符，且未按设计安装阀门，包括事故燃气管道在内的大部分建设项目竣工验收报告未向建设行政主管部门、燃气管理部门备案。

（3）监理公司不认真履行监理职责，对施工单位违法违规问题失管。卓信监理公司在未探明燃气管线埋设深度和实质线位，没有明确燃气管道安全技术保护措施的情况下，放任施工单位在燃气管线附近施工；未发现施工企业和人员不具备资质；监理员擅离职守，在事故发生时未对旋喷桩工程进行旁站式监理；执行监理工作制度不严格，未建立安全监理台账，监理日志不完整；安全生产会议、安全生产检查、事故隐患排查无记录；未吸取旋喷桩施工钻漏自来水管道事故教训。三全监理公司不履行监理职责，对浩源非开挖公司不具备市政公用工程承包资质，承包浩源燃气公司地下燃气管线工程，特别是对施工单位未按照实际编制施工组织设计，未按照工程设计图纸施工，事故管线未按设计安装阀门，竣工档案造假，事故管线实际位置与竣工图严重不符等问题未履行监理职责；拒不配合事故调查。

（4）政府相关部门未认真履职。公用局项目办不认真履行项目管理职责，对施工单位、监理单位违法违规问题失察失管；燃气管理中心对燃气企业监管不力；公用局对项目办、燃气管理中心存在的问题失察失管；松原市住房和城乡建设局履行建设工程监督管理职责不认真；质量技术监督部门对燃气压力管道监管缺位。

### 三、责任追究

（一）被司法机关采取强制措施人员（16人）

（1）燃气公司6人因涉嫌重大责任事故罪被批准逮捕、取保候审。

（2）工程项目承包单位3人因涉嫌重大责任事故罪被批准逮捕。

（3）施工单位5人因涉嫌重大责任事故罪被批准逮捕。

（4）监理公司2人因涉嫌重大责任事故罪被批准逮捕。

（二）被给予党纪政纪处分人员（27人）

（1）施工单位4人被给予开除、撤职和吊销证照处分。

（2）承包单位1人被给予撤职和吊销证照处分。

（3）燃气公司1人被给予开除和吊销证照处分。

（4）监理公司2人被给予开除、撤职处分。

（5）对事故发生负有责任的国家工作人员共19人分别被给予警告、记过、记大过、降低岗位等级、撤职、开除等处分。

## 四、专家点评

（一）经验教训

对于埋地燃气管道，实际中有些是谁建谁管、各管一片，运营单位管线巡检仍然过分依靠人工巡查，先进智能化装备不足，对管线情况靠记忆、靠经验进行维护和判断的情况依然存在，不能及时有效发现事故隐患。一些地方缺乏统一的规划、建设和运行管理，客观上给施工破坏造成了条件。分析这起事故的原因，仍然是从业人员心存侥幸，安全意识不强，安全制度执行不严格，各层级安全管理存在形式主义、官僚主义等问题，事故发生看似偶然，实则必然。导致这起事故最重要的因素主要是以下两个方面。

（1）施工单位违法施工、盲目蛮干。根据中国城市燃气协会安全管理委员会的统计，2017年至2021年上半年，有公开报道的燃气事故多达3618起，造成至少4046人伤亡，居民用气事故占燃气事故总数的比例最大，其次是管网事故，而第三方施工是管网事故主因。这起事故中，施工承包单位、开挖单位不具备施工资质，未经专家论证通过、监理机构审核同意、公用局项目办审批同意的情况下进行施工，在不确定燃气管道具体位置的情况下盲目蛮干；监理单位不认真履行职责，放任施工单位冒险作业，最终导致事故发生。2014年8月1日，台湾省高雄市前镇区发生丙烯管道泄漏事故，继而多次爆炸，导致32人死亡、321人受伤；2010年7月28日，南京市栖霞区迈皋桥街道也发生一起丙烯管道泄漏爆燃事故，造成22人死亡、120余人受伤。这两起事故背后，也都有违法施工建设和盲目蛮干的影子。

（2）燃气运营单位自身管理存在重大缺陷。一是底数不清，情况不明，燃气管网运行图不完整、不准确，燃气管道实际位置与竣工图严重不符。二是放任不安全行为对燃气管网造成威胁，在未与建设单位和施工单位制定燃气设施保护方案的情况下，允许施工单位在燃气管道附近施工，且巡线人员未在施工现场进行指导和监护。三是维护措施不落实，没有对压力管道进行监督检验、定期检验，事故燃气管道长期超压运行；燃气加臭剂添加量不符合要求。四是处置能力低下，没有能力对事故进行分析、判断并制定方案加以解决；没有应急疏散、抢险意识，未能及时疏散群众；抢修人员配备不足，无法应对现实情况。

（二）意见建议

（1）加强燃气工程建设规划管理。一是体现规划的前瞻性、统筹协调性和严肃性，任何单位和个人都不得随意变更燃气工程规划。二是加强对燃气工程建设的安全管理，落实工程设计终身责任制，有关设计单位应对燃气工程的设计、施工全过程进行现场监督。三是严把燃气工程的验收质量关，建设工程主管部门和规划设计单位要严格按照国家法律法规和技术标准对总体规划、修建性详细规划与实际吻合情况进行验证。

（2）建立市政管线施工会签制度，严格审批。有关职能部门应当对地下管线、市政施工的报审程序进行严格把关，工程项目规划实施过程中可能对天然气管道造成影响的，应当组织有关建设单位、施工单位、城市燃气管理部门以及天然气运营企业进行论证。在道路施工涉及地下管线时，一定要详尽查阅地下管线现状资料，并进行现场确认；严格按照批准的设计图纸施工，杜绝擅自变更规划和设计图纸；对于施工单位和施工人员的资格、资质，必须严格查验。

（3）制定应急预案。施工时必须制定建设、施工单位和燃气企业同时参与的燃气设施保护方案和专项应急预案。准确确定燃气管道位置并采取保护措施后，方可施工；制定现场处置方案，并组织演练，参与施工的人员都应熟悉、掌握，对于学校、医院等人员密集场所，还要制定专项应对措施，明确责任；建立燃气企业应急预案和政府相关部门预案应急响应联动机制，根据事故现场情况及应急处置需要，及时划定危险警戒区域，疏散周边人员，确保处置救援工作安全有序。

（4）开展燃气管线运行评估，提高燃气事故监测预警水平。确定燃气设施与建（构）筑物的间距是否符合要求；增设安全阀门；校准竣工图，并收集、保存相关档案资料；根据燃气管网的压力级别、运行年限、腐蚀状况等实际，制定周期性巡查、检测、维护保养计划等。逐步采用智能化监测手段加强对燃气管线等城市生命线运行的动态监测和预警能力，确保管网整体覆盖区域内的燃气加臭剂浓度达到国家规定标准。

**扩展阅读**

《城市道路管理条例》规定，因工程建设需要挖掘城市道路的，应当提交城市规划部门批准签发的文件和有关设计文件，经市政工程行政主管部门和公安交通管理部门批准，方可按照规定挖掘；依附于城市道路建设各种管线、杆线等设施的，应当经市政工程行政主管部门批准，方可建设；经批准挖掘城市道路的，应当在施工现场设置明显标志和安全防围设施；竣工后，应当及时清理现场，通知市政工程行政主管部门检查验收。

**关联文献**

《城市道路管理条例》（国务院令第198号）

《城镇燃气管理条例》（国务院令第583号）

《城镇燃气规划规范》（GB/T 51098）

《城镇燃气设计规范》（GB 50028）

《城镇燃气技术规范》（GB 50494）

《燃气工程项目规范》（GB 55009）

《城镇燃气标志标准》（CJJ/T 153）

《城镇燃气报警控制系统技术规程》（CJJ/T 146）

《城镇燃气埋地钢质管道腐蚀控制技术规程》（CJJ 95）

《城镇燃气加臭技术规程》（CJJ/T 148）

## 案例36

# 2018年四川省宜宾市恒达科技有限公司"7·12"重大爆炸着火事故①
## ——生产过程误投料导致重大事故

2018年7月12日18时42分33秒，位于四川省宜宾市江安县阳春工业园区内的宜宾恒达科技有限公司（以下简称宜宾恒达公司）发生重大爆炸着火事故（图36-1），造成19人死亡、12人受伤，直接经济损失4142万余元。

图36-1　宜宾恒达科技有限公司厂房发生爆炸场景

① 资料来源：泸州市龙马潭区人民政府. 宜宾恒达科技有限公司 "7·12" 重大爆炸着火事故调查报告 [EB/OL].[2019-02-19].http://www.longmatan.gov.cn/ztzl/aqsczl/aljx/content_43204.

宜宾恒达公司厂区占地面积约 25 亩，总建筑面积 6339 平方米，建有办公楼（办公楼与职工宿舍共用一栋建筑）、一车间、二车间、三车间、精制车间、储罐区、烘房、分析楼、库房一、库房二、变配电室、制冷机房、门卫室。主要建筑物一车间、二车间、三车间位于厂区中部，西侧由北向南依次排列，均为地上三层钢结构建筑，建筑面积 896.67 平方米；库房一、库房二位于厂区东侧；精制车间位于三车间东侧；办公楼平行位于一车间北面（厂区爆炸后情况如图 36-2 所示）。发生事故的生产装置未设置自动化控制系统，原设计的二车间 DCS 控制系统、ESD 紧急停车系统现场实际未安装，无可燃和有毒气体检测报警系统和消防系统。生产设备、管道工艺参数的观察和控制仅靠现场人工观察压力表、双金属温度计以及人工手动操作，设备的全部工艺参数均未实现远传。

图 36-2 宜宾恒达科技有限公司厂区爆炸后俯视图

## 一、事故经过

2018 年 7 月 12 日 11 时 30 分左右，宜宾江安壹米滴答金桥物流公司将 2 吨标注为原料的 COD 去除剂（实为氯酸钠）送至宜宾恒达公司。巧合的是，此前，四川金桥物流有限公司江安县营业部曾打电通知宜宾恒达公司有一批生产原料丁酰胺送到。随后，公司库管员宋某误以为来者是四川金桥物流有限公司江安县营业部，送来的是丁酰胺，入库时，其也未对入库原料认真核实，将氯酸钠作为原料丁酰胺进行了入库处理。

14时左右，二车间到库房领取生产原料丁酰胺，仓库同意并发给33袋"丁酰胺"（实为氯酸钠）。15时30分左右，二车间咪草烟生产岗位的当班人员通过升降机将氯酸钠转运至三楼2R302釜与北侧栏杆之间堆放。17时20分前，2R301釜完成氯酸钠投料。18时42分33秒，正值现场交接班时间，二车间三楼2R301釜发生化学爆炸。爆炸导致2R301釜严重解体，随釜体解体过程冲出的高温甲苯蒸气，迅速与外部空气形成爆炸性混合物，并产生二次爆炸，同时引起车间现场存放的氯酸钠、甲苯与甲醇等物料殉爆、殉燃。爆炸破坏情况如图36-3、图36-4所示。

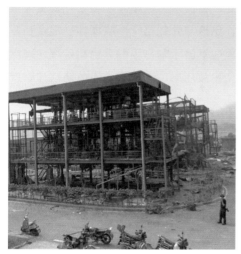

图36-3　生产装置被爆炸破坏现场

图36-4　临近车辆被爆炸抛出物损毁

事故发生后，江安县政府第一时间启动应急响应，江安县委副书记、县政府县长等县委、县政府领导及相关部门负责人立即到达事故现场，并成立了事故应急救援指挥部，组织开展救援工作，紧急对园区实施停电、停气，组织开展灭火救援、危险源查找、环境监测、下水道排险和交通管制、人员疏散等工作。先后组织16个搜救小组对爆炸着火现场进行了6次搜救，共调集消防车45辆、移动水炮10台、洒水车2辆、其他应急工具车共10余辆，出动消防、交巡、治安等警力530余名（其中消防官兵230名），政府及街道和社区干部90余名。21时10

分，现场明火被扑灭；7月13日6时20分，搜救工作结束。经计算，这次事故释放的爆炸总能量为230千克TNT当量，初始爆炸能量为50千克TNT当量。

## 二、事故原因

### （一）直接原因

宜宾恒达公司在生产咪草烟过程中，操作人员将无包装标识的氯酸钠当作丁酰胺，补充投入2R301釜中进行脱水操作。在搅拌状态下，丁酰胺－氯酸钠混合物形成具有迅速爆燃能力的爆炸体系，开启蒸气加热后，丁酰胺－氯酸钠混合物的BAM摩擦及撞击感度［德国材料试验研究所（BAM）提出的一种国际通行试验指标］随着釜内温度升高而升高，在物料之间、物料与釜内附件和内壁相互撞击、摩擦下，引起釜内的丁酰胺－氯酸钠混合物发生化学爆炸，爆炸导致釜体解体；随釜体解体过程冲出的高温甲苯蒸气，迅速与外部空气形成爆炸性混合物并产生二次爆炸，同时引起车间现场存放的氯酸钠、甲苯与甲醇等物料殉爆、殉燃和二车间、三车间着火燃烧，进一步扩大了事故后果，造成重大人员伤亡和财产损失。

### （二）间接原因

（1）宜宾恒达公司未批先建、违法建设，非法生产，未严格落实企业安全生产主体责任。①未批先建、违法建设。在未办理建设工程规划许可、建筑工程施工许可、环境影响评价审批、消防设计审核、安全设施设计审查等项目审批手续之前，擅自开工建设，且拒不执行安全监管部门下达的停止建设指令。随意变动总平面布置设计，改变库房使用功能，扩大危险化学品及其他化工原料的储存规模；擅自改变设计生产品种、设备布置及数量，调整车间层高，且不履行设计相关变更手续；未委托有资质的监理单位开展设备、管道安装监理；违规自行组织开展了房屋建筑工程竣工验收。②非法组织生产。涉事企业边建设边组织生产，生产装置无正规科学设计，相关生产工艺没有正规技术来源，也未委托专业机构进行工艺计算和施工图设计。未经许可擅自改变生产产品，实际生产产品与项目备案和报批内容不符。在不具备安全生产条件且未经核实工艺安全可靠性的情况下，以及在没有办理危险化学品建设项目行政审批手续和取得危险化学品安全生产许可证的情况下非法组织生产。③安全管理混乱。涉事企业未制定岗位安全操作规程，未建立危险化学品及化学原料采购、出入库登记管理制度，未开展安全风险评估，未认真组织开展安全隐患排查治理，风险管控措施缺失。④安全生产教育和培训不到位。未按规定开展新员工入厂三级教育培训，操作人员普遍缺乏化工安全生产基本常识和基本操作技能，不清楚本岗位生产过程中存在的安全风险，不能严格执行工艺指标，不能有效处置生产异常情况。⑤操作人员资质不符合要求。绝大部分操作工文化程度不符合国家对涉及"两重点一重大"装置的操作人员必须具有高中以上文化程度的强制要求，特种作业人员未持证上岗，不能满足企业安全生产的要求。⑥不具备安全生产条件。安全设施不到位，未取得安全设施"三同时"手续，安全投入严重不足，无自动化控制系统、安全仪表系统、可燃和有毒气体泄漏报警系统等安全设施，车间内无消火栓、灭火器材、消防标识等消防设施，防雷设施未经具备相关资质的专业部门检测验收，未对特种设备进行检测、使用登记。生产设备、管道仅有现场压力表及双金属温度计，工艺控制参数主要依靠人工识别，生产操作仅靠人工操作，生产车间现场操作人员较多且在生产现场交接班，加大了安全风险，不具备安全生产条件。

（2）相关企业委托不具备安全生产条件和相应资质的宜宾恒达公司进行加工生产，提供的咪草烟生产工艺说明和工艺流程图没有对工艺技术安全可靠性进行论证和充分说明。

（3）设计、施工、监理、评价、设备安装等技术服务单位未依法履行职责，违法违规进行设计、施工、监理、评价、设备安装和竣工验收，氯酸钠产供销相关单位违法违规生产、经营、储存和运输。

（4）江安县工业园区管委会和江安县委县政府坚持"发展决不能以牺牲安全为代价"的红线意识不强，没有始终绷紧安全生产这根弦，没有坚持把安全生产摆在首要位置，对安全生产工作重视不够，属地监管责任落实不力。

（5）负有安全生产监管、建设项目管理、易制爆危化品监管和招商引资职能的安监、经信、住建、环保、质监、公安、消防、招商等相关部门未认真履职，审批把关不严，监督检查不到位。

### 三、责任追究

（一）被司法机关采取措施追究刑事责任人员（15人）

（1）宜宾恒达公司6人因涉嫌重大劳动安全事故罪、重大责任事故罪，被司法机批准逮捕。

（2）与涉事企业宜宾恒达公司有业务往来的其他企业9人，分别因涉嫌重大劳动安全事故罪、非法生产、销售不符合安全标准的产品罪被批准逮捕或取保候审。

（二）因涉嫌严重违纪违法，接受纪律审查和监察调查人员（4人）

（1）安环部门3人因涉嫌玩忽职守罪、故意销毁会计账簿罪，被立案审查调查。

（2）安全监管部门1人因涉嫌故意销毁会计账簿罪、玩忽职守罪，被立案审查调查。

（三）被给予党纪政务处分和组织处分人员（44人）

（1）园区党工委、管委会领导3人。

（2）有关行政主管部门41人。

## 四、专家点评

（一）经验教训

这起加错药剂导致的事故看似荒诞，实则再一次用血的教训验证了化工生产全过程管理、控制的重要性。这个案例告诉我们，在社会愈加数字化、智能化，化工生产工艺自动化控制早已普及的大背景下，仍然有一些打着"科技公司"名号的中小型企业在沿袭落后的"土办法"，或者在不具备条件的情况下盲目尝试所谓的"新工艺"，仍然有许多受教育程度不高的工人在没有安全培训、缺乏基本常识、毫无安全保障的条件下工作。他们满怀期待地努力争取美好的生活，却要承受这些违法建设、管理混乱、工艺落后等典型问题带来的无妄之灾。导致这起事故的核心问题主要有以下两点。

（1）内部管理，尤其是危险化学品出入库管理混乱。一是没有落实出入库制度，宜宾恒达公司库管员宋某，在没有认真核对入库药剂标签的情况下即将药品入库，想当然地认为收到的药剂是生产原料丁酰胺，但实际是氯酸钠；入库后，也没有对药品进行例行检查；出库时，更没有对药品进行复核。二是没有内部互查、监督的保障机制，出库、入库均为宋某一人办理。三是仓库管理不规范，未按实际需求将常用药品存放在指定地点，管理人员对本厂常用药品性状、包装不熟悉。

（2）生产环节缺乏安全保障。一是缺少安全规程，操作人员在加料前没有再次核对物料。二是工艺安全设施缺位，无自动化控制系统、安全仪表系统、可燃和有毒气体泄漏报警系统等安全设施，生产全靠人工识别、操作。三是违法违规组织生产，擅自改变生产建筑和工艺设计，咪草烟和1，2，3–三氮唑生产工艺没有正规技术来源，完全靠组织者自己凭经验决定。四是操作人员不具备从业条件，没有接受应有的企业组织的职业技能培训，特种设备操作人员不具备岗位资格。

（二）意见建议

（1）严格危险化学品管理，尤其是出入库管理。按照《危险化学品安全管理条例》的规定，将危险化学品储存在专用仓库内，设置明显的标志，并由专人负责管理，同时建立危险化学品出入库核查、登记制度。储存数量构成重大危险源的危险化学品，应当在专用仓库内单独存放，入库、出库的危险化学品必须有符合要求的安全标签，否则不得出库、入库。

（2）开展技术改造升级，提高化工生产本质安全。定期开展安全评估，严格按照《危险化学品安全使用许可证实施办法》的要求，淘汰落后和危及安全生产的工艺、设备；首次使用的化工工艺，应当经过省级人民政府有关部门组织的安全可靠性论证。涉及重点监管危险化工工艺、重点监管危险化学品的装置装备应当设自动化控制系统；涉及原国家安全生产监督管理总局公布的重点监管危险化工工艺的大型化工装置应装设紧急停车系统；涉及易燃易爆、有毒有害气体化学品的作业场所装应设易燃易爆、有毒有害介质泄漏报警等安全设施。

（3）加大准入审查和违法建设打击力度。严格落实《危险化学品生产企业安全生产许可证实施办法》《危险化学品经营许可证管理办法》和《危险化学品建设项目安全监督管理办法》，在审查、验收时认真核对企业危险化学品的生产经营种类、规模，对其工艺条件、工艺安全设施和岗位资格等内容进行严格审查。对于违法违规的企业，必须依法严格关、停措施。

扩展阅读

《危险化学品安全管理条例》规定，危险化学品生产企业应当提供与其生产的危险化学品相符的化学品安全技术说明书，并在危险化学品包装（包括外包装件）上粘贴或者拴挂与包装内危险化学品相符的化学品安全标签。危险化学品生产企业发现其生产的危险化学品有新的危险特性的，应当立即公告，并及时修订其化学品安全技术说明书和化学品安全标签。危险化学品包装物、容器的材质以及危险化学品包装的型式、规格、方法和单件质量（重量），应当与所包装的危险化学品的性质和用途相适应。对重复使用的危险化学品包装物、容器，使用单位在重复使用前应当进行检查；发现存在安全隐患的，应当维修或者更换。

**关联文献**

《危险化学品生产企业安全生产许可证实施办法》（国家安全生产监督管理总局令第41号）

《危险化学品安全使用许可证实施办法》（国家安全生产监督管理总局令第89号）

《危险化学品经营许可证管理办法》（国家安全生产监督管理总局令第55号）

《危险化学品建设项目安全监督管理办法》（国家安全生产监督管理总局令第45号）

《危险化学品登记管理办法》（国家安全生产监督管理总局令第53号）

《危险化学品目录》（应急管理部、工业和信息化部等发布，适时调整）

《危险化学品重大危险源辨识》（GB 18218）

《常用危险化学品的分类及标志》（GB 13690）

《危险货物分类和品名编号》（GB 6944）

《危险货物品名表》（GB 12268）

《化学品安全标签编写规定》（GB 15258）

## 案例 37

# 2018年河北省张家口市中国化工集团盛华化工公司"11·28"重大爆燃事故①
## ——设备带病运行致危险化学品泄漏爆燃

2018年11月28日0时40分55秒，位于河北省张家口市望山循环经济示范园区的中国化工集团河北盛华化工有限公司氯乙烯泄漏扩散至厂外区域，遇火源发生爆燃，造成24人死亡（其中1人后期医治无效死亡）、21人受伤（4名轻伤人员康复出院），38辆大货车和12辆小型车损毁，截至2018年12月24日直接经济损失4148.8606万元。事故区域相关单位平面布置如图37-1所示。

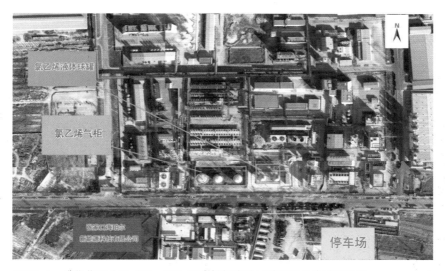

图37-1　盛华化工公司"11·28"重大燃爆事故区域相关单位平面布置

---

① 资料来源：广东省应急厅.2018年河北张家口中国化工集团盛华化工公司"11·28"重大爆燃事故调查报告[EB/OL].[2019-06-17].http://yjgl.gd.gov.cn/gk/zdlyxxgk/sgdcbg/content/post_2514391.html.

河北盛华化工有限公司（以下简称盛华化工公司）住所为张家口市桥东区大仓盖镇梅家营村，占地面积210万平方米。下设生产运行处、安全处、物资管理处、人力资源处等11个处室及聚氯乙烯、电解、机电仪表、热电4个车间。主要产品为聚氯乙烯树脂、片碱、液碱、液氯、盐酸、次氯酸钠等。主导产品为聚氯乙烯树脂和烧碱，产能均为20万吨/年，年销售收入20亿元。事故中损毁的38辆大货车，有31辆沿310省道南侧自盛华化工公司东门西侧至西门东侧，车头向东依次排列，前后延续约450米；有7辆停放在停车场。损毁的12辆小型车，有1辆停放在盛华化工公司西门前北侧辅路；2辆停放在盛华化工公司西门东侧；1辆位于西门偏东30米左右路中偏南；2辆停放在海珀尔公司东门东侧辅路；1辆停放在停车场入口西侧；5辆停放在停车场内西侧（图37-2、图37-3）。

## 一、事故经过

2018年11月27日23时，盛华化工公司聚氯乙烯车间氯乙烯工段丙班接班。接班时生产无异常。28日0时36分53秒，DCS（分布式控制系统）运行数据记录显示，压缩机入口压力降至0.05千帕；回流阀开度在约3分钟时间内由30%调整至80%。28日0时39分19秒，DCS运行数据记录显示，气柜高度快速下降。0时41分左右，员工听见爆炸声，看见厂区南面起火，转化岗DCS操作员启动紧急停车程序。事故发生后，盛华化工公司启动紧急停车操作，打开氯乙烯球罐

图37-2　损毁车辆及伤亡人员位置示意图（红色为死亡人员、绿色为受伤人员）

图37-3　现场被烧毁的车辆

喷淋水，同时对氯乙烯打料泵房及周围着火区域进行扑救灭火。气柜东北角的监控视频显示，1号氯乙烯气柜发生过大量泄漏，0时40分55秒观察到气柜南侧厂区外火光映入视频画面。

28日0时41分38秒，张家口市消防支队指挥中心接到报警后，调动7个执勤中队、21部执勤车、120余名指战员参与处置。救援人员在事故现场及方圆1千米、3千米、5千米范围内同步开展搜救，同时在盛华化工公司氯乙烯气柜和球罐区附近实行重点处置，防止发生爆炸。张家口市120急救中心派出5辆救护车和46名医务人员赶赴现场，全力救治受伤人员。28日2时48分，明火基本扑灭。

事故发生后，张家口市委、市政府迅速启动应急预案，市委、市政府领导第一时间赶赴现场。省委、省政府成立了现场指挥部，下设综合协调、事故调查与现场处置、医疗救助、善后处理、舆情引导、社会稳定6个工作组，调集公安、卫计、安监、环保等部门开展事故救援和现场处置工作。

二、事故原因

（一）直接原因

盛华化工公司违反《气柜维护检修规程》（SHS　01036）第2.1条和《盛华

化工公司低压湿式气柜维护检修规程》的规定，聚氯乙烯车间的1号氯乙烯［氯乙烯的理化性质：无色、有醚样气味的气体，遇明火、高温可燃烧、爆炸，分子量 62.50，熔点 −153.8℃，沸点 −13.9℃，蒸汽密度 2.84千克/立方米，闪点 −78℃，临界温度 151.5℃，自燃温度 472℃，爆炸极限 3.6% ~ 33%（体积）］气柜长期未按规定检修，事发前氯乙烯气柜卡顿、倾斜，开始泄漏，压缩机入口压力降低，操作人员没有及时发现气柜卡顿，仍然按照常规操作方式调大压缩机回流，进入气柜的气量加大，加之调大过快，氯乙烯冲破环形水封泄漏，向厂区外扩散，遇火源发生爆燃。事故气柜如图37-4~图37-6所示。

（二）间接原因

1.企业主体责任不落实

（1）事故单位的上级单位不重视安全生产。中国化工集团有限公司、新材料公司违反《安全生产法》第二十一条和《中央企业安全生产监督管理暂行办法》（国务院国有资产监督管理委员会令第21号）第七条的规定，未设置负责安全生产监督管理工作的独立职能部门，对下属盛华化工公司安全生产管理混乱、隐患排查治理不到位、安全管理缺失等问题失察失管。

（2）安全管理混乱。涉事企业主要负责人及重要部门负责人长期不在公司，劳动纪律涣散，员工在上班时间玩手机、脱岗、睡岗现象普遍存在，不能对生产

图37-4　事故气柜概貌

图37-5 事故气柜倾斜示意图　　　　图37-6 气柜外导轮与导轨的摩擦痕迹

装置实施有效监控；工艺管理形同虚设，操作规程过于简单，没有详细的操作步骤和调控要求，不具有操作性；设备设施管理缺失，长时间未检修设备；安全仪表管理不规范，操作人员长期漠视各项报警信号。

（3）安全投入不足。涉事企业安全专项资金不能保证专款专用，检修需用的材料不能及时到位，腐蚀、渗漏的装置不能及时维修；安全防护装置、检测仪器、连锁装置等购置和维护资金得不到保障。

（4）教育培训不到位。安全教育培训走过场，生产操作技能培训不深入，部分操作人员岗位技能差，不了解工艺指标设定的意义，不清楚岗位安全风险，处理异常情况能力差。

（5）风险管控和应急处置能力差。对高风险装置设施重视不够，风险管控措施不足，应急预案形同虚设，应急演练流于形式，操作人员对装置异常工况处置不当，泄漏发生后企业应对不及时、不科学，没有相应的应急响应能力，多数人员不了解氯乙烯气柜泄漏的应急救援预案。

（6）生产组织机构设置不合理，隐患排查治理不力。盛华化工公司撤销了专门的生产技术部门、设备管理部门，相关管理职责不明确，职能弱化，隐患排查治理不到位，同类型隐患长期存在；专业技术管理差。

2.行政主管部门责任落实不力

（1）张家口市安全监管局贯彻落实上级文件部署要求不到位。存在以文件落实文件的问题，疏于对盛华化工公司的有效监管；日常监督检查不深不细，监督检查频次低；对本单位队伍建设重视不够，监管能力、工作作风弱化，不能有效履行安全生产监管职责。

（2）张家口市公安局交警支队宣化二大队未正确履职尽责，对310省道盛华化工公司所在路段路面交通秩序管控不到位，勤务安排不合理，对车辆长期违规停车情况失察，致使事发路段长期违规停车问题未得到及时解决。

（3）原宣化区人民法院对2014年10月原宣化县国土资源局移送的张某承包的集体用地改变用途、非法修建停车场申请强制执行一案未依法采取强制执行措施，导致非法停车场存在4年之久，事故造成停车场内3人死亡，7辆大货车、5辆小型车损毁。

（4）张家口市交通运输局在对张小线养护改造工程路线方案组织论证、设计和评审中，未考虑盛华化工公司重大危险源（氯乙烯气柜、球罐）对该路段构成的安全风险，致使该路段的安全风险不可控。

## 三、责任追究

（1）对涉事企业领导和各级员工依法立案侦查并采取刑事强制措施12人。

（2）对涉事企业及其上级单位领导及相关人员给予党纪政纪处分15人。

（3）地方政府及相关监管部门层面给予党政纪处分13人。其中，张家口市委、市政府1人；张家口市安全监管局7人；张家口市公安局交警支队2人；非法停车场涉及的部门2人；张家口市交通运输局1人。

（4）行政处罚情况。对涉事企业给予949万元罚款，暂扣其安全生产许可证。对第三方安全评价机构给予警告，并处1万元罚款。由相关部门依法吊销该项目技术负责人、项目负责人的安全评价师国家职业资格证。

## 四、专家点评

### （一）经验教训

这起事故是企业不认真对生产设施设备进行维修保养，员工习惯性粗枝大叶，中控室经常关闭可燃、有毒气体报警声音，对各项报警习以为常，导致设施设备的"慢性病"突然爆发的典型案例。这起事故的教训主要有以下几个方面：

（1）单位机构设置不合理。事故企业及其上级自上而下，均未设置负责安全生产管理工作的独立职能部门；事故企业撤销了专门的生产技术部门、设备管理部门，相关管理职责不明确，设备安全故障长期无人发现、无人提示、无人解决，是导致这起事故发生的内在主因。

（2）安全投入不足。事故企业安全专项资金不能保证专款专用，检修需用的材料不能及时到位，腐蚀、渗漏的装置不能及时维修；安全防护装置、检测仪器、连锁装置等购置和维护资金得不到保障，导致事故气柜长期带病运行，是事故发生的直接诱因。

（3）风险管控能力差。生产操作人员不掌握了解所操作的设施设备的运行情况，对其经常表现出来的运行参数异常"习以为常"；现场巡查人员不认真、不细致，没有发现故障气柜早已因为运行不畅与导轨发生的严重摩擦痕迹；单位没有严格落实定期检修，导致一道道安全防线全部失效。

（4）应急处置能力差。对高风险装置设施重视不够，风险管控措施不足，应急预案如同虚设，应急演练流于形式，操作人员对装置异常工况的原因不了解、处置不当，泄漏发生后企业应对不及时、不科学，没有相应的应急响应能力，多数人员不了解氯乙烯气柜泄漏的应急救援预案，是事故蔓延扩大的重要原因。

（5）存在"先天性"隐患。事故企业中的重大危险源（氯乙烯储罐、气柜）距周边道路距离过近，道路设计施工时没有充分考虑重大危险源的不利影响，是这起事故后果扩大的客观原因。

（二）意见建议

（1）严格落实国家有关危险化学品产业发展布局规划和本地修建性规划。结合本地产能转换，合理布局、搬迁；加强城市建设与危险化学品产业发展的规划衔接，保障危险化学品企业与其他建筑、道路的邻避空间，切实管控危险化学品企业外溢风险。

（2）提升危险化学品企业自动化控制水平。企业及主管部门定期开展整体安全运行状况的自查自评和复查复评，对关键、重要设施设备的静态安全评估和动态安全评估相结合，建立投运年限档案加强管理、巡查；定期修订岗位操作规程，不断提高员工操作技能，加强对异常情况的原因分析，完善、提高工艺过程报警方式和能力；依照《危险化学品安全使用许可证实施办法》，对于新建重点项目，设置安全仪表系统，并对自动化控制系统的功能进行符合性审查。

（3）完善设备管理制度。设置专门的管理机构，明确单位内部安全管理权限，严格按照设备检修规程做好设备的日常维护保养和计划检修工作；切实落实巡检管理、交接班等制度，加强对关键设备、重点部位的管控，保证生产安全平稳运行。

（4）切实加强外来人员、外来车辆管理。对进入厂区的车辆、人员实行严格检查，对驾驶员、押运员的资质证件和车辆安全状况进行核查，对厂外安全距离范围内的车辆及其他情况进行巡查，及时发现和消除外来运输车辆可能存在的事故隐患及问题；向进入厂区的车辆、人员开展安全教育，明确严格禁止的事项，并发放必要的个人安全装备和车辆安全器材；根据车辆用途，划定一般车辆停车场和危险化学品车辆专用停车场，根据场地状况确定最大允许数量和距离，并按要求设置相应的消防栓、灭火器等设施、设备，确定安全管理人员；科学、合理安排危险物料装卸、运输时间，避免无人值守、监护时期的集中装卸，避免运输车辆大量集中，严查超量充装。

**扩展阅读**

现行国家规范对于危险化学品生产、储存场所与建（构）筑物、道路、电力设施、停车场等设施的安全距离都是有明确要求的。其中，《建筑设计防火规范》（GB 50016）规定，对于甲乙类可燃液体储罐，其距厂外道路和场内主要道路的间距分别不应小于20米、15米，且应设置防止液体流散的设施；丙类液体储罐，以及可燃、助燃气体储罐距厂外道路和场内主要道路的间距分别不应小于15米、10米。石油化工企业、石油库、液化气站、汽车加油加气站还分别有各自的规定。总之，与危险化学品生产、储存乃至经营场所，都需要保持足够的安全距离。

**关联文献**

《气柜维护检修规程》（SHS 01036）

《石油化工企业设计防火标准》（GB 50160）

《石油天然气工程设计防火规范》（GB 50183）

《石油库设计规范》（GB 50074）

《石油储备库设计规范》（GB 50737）

《储罐区防火堤设计规范》（GB 50351）

《工业企业煤气安全规程》（GB 6222）

《汽车加油加气站设计与施工规范》（GB 50156）

《汽车库、修车库、停车场设计防火规范》（GB 50067）

《泡沫灭火系统技术标准》（GB 50151）

《泡沫灭火系统施工及验收规范》（GB 50281）

《泡沫灭火系统及部件通用技术条件》（GB 20031）

《泡沫灭火剂》（GB 15308）

《A类泡沫灭火剂》（GB 27897）

《泡沫喷雾灭火装置》（XF 834）

《七氟丙烷泡沫灭火系统》（XF 1288）

《固定消防炮灭火系统设计规范》（GB 50338）

《固定消防炮灭火系统施工与验收规范》（GB 50498）

《远控消防炮系统通用技术条件》（GB 19157）

《自动消防炮灭火系统技术规程》（CECS 245）

《消防炮》（GB 19156）

# 2018年北京交通大学"12·26"
# 较大爆炸事故①
## ——冒险实验致博士不幸罹难，教授身陷囹圄

2018年12月26日，北京交通大学市政与环境工程实验室发生爆炸燃烧事故，造成3名在读研究生不幸罹难，其中博士生2人、硕士生1人，实验室概貌如图38-1所示。

北京交通大学东校区东教2号楼为砖混结构，中间两层建筑为市政与环境工程实验室（以下简称环境实验室），东西两侧三层建筑为电教教室（内部与环境

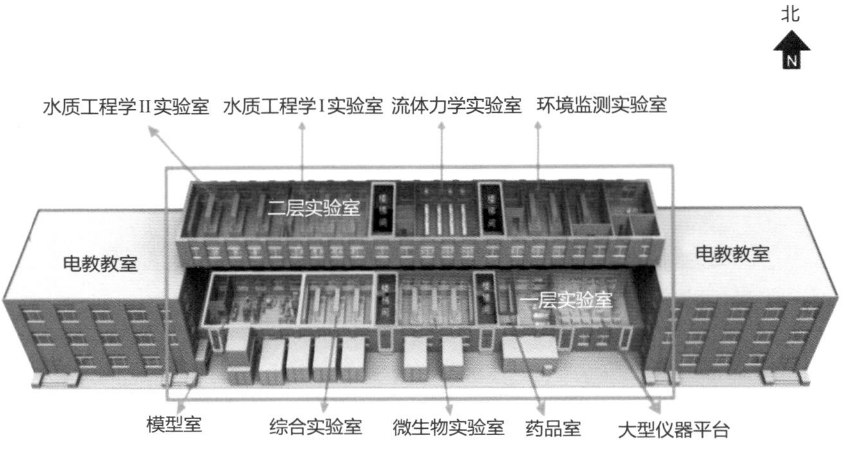

北
N

水质工程学II实验室　水质工程学I实验室　流体力学实验室　环境监测实验室

电教教室　　二层实验室　　　　　　　　　　　　　　　　　　电教教室

一层实验室

模型室　　　综合实验室　　微生物实验室　药品室　　　大型仪器平台

图38-1　北京交通大学"12·26"较大爆炸事故实验室概貌示意图

① 资料来源：首都之窗．北京交通大学"12·26"较大爆炸事故调查报告 [EB/OL].[2019-02-13].http://yjglj.beijing.gov.cn/art/2019/2/13/art_4520_16.html.

实验室不连通）。环境实验室一层由西向东依次为模型室、综合实验室（西南侧与模型室连通）、微生物实验室、药品室、大型仪器平台；二层由西向东分别为水质工程学Ⅱ、水质工程学Ⅰ、流体力学、环境监测实验室；一层南侧设有5个南向出入口；一、二层由东、西两个楼梯间连接；一层模型室和综合实验室南墙外码放9个集装箱。

## 一、事故经过

2018年2月至11月期间，北京交通大学土木建筑工程学院市政与环境工程系教授李某先后开展垃圾渗滤液硝化载体相关实验50余次。11月30日、12月14日，事发项目所用镁粉、磷酸和过硫酸钠相继运送至环境实验室。12月23日12时18分至17时23分，李某带领刘某辉、刘某轶、胡某翠等7名学生在模型室地面上，对镁粉和磷酸进行搅拌反应，未达到实验目的。12月24日14时9分至18时22分，李某又带领上述7名学生尝试使用搅拌机对镁粉和磷酸进行搅拌，生成了镁与磷酸镁的混合物。当天消耗3~4桶（每桶约33千克）镁粉。

12月26日上午9时许，刘某辉、刘某轶、胡某翠等6名学生按照李某安排陆续进入实验室，准备重复24日下午的操作。经视频监控录像反映，当日9时27分45秒，刘某辉、刘某轶、胡某翠进入一层模型室；9时33分21秒，模型室内出现强烈闪光；9时33分25秒，模型室内再次出现强烈闪光，并伴有大量火焰，随即视频监控中断。事故发生后，爆炸及爆炸引发的燃烧造成一层模型室、综合实验室和二层水质工程学Ⅰ、Ⅱ实验室受损。其中，一层模型室受损程度最重。模型室外（南侧）邻近放置的集装箱均不同程度过火。

2018年12月26日9时33分，北京市消防总队119指挥中心接到北京交通大学东校区东教2号楼发生爆炸起火的报警后，共调集11个消防救援站、38辆消防车、280余名指战员赶赴现场处置。救援过程中，实验室内存放的镁粉等化学品连续发生爆炸，现场排除复燃复爆危险后，救援人员进入建筑内部开展搜索清理，陆续发现3名学生遗体移交医疗部门，并用沙土、压缩空气干泡沫清理现场残火。18时，现场清理完毕。

## 二、事故原因

（一）直接原因

实验人员在使用搅拌机对镁粉和磷酸搅拌、反应过程中，料斗内产生的氢气被搅拌机转轴处金属摩擦、碰撞产生的火花点燃爆炸，继而引发镁粉粉尘云爆炸，爆炸引起周边镁粉和其他可燃物燃烧，造成现场3名学生遇难。

（二）间接原因

（1）违规实验、作业。事发科研项目负责人违规购买、违法储存危险化学品且没有采取有效的安全防护措施。开展实验研究前，没有尽到告知学生实验危险性的义务，明知存在危险仍冒险组织学生作业。事发实验室管理人员未落实校内实验室相关管理制度；未有效履行实验室安全巡视职责，未有效制止事发项目负责人违规使用实验室，未发现违法储存的危险化学品。

（2）院系对实验室安全工作重视程度不够。未对科研项目开展风险评估，没有按学校要求开展实验室安全自查，未发现违规购买、违法储存易制爆危险化学品的行为。在事发实验室主任岗位空缺期间，未按规定指定实验室安全责任人并进行必要培训。实验中心未按规定开展实验室安全检查，对实验室存放的危险化学品底数不清，报送失实；对违规使用教学实验室开展实验的行为，未及时查验、有效制止并上报。

（3）学校未能建立有效的实验室安全常态化监管机制。未发现事发科研项目负责人违规购买危险化学品，并运送至校内的行为。对土木建筑工程学院购买、储存、使用危险化学品、易制爆危险化学品情况底数不清、监管不到位。未落实《教育部2017年实验室安全现场检查发现问题整改通知书》有关要求。

## 三、责任追究

（一）被建议追究刑事责任人员（2人）

导致该事故的科研项目负责人（教授职称）和实验室管理人被立案侦查，依法追究刑事责任。

（二）被给予纪律处分人员（12人）

时任北京交通大学党委书记、校长，分管副校长、国资处处长、科技处处长、保卫处（部）长、土木建筑工程学院党委书记、土木建筑工程学院院长、土木建筑工程学院副院长、土木建筑工程学院实验中心主任、实验中心副主任、市政与环境工程系主任等分别被依纪给予纪律处分。

## 四、专家点评

（一）经验教训

三名高才生在花一样的年纪，因为导师的不负责任、实验室的管理疏忽，还没有来得及用自己的聪明才智为社会、家庭做出贡献，就以一种让人断难接受的方式匆匆逝去了，教训极其惨痛。学校长期对实验室安全缺乏统一的严格管理，碍于各种因素，对各个院系、教授开展的实验研究放任自流，是致命的原因。这种放任以一种悄无声息的方式，使得各种不安全行为在学校里得以不断传播、蔓延。这起事故发生在北京交通大学，然而其他学校是否存在此类问题和隐患，同样不能让人乐观。这起事故的主要经验教训如下：

（1）项目负责人安全观念淡薄，对实验的安全性疏忽大意。事发项目负责人李某违规购买、储存危险化学品，先后从河南新乡县京华镁业有限公司购买30桶镁粉1吨（系易制爆危险化学品），从天津市同鑫化工厂购买6桶磷酸0.21吨（系危险化学品）和6袋过硫酸钠0.2吨（系危险化学品）；通过互联网购买项目所需的搅拌机（饲料搅拌机，使用时未按规定经学校备案）以及其他材料，均未按规定向学校报备、登记，且均违规存放在实验室内，同时违规在教室内开展实验活动。

（2）学校对危险化学品管理不严格。学校对实验用危险化学品管理过于宽松，许多情况下全靠项目负责人自觉申报。北京交通大学设有专门部门负责对涉及危险化学品等危险因素科研项目进行风险评估，对各学院危险化学品、易制爆危险化学品等购置（赠予）申请的审批、报批、储存、领用、使用和处置，以及实验室危险化学品的入口管理。但该起事故中，镁粉、磷酸和过硫酸钠等易制爆危险化学品轻松越过了学校的入口盘查，径直到了实验室，并且自11月30日镁粉运至实验室至12月26日事发近一个月的时间里，学校、院系及保卫部门、实验室管理部门均未发现违规的易制爆危险化学品存在。

（3）有关直接责任人员未履职尽责。事发科研项目负责人除了违规购置、储存危险化学品开展实验活动、未采取有效安全防护措施外，最为关键的是没有按规定对学生开展安全教育，没有向学生告知实验的危险性，明知危险仍指令学生冒险作业；事发实验室管理人员没有及时制止违规储存和操作，致使最后的安全防线失效。

（二）意见建议

应对实验室从硬件、药品、运行三个维度全面加强管理。

（1）全方位加强实验室安全硬件。加大实验室基础建设投入，完善各类安全设施、设备，充实到监测预警、救援处置等各个环节；对实验室建筑以及药品、试剂库房进行全面排查评估，对不符合设防等级要求的实验室、库房进行改造，不断提高实验室自身硬件安全水平。

（2）加强对实验药品、试剂的统一管理。建立危险化学品全过程管理平台，加强对危险化学品购买、运输、储存、使用的管理，彻底堵塞未登记、未授权的试剂、药品能够游离于监管之外的漏洞；严控校内运输环节，坚决防止未授权和不具备资质的危险化学品运输车辆进入校园；重新检视危险化学品集中使用制度，严肃查处擅自违规储存、使用危险化学品的行为；开展有针对性的危险化学品安全培训和应急演练。

（3）加强实验室运行管理。明确各类实验室开展实验的范围、人员及审批权限，严格落实实验室使用登记相关制度；结合实验室安全管理实际，配备具有相应专业能力和工作经验的人员负责实验室安全管理；健全学校科研项目风险评估制度，对科研项目涉及的安全内容进行审核，并采取必要的安全防护措施；对参与实验研究的人员，根据实验评估情况及时告知其危险性以及应对预案。

**扩展阅读**

镁是一种银白色有光泽的金属元素，化学性质活泼，能够与酸反应生成氢气（氢气是一种极易燃烧、爆炸的气体）。镁还能够直接与氧气、氮气、二氧化碳发生燃烧反应，因此不能用二氧化碳灭火剂灭火。由于镁粉容易吸潮放出氢气，所以镁粉应当储存于阴凉、干燥、通风良好的专用库房内，远离火种、热源。库温不超过32℃，相对湿度不超过75%，包装要求密封，不可与空气接触，应与氧化剂、酸类、卤素、氯代烃等分开存放，切忌混储。镁粉着火时有爆炸风险，救援人员必须佩戴空气呼吸器、穿相应防护服，在上风向灭火，尽可能将容器从火场移至空旷处，喷水保持火场容器冷却，直至灭火结束，但严禁直接用水、泡沫、二氧化碳喷洒火焰扑救，施救时须对眼睛和皮肤加以保护，以免飞来炽粒烧伤身体、镁光灼伤视力。磷酸镁则是一种重要的化工原料，平时要储存在阴凉、通风、干燥的库房中，防潮、防高温，与有毒有害物品隔离存放，运输中不可与酸类物品和有毒有害物品混运，防雨淋和烈日暴晒。磷酸镁失火时，可用水、沙土、泡沫灭火器和二氧化碳灭火器扑救。

**关联文献**

《检验检测实验室设计与建设技术要求》（GB 32146）

《检验检测实验室技术要求验收规范》（GB/T 37140）

《实验室仪器及设备安全规范　仪用电源》（GB/T 32705）

《检测实验室安全》（GB/T 27476）

《实验室家具通用技术条件》（GB 24820）

《移动实验室通用要求》（GB/T 29479）

《移动实验室内部装饰材料通用技术规范》（GB/T 29474）

《工程检测移动实验室通用技术规范》（GB/T 37986）

《移动实验室安全、环境和职业健康技术要求》（GB/T 38080）

《移动实验室安全管理规范》（GB/T 29472）

《实验室生物废弃物管理要求》（SN/T 4835）

《实验室废弃化学品收集技术规范》（GB/T 31190）

《实验室废弃化学品安全预处理指南》（HG/T 5012）

《企业内部检测实验室认可指南》（CNAS-GL030）

# 2019年浙江省宁波市锐奇日用品有限公司"9·29"重大火灾事故<sup>①</sup>

## ——火灾初期处置不当致重大人员伤亡，当事人亦未幸免

2019年9月29日13时10分许，位于浙江省宁波市宁海县梅林街道梅林南路195号的宁波锐奇日用品有限公司（以下简称锐奇公司）发生一起重大火灾事故，造成19人死亡，3人受伤，过火面积约1100平方米，直接经济损失约2380.4万元。事故现场概貌如图39-1所示。

图39-1 宁波锐奇公司"9·29"重大火灾事故现场概貌

① 资料来源：浙江省应急管理厅."9·29"重大火灾事故调查报告 [DB/OL].[2020-03-06].https://yjt.zj.gov.cn/art/2020/3/6/art_1228978417_42166825.html.

起火建筑位于宁海县梅林街道梅林南路195号，占地面积1081平方米，分东西两幢砖混结构，其中东侧建筑共两层，单层面积160平方米，一层为门卫室、餐厅，二层为办公区域；西侧建筑共三层，单层面积280平方米，一层为香水灌装车间，二层、三层为成品包装车间，三层顶部为闲置阁楼；两幢建筑之间空地搭有钢棚，内设泡壳（吸塑）车间，堆放塑料物品、包装纸箱等。

西侧建筑一层灌装车间内储存各类生产原料，包括香精（主要成分为酮醚醇类溶剂）、稀释剂（主要成分为异构烷烃）、甲醇、酒精、乙酸甲酯等，其中装稀释剂的铁桶33个，单桶容积为200升。生产香水的主要原料为异构烷烃，大部分由二甲基烷烃和三甲基烷烃等组成，闪点大于或等于63℃，火灾危险性为丙类。

## 一、事故经过

9月29日13时10分许，锐奇公司员工孙某在厂房西侧一层灌装车间用电磁炉加热制作香水原料异构烷烃混合物，在将加热后的混合物倒入塑料桶时，因静电放电引起可燃蒸气起火燃烧。孙某未就近取用灭火器灭火，而采用嘴吹、纸板扑打、覆盖塑料桶等方法灭火，持续4分多钟，灭火未成功。火灾初起时，同车间人员黄某并没有帮助孙某扑救火灾，火势变大后，前来查看的其他员工仍未想到用现场的灭火器救火，也没有第一时间通知楼上人员疏散逃生。火势渐大并烧熔塑料桶后，液体流淌火引燃周边易燃可燃物，一层车间迅速进入全面燃烧状态并发生数次爆炸。13时16分许，燃烧产生的大量一氧化碳等有毒物质和高温烟气，向周边区域蔓延扩大，迅速通过楼梯向上蔓延，引燃二层、三层成品包装车间可燃物。13时27分许，整个厂房处于立体燃烧状态。由于车间只有一部疏散楼梯，导致火灾发生后，二楼大多数员工都被困在楼上无法逃生，孙某自己也在慌乱中葬身火海。

13时14分，宁海县消防救援大队接到报警后，调集力量赶赴现场处置。宁波市、宁海县人民政府接到报告后，迅速启动应急预案，主要负责同志立即赶赴现场，调动消防、公安、应急管理等有关单位参加应急救援，共出动消防车25辆、消防救援人员115人。15时许，现场明火被扑灭。9月30日傍晚，事故现场残存化学品储存罐体已全部处置完毕，由宁波市北仑环保固废有限公司运往北仑区进行专业处置。

## 二、事故原因

### (一)直接原因

该起事故的直接原因是锐奇公司员工孙某在将加热后的异构烷烃混合物倒入塑料桶时,因静电放电引起可燃蒸气起火并蔓延成灾(图39-2)。

图39-2　宁波锐奇公司"9·29"重大火灾事故现场实景

### (二)间接原因

(1)锐奇公司安全生产主体责任不落实。

①安全生产意识淡薄。企业负责人重效益轻安全,安全生产工作资金投入不足,各项基础薄弱,未组织制定安全生产规章制度和操作规程,未组织开展消防安全疏散逃生演练,未组织制定并实施安全生产教育和培训计划。建筑内生产车间和仓库未分开设置,作业区域内堆放大量易燃可燃物,未及时组织消除生产安全事故隐患。企业违规租用不具备安全生产条件的厂房用于生产日用化工品,未在事故发生第一时间组织人员疏散逃生,企业负责人也在这次事故中丧生。

②违规使用、储存危险化学品。生产工艺未经设计,违规使用易产生静电的塑料桶灌装液体化学品,加工过程中多次搅拌产生并积聚静电;违规使用没有温控、定时装置的电磁炉和铁桶加热可燃液体原料,产生大量可燃蒸气,因静电放电引起可燃蒸气起火;违规将甲醇、酒精等易燃可燃危险化学品及异构烷烃等其

他化学品储存在不符合条件的厂房西侧建筑一楼内。

③建筑存在重大安全隐患。厂房建筑为违法建筑，未办理规划审批、施工许可、消防验收等手续，擅自违法翻建、投入使用；厂房耐火等级低，楼板为钢筋混凝土预制板，结构强度低，多次爆炸后部分楼板坍塌，导致内攻搜救行动受阻；厂房窗口违规设置影响人员逃生的铁栅栏，厂区内违规搭建钢棚导致高温烟气迅速向楼内蔓延扩大，仅有的一个楼梯迅速被高温烟气封堵，导致人员无法逃生。

（2）宁海县裕亮文具厂违法建设、非法出租。厂房违法翻建，未办理规划、施工许可和消防审批等手续，擅自投入使用，且将不具备消防安全条件的厂房租赁给锐奇公司，对锐奇公司违规储存、使用危险化学品的违法行为未能发现。

（3）安全生产监管、消防监督不到位。宁海县应急局对危险化学品企业监管不力。宁海县消防大队日常检查不深入。宁海县公安局梅林街道派出所未履行消防监督管理职责，开展消防宣传教育不到位。

（4）其他相关部门安全生产监管存在盲区。综合行政执法部门对违法建筑摸排指导不力，对事故厂房、钢棚等违法建筑未进行依法处置。自然资源和规划部门对事故厂房排查处置不到位，在不动产登记现场核实时，对发现的问题未采取有效措施。住建部门对未办理施工许可的事故厂房排查和处置不到位。

（5）中介技术机构服务流于形式，未及时发现和报告存在的安全风险隐患。

## 三、责任追究

（一）被追究刑事责任人员

（1）事故企业股东葛某，涉嫌重大责任事故罪，被公安机关采取刑事强制措施。

（2）违法建筑业主单位法定代表人林某，涉嫌重大劳动安全事故罪，被公安机关采取刑事强制措施。

（3）事故企业法定代表人张某，实际控制人孙某，以及负有直接责任的员工孙某3人因在事故中分别死亡，免予追究责任。

（二）被给予党纪政务处分人员

宁海县县委、县政府，以及街道有关领导，应急管理、消防、综合执法、规划、住建、公安派出所等共20人被分别给予警告、严重警告、记过、记大过、撤职、免职或相当处分。

### 四、专家点评

（一）经验教训

这起事故起初是一场小火，然而由于初期火灾处置不当，人员未及时疏散，最终演变成了一场重大火灾事故，教训十分深刻。

（1）员工安全教育缺失。不懂基本常识、没有经过演练培训。直接肇事人孙某在火灾发生后的4分多钟里，没有想到用近在咫尺的灭火器进行灭火，同车间工友黄某发现起火，没有前来帮助灭火，其他随后前来查看的人员也没有想到用灭火器灭火，更没有及时通知楼上人员疏散逃生。

（2）主体建筑存在先天性隐患。房东在对原有房屋进行违章翻建后对外作为厂房出租。建筑内部没有设置火灾报警设施、固定灭火设施，且二、三层仅有一部疏散楼梯，一层发生火灾后，逃生通道被烟火封堵，造成大量人员伤亡，工厂业主也不幸死于本次火灾。

（3）长期违章储存、操作。在危险化学品储存、生产各个环节均盲目蛮干。瑞奇公司在一层厂房违规存放大量易燃、可燃液体，超过了中间库房最大允许储存量且未与其他部位进行防火分隔；香水灌装工艺未经设计，没有专用的规范设备，几乎全部用手工调制的土办法进行作业，在生产作业环节中产生、积累静电，引燃了易燃、可燃液体蒸气起火。

（二）意见建议

（1）加强企业自身先天性隐患的排查整改。对于企业自身一些建筑、设备的具体情况随着产能、人员转移不掌握、不了解的问题，可以通过定期"回头看"、全面开展安全评估等方式方法解决。一是清查摸底，首先解决到底有多少、在哪里、什么规模、干什么用的、合不合法等问题；二是针对建（构）筑物、设施、设备开展全面、深入的安全评估，搞清目前存在什么问题隐患，分别有什么解决办法。

对于不合法（包括变更）的，应当在消除问题隐患后尽快补办相关手续；对于按照现行国家技术标准已经难以达到要求的，应当研究制定改造方案，并主动报相关主管部门争取协助、指导。

（2）切实提高建筑本质安全性。一是防火分隔措施应严密、有效，对于一栋建筑，按照建筑面积、规模和各房间、区域使用性质的不同，采取防火墙、防火隔墙、防火门窗、防火卷帘将其分隔为相对较小的区域，并且对穿越墙体的电气、暖通空调和给水等管道与墙体之间的孔隙采用不燃烧材料严密填实，防止火灾蔓延扩大。厂房与库房、中间仓库、办公室等均应采取防火分隔措施。二是确保疏散安全，疏散楼梯和安全出口的数量、形式、距离、指示的照明等条件均应符合国家标准的要求，一个防火分区的疏散楼梯或安全出口至少应有两个。三是按要求采取防止静电和防爆措施，按要求划分爆炸危险区域并选用相应电气设备和静电导除装置。

（3）切实加强单位自身安全教育培训。严格落实消防安全培训教育制度，每年或结合开工、复工、停工检修，以及新员工培训等实际至少组织一次消防安全培训和演练，全面提升检查消除火灾隐患、组织扑救初期火灾、引导人员疏散逃生和宣传教育培训等消防安全"四个能力"，切实做到懂生产原理，懂工艺流程、懂设备构造；会操作、会维护保养、会排除故障和处理事故，会正确使用消除器材和防护器材"三懂四会"。

扩展阅读　　扑救初期火灾需要注意什么？①及时报警：发现火灾时，应大声呼救并利用报警按钮、报警器发出报警信号，同时迅速拨打"119"火警电话报警，告知消防人员火灾地点、场所类型、起火物品、人员被困情况和现场联系方式。②开展自救：火灾初期应设法利用现场的灭火器、消火栓并启动建筑内部自动灭火设施进行灭火自救，也可根据现场情况用沙土、灭火毯，以及浸水的棉被、毛毯等物品覆盖灭火。使用灭火器时应站在上风向对准火源根部，火灭后浇水防止复燃。火灾猛烈燃烧后应防止非专业救援人员进入火场，不应贸然组织人员灭火。③防止火灾蔓延扩大：火势变大后不要贸然打开门窗，以免空气对流造成火势蔓延，疏散时应顺手关闭防火门窗。尽可能对周边尚未起火区域、物品进行冷却或隔离保护。④在有人被围困的情况下，优先疏散、抢救人员。

**关联文献**

《安全生产宣传教育"七进"活动基本规范》（安委办〔2017〕35号）

《推进消防宣传"五进"工作方案》（安委办〔2020〕3号）

《火灾分类》（GB/T 4968）

《建筑灭火器配置设计规范》（GB 50140）

《建筑灭火器配置验收及检查规范》（GB 50444）

《灭火器维修》（XF 95）

《手提式灭火器》（GB 4351）

《推车式灭火器》（GB 8105）

《简易式灭火器》（XF 86）

# 第八部分

## 典型电气火灾事故

电气火灾泛指由于电气线路、供配电设备和用电设备工作异常或故障引发的火灾事故，主要有漏电产生发热和火花，短路产生高温、火花和电弧，过负荷导致发热，以及接触电阻过大导致发热等类型。

近十年来，由于电气原因导致的群死群伤（死亡10人以上）火灾事故21起，占全部35起群死群伤火灾事故的60%，其中商业场所6起，劳动密集型企业5起，公共娱乐场所、"多合一"场所各3起，宾馆酒店2起，养老院、群租房各1起。

从发生季节来看，冬季（12月至次年2月）发生电气火灾数量最多，约占36%。

从时间上看，电气火灾事故主要集中在晚上10时至次日早晨6时，占比62%。

根据有关统计数据，从引发电气火灾的设备类型来看，主要是线路引发、电热器具使用不当、插头/插座引发和用电设备引发。从事故数量和亡人数量来看，电气线路和电热器具引发的电气火灾事故破坏性最大，产生的事故数量和亡人数量最多。引发火灾常见的用电设备主要有：电烤炉、烫金机、电烙铁、电热棒、电暖器、电热毯、足浴盆等。

电气火灾的产生原因主要有：电气工程施工质量差，施工不规范；日常维护和安全检查不到位；电气产品质量存在问题；电气设备使用不规范；用户用电的"最后一公里"监管存在盲区。

近些年随着农村经济的快速发展，小工厂、小作坊等加工项目在农村不断壮大，大功率用电设备和电气设备总量上升，加剧了农村的用电需求。但农村居民总体文化程度相对较低，缺乏电气安全知识、专业人员较少；农村电气线路老化、铜铝电线直连、私拉乱接等用电安全问题较为严重，安全系数较低，加剧了农村电气防火治理的难度。2019年以来，农村住宅较大以上电气火灾事故显著增多，是今后电气火灾防控需要关注的方向。

此外，我国法规、标准侧重电力生产和电网运行安全，对用户电气设备防火的规定过于原则，实践中难以操作，也缺少对民用电气产品的具体检查、指导。

本部分选取近10年中4个较为典型的电气火灾案例进行剖析、点评。

## 案例40

# 2015年黑龙江省哈尔滨市道外区太古街红日百货批发部库房"1·2"较大火灾事故<sup>①</sup>
## ——电气线路过负荷引发火灾，导致建筑坍塌

2015年1月2日13时许，黑龙江省哈尔滨市道外区太古街聚兴公司仓库内红日百货批发部库房发生火灾，过火面积1.1万平方米，扑救过程中，楼体坍塌造成5名消防战士牺牲，13名消防官兵和1名保安受伤，直接经济损失5913.4万元。事故现场概貌如图40-1所示。

图40-1　哈尔滨"1·2"火灾事故现场概貌

---

① 资料来源：曹兴君.哈尔滨市道外区太古街727号红日百货批发部库房"1·2"重大火灾调查分析 [C].中国消防协会火灾原因调查专业委员会六届三次会议暨学术研讨会论文集.珠海：中国消防协会火灾原因调查专业委员会，2016：218—220.

发生火灾的单位在哈尔滨市道外区太古不夜城小区，小区位于太古街、南头道街、南勋街、承德街合围区域。该小区四面临街，东西长180米、南北跨度125米，总建筑面积约25万平方米，是集住宅、商铺、仓库、宾馆等为一体的综合性建筑群，由南向北分别为太古公馆（20层）、哈尔滨市道外区禧龙宾馆承德店（11层）、山东银座佳驿酒店有限公司（10层）、金玫瑰皮草商店（8层）和五洋大厦（22层），临太古街、南勋街、南头道街侧三层以上为砖混结构住宅建筑，该建筑群其他部分地下一层为车库，半地下层、一层、二层、三层为商服建筑，为筏片式基础框架结构。起火建筑方位如图40-2所示。

图40-2 哈尔滨"1·2"火灾事故起火建筑方位示意图

## 一、事故经过

2015年1月2日13时许，红日百货批发部库房工人戴某在库房取货时"闻到有煳味儿"，怀疑电有问题，就到处找煳味的原因，找了大概1分钟时间，发现该库房东南角分线盒处冒烟，打火星，有一段电线绝缘层烧焦了，就喊谢某把电闸关掉，戴某拿来工具把打火的那一段电线换上，还没合电闸，一抬头，发现第7、第8根立柱之间库房一层和二层中间的彩条布着火了，就立即喊人灭火，红日百货批发部的几名员工用仓库的ABC型灭火器进行扑救，火势没有控制住，而且越来越大，在场人员拨打了119电话报警。哈尔滨市消防支队接到报警后，先后调集31个大中队、121辆消防车、564名指战员赶赴现场进行灭火作战，黑龙江省消防总队跨区域调集大庆、绥化支队31辆消防车、127名指战员增援现场，总队、支队全勤指挥部遂行出动。公安、安监、交通、电力、市政、医疗、燃气、供水等联动部门协同作战。1月2日20时20分，由于仓库存有大量易燃可燃物，加剧了火势蔓延速度，大部分仓库内的可燃制品已被大火吞噬，并最终形成大面积、立体式燃烧。21时37分，在无任何征兆的情况下，4-4、4-3、4-2栋住宅楼相继发生坍塌，造成正在利用临街建筑室外楼梯和窗口控火作业的17名官兵被埋压和砸伤。1月3日19时30分，明火被扑灭。1月5日16时许，现场残火清理完毕。火灾扑救中，共抢救疏散居民752户、2731人，引导疏散机动车37辆。

### 二、事故原因

（一）直接原因

起火原因为违章使用电暖器导致违章敷设的电气线路超负荷过热，引燃周围可燃物引发火灾。

（二）间接原因

（1）建筑设计不合理。该建筑于1993年至1996年期间建设，根据当时施行的《建筑抗震设计规范》有关规定，6度区底层框架房屋总层数不宜超过6层，但从现场情况看，坍塌房屋总层数为7~12层，大大超出国家规范规定的层数。

（2）建筑质量不过关。根据中国建筑科学研究院建筑防火研究所出具的《哈尔滨火灾现场勘查结果与分析初步报告》，通过对现场损坏柱头的勘查，发现存在柱头箍筋缺失或间距过大的问题，不能满足抗震设计要求，大大降低了柱的抗压及抗剪能力，进一步削弱了结构抵抗外力防止倒塌的能力。建筑倒塌情况如图40-3所示。

（3）主体责任不落实。建设单位将商业用房改为仓库，并占用通道搭建库房，仓库内缺乏有效的防火分隔和消防设施，易燃可燃物无序堆放，货物堆垛高、火灾荷载大，导致火灾后迅速蔓延扩大，燃烧猛烈，且燃烧时间长，导致建筑垮塌；红日百货批发部消防安全责任不落实，员工擅自在仓库设休息室，违规使用电暖器，在没有电工资质情况下违规私接电气线路。商铺过火情况如图40-4所示。

图40-3 哈尔滨"1·2"火灾事故建筑倒塌情况

### 三、责任追究

（1）哈尔滨市聚兴房地产综合开发公司法定代表人马某明知太古街727号仓库的消防通道、消防设施等硬件欠缺，存在火灾隐患，在安全生产设施和安全生

图40-4 哈尔滨"1·2"火灾事故商铺过火情况

产条件不符合国家规定的情况下，贪图眼前利益，冒险经营，直至引发火灾，造成严重后果和较大社会影响，情节特别恶劣，其行为构成重大劳动安全事故罪，被依法判处有期徒刑五年。

（2）谢某违反《中华人民共和国仓库防火安全管理规则》，在仓库内违规敷设电线、违规搭建休息室、违规使用电暖器，明知其行为可能引发火灾，危害公共安全，由于轻信能够避免而最终引发火灾，造成严重后果，其行为构成失火罪，被依法判处有期徒刑五年。

（3）戴某、杨某、郭某、张某、郝某等，作为太古街727号仓库的经营管理人员，对于太古街727号仓库因违反消防管理法规而产生的火灾隐患，经消防监督机构多次通知采取改正措施而拒绝执行，后造成特别严重后果，其行为均构成消防责任事故罪。戴某、郝某、张某犯消防责任事故罪，分别被判处有期徒刑三年、缓刑四年至三年；杨某犯消防责任事故罪被判处有期徒刑四年；郭某犯消防责任事故罪被判处有期徒刑三年。

（4）太古街727号仓库更夫孙某，明知仓库内不得使用电暖器，也明知仓库内存在火灾隐患而将电暖器借给谢某在仓库内使用，最后导致火灾发生，其行为构成失火罪，被判处有期徒刑二年，缓刑二年[①]。

## 四、专家点评

### （一）经验教训

该起事故暴露出社会单位消防安全主体责任不落实，消防安全管理不到位，建筑本身存在重大安全隐患等问题，同时也反映出负有安全监管职责的相关行政管理部门工作存在履职不到位、失控漏管等问题。但最为关键的还是单位自身主体责任不落实，主要表现在以下几个方面：

（1）擅自在仓库内设置办公室、休息室且未采取防火措施，违反了国家标准《建筑设计防火规范》（GB 50016）的强制性条文"办公室、休息室设置在丙、丁类仓库内时，应采用耐火极限不低于2.50小时的防火隔墙和1.00小时的楼板与其他部位分隔，并应设置独立的安全出口。隔墙上需开设相互连通的门时，应

---

① 人民网. 哈尔滨"1·2大火"案8名被告人接受公开宣判 [EB/OL]. [2016-09-01]. http://m.people.cn/n4/2016/0901/c1435-7503979.html.

采用乙级防火门"的规定。

（2）擅自在仓库内使用电暖器，违反国家消防技术标准《仓储仓所消防安全管理通则》（XF 1131）关于"室内储存场所不应使用电炉、电烙铁、电熨斗、电热水器等电热器具（不完全列举）"的规定。

（3）擅自改动电气线路，违反国家消防技术标准《仓储场所消防安全管理通则》（XF 1131）关于"室内敷设的配电线路，应穿金属管或难燃硬塑料管进行保护""不应随意乱接电线，擅自增加用电设备"的规定。

以上问题直接导致了这起火灾事故的发生。

（4）建筑存在重大安全质量问题。一是违规增加建筑层数，导致荷载超标；二是建筑施工质量存在严重问题，柱头箍筋缺失或间距过大，进一步降低了结构强度；三是建筑防火设计与经营实际不匹配，消防通道、消防设施等硬件欠缺，存在重大火灾隐患。这几个问题导致建筑被火烧后坍塌，造成了消防救援人员的惨重伤亡。

（二）意见建议

社会单位应当严格落实《仓库防火安全管理规则》和《仓储场所消防安全管理通则》，加强日常消防安全管理，采取人防、技防、物防措施，强化仓储场所日常管理。建议重点落实和加强以下防范措施：

（1）严格落实消防安全责任制。按照"谁主管，谁负责"的原则，落实各级安全管理责任制，切实实行仓库消防安全责任人全面负责制度。仓库内各类货物的堆放严禁阻挡消防器材设备的正常使用。加强员工教育培训，并定期组织演练，仓库保管员必须掌握各类消防器材的操作使用和维护保养方法。

（2）加强仓库用火用电管理。严格用火用电制度，严禁吸烟，动用明火必须申请办理审批手续，落实现场安全防护措施方可作业。仓库内严禁私拉乱接电气线路。电气设备必须由持有专业操作证的电工进行安装、检查和维修，电工应严格遵守各项电气操作规程。

（3）加强出入库管理。物品入库前应有专人负责检查，确认无火种带入等隐患后，方可入库。各类机动车装卸物品后，不应在库区内停放及维修。仓管人员出入仓库之前必须开关电源，并严格检查是否有其他火灾隐患。仓库内储存的货物，按不同性质、类别分堆，堆垛之间应留出安全通道距离。各类危险物品严禁存放在一般货物仓库内。

（4）仓库建筑必须符合消防安全条件。仓库的耐火等级、防火间距、防火分区、分隔等必须符合要求，仓库内不得住人（包括午休），不准搭建隔层，不准使用电热设备和其他无关的电气设备，高温照明灯具必须与可燃物品保持足够的防火间距。按要求配齐各类消防设施、器材，并保证完整好用。

**扩展阅读**

什么是电气线路过负荷？电气线路流过的电流量超过了允许连续通过而不至于使电线过热的安全电流量，就叫电气线路过负荷。造成电气线路过负荷的主要原因有：导线截面选择不当，实际负载超过了导线的载流能力；在线路中擅自增加用电设备，超过导线载流能力；线路或用电设备的绝缘能力下降；电气保护装置选择不当，发生过负荷后不能有效地保护线路、设备等。

**关联文献**

《电力供应与使用条例》（国务院令第196号）

《承装（修、试）电力设施许可证管理办法》（国家发展和改革委员会令第36号）

《供配电系统设计规范》（GB 50052）

《低压配电设计规范》（GB 50054）

《民用建筑电气设计标准》（GB 51348）

《电气火灾监控系统》（GB 14287）

《剩余电流动作保护装置安装和运行》（GB/T 13955）

《阻燃和耐火电线电缆或光缆通则》（GB/T 19666）

# 2017年浙江省台州市足馨堂足浴中心 "2·5"重大火灾事故①

## ——电热膜故障叠加可燃保温材料致重大人员伤亡

　　2017年2月5日17时20分许，位于台州市天台县赤城街道春晓路60号春晓花园5幢5-1号的天台县足馨堂足浴中心（以下简称足馨堂）发生火灾，造成18人死亡、18人受伤。起火建筑概貌如图41-1所示。

图41-1　台州足馨堂足浴中心"2·5"重大火灾事故起火建筑概貌

　　起火建筑为六层砖混结构商住楼，坐东朝西，建筑高度18.85米，二级耐火等级，占地面积约546平方米，总建筑面积约2500平方米，其中一至二层为商业，建筑面积980平方米，三至六层为住宅，建筑面积约1500平方米。商业、住宅分别设有独立的疏散楼梯，该建筑东面为小区空地，南面紧挨其他商铺，西面

---

① 资料来源：浙江省应急管理厅.台州天台足馨堂足浴中心"2·5"重大火灾事故调查报告[EB/OL].[2017-06-05].
https://yjt.zj.gov.cn/art/2017/6/5/art_1228977987_41140082.html.

为春晓路，北面为赤城西苑巷。一层汗蒸区域位于建筑的第1至7间店铺西半间，其中第5至6间设休息大厅（大休闲厅），第7间为走道及卡座（小休闲厅），南北长约7.8米、东西宽约3.5米，靠西侧外墙设有走道，对应东半间依次为棋牌室、淋浴及更衣室，中间设内走道。2号汗蒸房为"人"字形双坡木质吊顶，墙面下部距地面66厘米高度范围内为木条排列成的墙裙（靠背），地面全部铺设粒状盐矿石。汗蒸房采用墙面电热膜和地面发热电缆供暖，墙面及墙裙部位从外往内敷设顺序依次是：竹帘（墙裙部位最外层为竖向木片）、木龙骨、电热膜、反射膜、石膏板、防潮膜、保温层（挤塑板）、木龙骨、基础墙体。

## 一、事故经过

2017年2月5日下午，足馨堂正常营业中，场所内共有78人，其中工作人员30人、顾客48人。17时24分许，在一层休闲大厅休息的一位顾客发现汗蒸房部位冒烟起火，便立即呼喊救火。在吧台工作的经理熊某听到呼救后，使用灭火器进行扑救，见火势无法控制，便逃至店外呼喊二层人员逃生。17时26分，逃离店外的顾客许某拨通电话报警。随后，店内顾客与员工分别从一层正门、西侧、北侧出口，以及从二层厨房和员工休息室窗口跳楼逃生自救。其中，18人（足馨堂员工2人、顾客16人）因逃生不及时不幸遇难，18人（足馨堂员工13人、顾客5人）逃生时受伤。

天台县公安消防大队于17时27分接到110指挥中心出动指令，立即调派两个消防中队8车35名官兵，及两个专职队2车10名消防员共计10车45人赶赴现场救援。当地政府立即启动应急处置预案，天台县人民医院、县中医院全体医护人员到岗，共出动救护车20车次。经消防人员奋战扑救，17时46分，火势得到控制。19时5分，火势基本扑灭。20时45分，火灾现场清理完毕，过火面积约500平方米，共发现遇难者遗体8具，现场搜救出10人送医院救治无效死亡。

## 二、事故原因

### （一）直接原因

足馨堂2号汗蒸房西北角墙面的电热膜导电部分出现故障，产生局部过热，电热膜被聚苯乙烯保温层、铝箔反射膜及木质装修材料包敷，导致散热不良，热量积聚，温度持续升高，引燃周围可燃物蔓延成灾。汗蒸房过火实景如图41-2

图41-2　汗蒸房过火实景

所示。

（二）间接原因

（1）足馨堂安全生产主体责任不落实。以弄虚作假方式通过消防审批许可；无视消防法律法规规定和竣工验收备案抽查整改要求，擅自将汗蒸房恢复功能投入使用，导致经营场所存在重大火灾隐患；内部管理混乱，消防安全责任和规章制度不落实，未明确消防安全管理人员，未按规定开展日常检查、事故隐患排查，也未对员工进行消防安全知识培训和应急疏散演练。

（2）东方尚雅装饰公司安全生产主体责任不落实。未取得建筑装修装饰工程专业承包资质，违法承揽足馨堂装修工程；违规组织无相应资质证书的劳务人员进行施工，并使用未经有关产品质量检验机构检验合格、存在严重质量缺陷的电热膜，导致汗蒸房存在重大火灾隐患。

（3）北京浩成尔科贸有限公司安全生产主体责任不落实。伪造检验报告，委托国内厂家生产电热膜并冒用HOT-FILM品牌，将存在严重质量缺陷的电热膜销售给客户用于装修施工，导致汗蒸房存在重大火灾隐患。

（4）设计单位海南泓景违反《建设工程勘察设计资质管理规定》，通过出借资质证书复印件、印章、图鉴等方式，为存在消防安全隐患的足馨堂通过消防审批许可提供便利。

（5）施工单位上海石化消防工程有限公司等单位违反《中华人民共和国建筑法》，通过出借资质证书复印件、印章、图鉴等方式，为存在消防安全隐患的足馨堂通过消防竣工验收备案提供便利。

（6）天台县公安消防大队对足馨堂消防安全监管不到位。消防竣工验收备案环节中，在足馨堂未拆除汗蒸关键设备、火灾隐患未彻底整改情况下，做出复查验收合格的决定。在日常监管执法中，未按照有关规定对场所的使用情况是否与消防竣工验收备案时确定的使用性质相符等重要内容进行检查，未制止和查处足馨堂擅自启用汗蒸房对外经营的违法行为。

（7）天台县公安局对上级关于防范遏制重特大事故的部署要求贯彻落实不到位，对公安消防部门依法履行安全监管职责、落实消防安全风险防控和隐患整治等工作督促不力，对天台县公安消防大队未认真履行职责的问题失察。

（8）天台县委、县政府对辖区开展防范遏制重特大事故工作组织领导不到位，对有关部门依法履行安全监管职责督促检查不力；对近年来辖区内大量涌现的汗蒸房新业态安全问题不够重视，对安全风险认识不足，没有同步考虑和专门研究相应风险防控措施。

### 三、责任追究

（一）被建议追究刑事责任人员（9人）

（1）足馨堂股东、法定代表人等3人，对事故发生负有主要责任，涉嫌重大责任事故罪。

（2）一夫尚唐、东方尚雅装饰公司的实际控制人、股东、工程部负责人、工长等3人，违规无资质从事装修设计施工，对事故发生负有主要责任，涉嫌工程安全重大事故罪。

（3）东方尚雅装饰公司财务，妨碍事故调查工作，涉嫌帮助毁灭证据罪。

（4）北京浩成尔科贸有限公司法人代表，系东方尚雅施工所采用电热膜的供应商，伪造检验报告、假冒韩国品牌，对事故发生负有主要责任，涉嫌销售假冒伪劣产品罪。

（5）协助足馨堂以弄虚作假方式取得消防审批许可，并收取报酬的朱某，对事故发生负有主要责任，涉嫌重大责任事故罪。

（二）被给予党纪政纪处分人员（6人）

台州市政府副秘书长，温岭市委常委、公安局长，天台县公安局党委委员、副局长，天台县公安消防大队政治教导员，缙云县公安消防大队大队长（原天台县公安消防大队政治教导员），台州市消防支队政治处组教科干事（原天台县公安消防大队参谋）等分别受到党纪政纪处分。

（三）被给予诫勉谈话人员（7人）

台州市人大副主任（原天台县委书记），三门县委书记（原天台县委副书记、县长），天台县委书记，天台县委副书记、县长，天台县委副书记、政法委书记，天台县委常委、常务副县长，天台副县长、公安局长被给予诫勉谈话。

## 四、专家点评

（一）经验教训

浙江台州"2·5"火灾是继2008年深圳舞王俱乐部"9·20"特别重大火灾事故以来，公共娱乐场所一次亡人最多的火灾，在全国造成了严重的社会影响。目前，各地的洗浴、汗蒸房场所数量大、隐患多，有的设置在高层、地下和商住楼等建筑内，有的由居民自建房违规改建，发生类似火灾事故的风险高。此次火灾事故暴露出的关键问题有以下两个方面：

（1）汗蒸房可燃材料过多，火灾快速蔓延。这起事故中，汗蒸房密封，热量极易积聚；2号汗蒸房无人使用，起火后未被及时发现，当火势冲破房门后便形成猛烈燃烧；汗蒸房内壁敷设的竹帘、木龙骨等可燃材料，经长期烘烤后各构件材料十分干燥，燃烧迅速，短时间形成轰燃。同时，汗蒸房内的电热膜和保温材料聚苯乙烯泡沫塑料（XPS）为高分子材料，燃烧时产生高温有毒烟气，加之现场人员普遍缺乏逃生自救知识和技能，选择逃生路线、方法不当，是造成火势迅速蔓延和重大人员伤亡的主要原因。

（2）使用了不合格的电热膜产品。事故中使用的电热膜，系北京浩成尔科贸有限公司冒用HOT-FILM品牌，伪造检验报告，委托国内厂家生产的，存在严重质量缺陷。2015—2016年，全国范围内使用该批电热膜的多家汗蒸房门店出现起火现象，与足馨堂使用的为同一批电热膜。负责施工的东方尚雅（装修方）没有相应施工资质，违规借用他人资质施工，未对电热膜供暖系统进行验收。

（二）意见建议

（1）针对汗蒸新技术采取相应管理措施。汗蒸是近年来新兴的一种休闲娱乐方式，它的加热工艺不同于传统的桑拿浴室。当采用电热膜加热方式时，由于电热膜敷设在木质或竹制装修内，一旦起火蔓延速度极快。今后此类场所在进行装修、使用、管理时，要严格按照要求对使用的材料和铺装方式是否符合要求进行检查，装修不符合要求的，不得投入使用。

（2）主管部门要加大人员密集场所的监管力度。始终盯紧人员密集场所消防安全大检查，排查各类隐患，全力抓好各项工作措施落实，提升社会单位自我管理水平，把微型消防站建设作为巩固单位消防安全管理成效的重要载体和抓手，着力在提升能力上下功夫。质量管理部门和市场管理部门应对电热膜产品是否合格引起足够的重视，严把准入和流通关。

（3）社会单位要落实主体责任。此次发生火灾的单位没有消防安全管理人，营业期间没有开展防火巡查，员工未经过培训，未履行引导顾客疏散逃生职责，擅自改变使用性质。因此在今后的管理中，要对单位负责人、管理人、员工进行集中培训，开展应急疏散演练。针对汗蒸房使用电加热设备的问题，要安装电气火灾监控装置，落实电气线路定期检测维护要求。

**扩展阅读**

电热膜是由可导电的特制油墨（碳条）和载流铜条热压在绝缘聚酯（PET）薄膜间制成的一种发热元件，电流通过碳条，碳分子团之间发生剧烈的摩擦和撞击，产生的热能以远红外辐射和对流形式对外传播，实现电能向热能的转换。若载流铜条与碳条直接接触，因接触电阻过大，电热膜工作时容易出现过热故障。如因本身因素或受外来影响使电热膜过热，也会致使两层PET基材黏结脱开，导致银浆跨接处脱开，形成接触不良的状态。电热膜结构如图41-3所示。

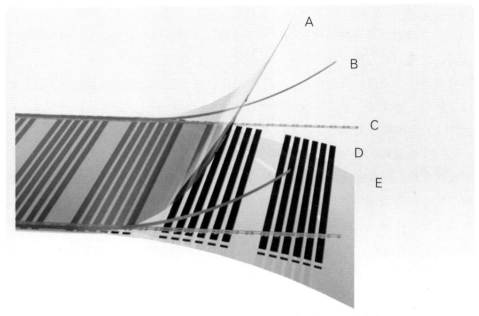

A、E—聚酯薄膜；B—载流铜条；C—导电银浆条；D—导电油墨

图41-3 电热膜结构示意图

关联文献

《汗蒸房消防安全整治要求》（公消〔2017〕第83号）

《低温辐射电热膜供暖系统应用技术规程》（JGJ 319）

《低温辐射电热膜》（JG/T 286）

《电供暖系统技术规范》（T/CEC 165）

# 案例42

# 2017年北京市大兴区西红门"11·18"重大火灾事故①

## ——在建冷库电气故障致重大伤亡

2017年11月18日18时9分左右，大兴区西红门镇新建二村一幢建筑发生火灾，造成19人死亡、8人受伤。事故现场概貌如图42-1所示。

图42-1　大兴区"11·18"重大火灾事故现场概貌

事故现场位于大兴区西红门镇新康东路南段东侧。事故建筑整体东西长82米，南北宽75米，占地面积6150平方米，总建筑面积约19558平方米。地上建筑呈"回字形"结构，"回字形"四周建筑为地上两层（东南部为局部三层），局部地上三层，地下一层。"回字形"四周建筑一层为生产经营用房，有餐饮、商店、洗浴、广告制作等商户；"回字形"四周建筑二层西、北侧为聚福缘公寓，中部建

---

① 资料来源：首都之窗. 大兴区"11·18"重大事故调查报告 [EB/OL].[2018-06-25].http://yjglj.beijing. gov.cn/art/2018/6/25/art_7466_354.html.

筑为吉源公寓。地上建筑形成生产、经营、储存、住宿于一体的"多合一"建筑。地下一层为冷库,共有6个冷库间,位于东、南、西、北、东北以及中间区域,调查中依次标注为2、6、5、4、1、3号冷库间,库容约17000立方米(图42-2)。

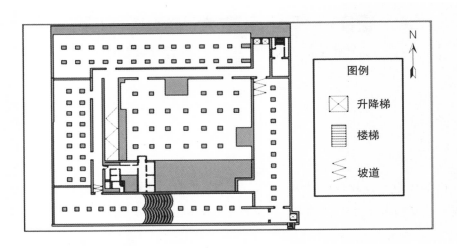

图42-2　大兴区"11·18"重大火灾事故建筑地下一层平面布置示意图

### 一、事故经过

2017年11月13日,北京众义乐商贸有限公司(以下简称众义乐公司,为制冷设备销售公司)工人杨某等人进行压缩机调试,由于容量不足导致原有变压器保险烧断。当日该公司人员租用了事发建筑外东北侧变压器,安排工人将旧铝芯电缆接到该变压器并装上电表。11月16日,工人继续调试设备,期间变压器处电表烧坏。随后康特木业公司(事发建筑的实际租赁、运营单位)和众义乐公司双方工人购买并更换了一个400安培的断路器和电表。11月18日9时,众义乐公司作业人员到3号冷库间内更换铝排管过滤器,期间进行了焊接作业和机组供电调试,10时42分关门离开,离开时冷库设备间内西侧压缩冷凝机组处于运行状态。至3号冷库间爆燃,期间无人进入冷库。

11月18日17时1分49秒至9分18秒,通过查证监控录像显示,3号冷库间制冷机组控制箱运行灯、电源灯频繁闪烁、熄灭;18时9分16秒,3号冷库间东门下方有烟冒出;18时9分18秒至10分4秒,3号冷库间控制箱运行灯熄灭、运行灯微弱闪烁熄灭11次；18时10分8秒，3号冷库间东门被爆燃冲击波冲开，烟气冲出后现场发生多次爆燃；18时11分17秒，聚福缘公寓东北侧楼梯处（图42-3）有大量烟气出现；18时11分28秒，地下冷库西侧通往地面的坡道出口卷帘门外冒出大量烟气，随后8秒内出口门廊内出现不少于2次的爆闪强光；18时11分42秒，聚福缘公寓西南侧楼梯间涌入大量烟气。视频显示，事故产生的烟气从聚福缘公寓东北侧、西南侧出入口大量涌入，期间可见有人逃生。

图42-3 聚福缘公寓过火情况

2017年11月18日18时15分至18时49分，"110"接警中心、"119"消防指挥中心先后接到11名群众的报警电话，消防部门立即调派孙村、西红门等14个消防中队、34部消防车、188名消防官兵到场处置，27部急救车、2部挖掘机、5部洒水车到场协助。其间，共疏散救出被困人员73名，其中19人死亡（均系一氧化碳中毒死亡）。此次火灾伤亡人员均系聚福缘公寓住户或访客。

## 二、事故原因

### （一）直接原因

冷库制冷设备调试过程中，被覆盖在聚氨酯保温材料内，为冷库压缩冷凝机组供电的铝芯电缆电气故障造成短路，引燃周围可燃物；可燃物燃烧产生的一氧化碳等有毒有害烟气蔓延导致人员伤亡。

（1）在冷库建设过程中，采用不符合标准的聚氨酯材料（B3级，易燃材料）作为内绝热层。

（2）冷库内可燃物燃烧产生的一氧化碳，聚氨酯材料释放出的五甲基二乙烯三胺、二环己基甲胺等，制冷剂含有的二氟乙烷等，均可能参与3号冷库间内的燃烧和爆燃。爆燃产生的动能将3号冷库间东门冲开，烟气在蔓延过程中又多次爆燃，加速了烟气从敞开楼梯等途径蔓延至地上建筑内，燃烧产生的一氧化碳等有毒有害烟气导致人员死伤。

（3）违规在民用建筑内建设冷库；冷库楼梯间与穿堂之间未设乙级防火门；地下冷库与地上建筑之间未采取防火分隔措施，未分别独立设置安全出口和疏散楼梯，导致有毒有害烟气由地下冷库向地上建筑迅速蔓延；地上二层的聚福缘公寓窗外设置有影响逃生和灭火救援的障碍物。

（二）间接原因

1.违法建设、违规施工、违规出租，安全隐患长期存在

（1）樊某在未取得有关部门审批许可的情况下，多年持续实施违法建设。其所属康特木业公司在无设计的情况下，在违法建筑内违规建造冷库；将违法建筑用于出租，且未与承租单位签订专门的安全生产管理协议；未按照消防技术标准对事发建筑进行防火防烟分区，未对住宅部分与非住宅部分分别设置独立的安全出口和疏散楼梯；未按照国家标准、行业标准在事发建筑内设置消防控制室、室内消火栓系统、自动喷水灭火系统和排烟设施；未落实消防安全责任制，未制定消防安全操作规程、灭火和应急疏散预案；未对承租单位定期进行安全检查；冷库建设过程中违规使用不符合标准的旧铝芯电缆，安装不匹配的断路器，未对3号冷库间南墙上电缆采取可靠的防火措施。

（2）施工单位科辰公司在冷库保温材料喷涂过程中，违反冷库安全规程相关要求，违规施工作业，将未穿管保护的电气线路直接喷涂于聚氨酯保温材料内部，未采取可靠的防火措施；擅自降低施工标准，使用不符合标准的建筑保温材料。

（3）承租单位工美装饰公司将违法建筑用于出租；未落实消防安全责任制，未制定消防安全操作规程以及灭火和应急疏散预案；从事房屋集中出租经营，未建立相应的管理制度，日常消防管理和人口流动登记管理缺失；未对公寓管理员进行安全教育和培训。

2.镇政府落实属地安全监管责任不力，对违法建设、消防安全、流动人口、出租房屋管理等问题监管不力

（1）新建二村党支部、村委会对拆违控违、消防安全、流动人口和出租房屋

管理不到位。西红门镇新建二村党支部、村委会未能及时制止樊某在该村的违法建设行为，并向西红门镇政府相关部门上报，致使违法建设一直延续，安全隐患长期存在；作为西红门镇安全生产委员会成员单位，新建二村未按要求对本村内企业进行安全检查，未对事发建筑进行安全检查，检查记录及管理台账不健全，工作流于形式；在对本村工业大院内樊某所建出租房屋安全隐患排查治理和流动人口登记管理工作中，未形成安全检查记录，未建立管理台账，管理失职；多次为樊某及其违法建设提供虚假证明，致使相关违法建设实施单位取得了工商注册地址和用电资格。

（2）西红门镇党委、镇政府履行消防安全监督检查职责不到位，对辖区内违法建设、流动人口、出租房屋管理等问题监管不力。西红门镇政府查处乡村违法建设不力，党政一把手对下属工作监督管理不严。镇规划科对违法建设管控工作缺失，未履行违法建设查处职责。镇规划科检查中发现事发建筑冷库违法建设后，虽然下发了停止违法建设行为通知书，但后续未跟踪落实并有效制止违法建设；在多次接到群众举报事发建筑地下空间存在违规施工后，虽对冷库施工现场进行了检查，但未采取有效措施制止施工行为，且未对已施工的部分进行拆除；为违法建设报装用电提供证明。镇安全科履行消防安全检查职责不到位，检查发现聚福缘公寓等存在消防安全隐患，后期未采取有效措施进行监管。镇流管办制度执行不到位，未将镇域内公寓式出租房屋纳入管理范围，致使其对镇域内公寓式出租房屋未实施有效管理。

（3）大兴区政府落实属地安全监管责任不力，对消防安全工作、出租房屋和流动人口管理不到位，对全区大量存在的违法建设问题失管失察。

3.属地派出所、区公安消防支队和区公安分局针对事发建筑的消防安全监督检查不到位

（1）市公安局大兴分局金星派出所未认真履行辖区内消防工作监督管理职责，长期以来对事发建筑消防安全监督检查不到位；对新建二村消防安全监管不力，日常监督检查不到位，致使辖区内消防安全隐患大量存在。

（2）大兴区公安消防支队作为大兴区防火安全委员会日常工作机构，对辖区内消防安全和消防安全隐患排查工作监督、指导不力，对市公安局大兴分局金星派出所消防安全监督工作督查、指导不到位，致使新建二村所在地区大量消防安全隐患长期存在；未将事发建筑列入重点监督单位台账。

（3）市公安局大兴分局对事故发生地消防安全工作领导不力，对所辖派出所履行消防安全管理职责的情况监管不到位。

4.工商部门对辖区内非法经营行为查处不力

市工商局大兴分局西红门工商所对事发建筑内二十余家单位的无照经营活动未认真检查，致使事发建筑内非法经营问题长期存在，履行职责不到位。

## 三、责任追究

（1）康特木业公司实际控制人樊某以及工人等6人因涉嫌重大责任事故罪被批准逮捕。

（2）工美装饰公司主要负责人因涉嫌重大责任事故罪被批准逮捕。

（3）聚福缘公寓管理员因涉嫌重大责任事故罪被批准逮捕。

（4）施工单位众义乐公司主要负责人以及工人等4人因涉嫌重大责任事故罪被批准逮捕。

（5）施工单位科辰公司主要负责人、工人2人因涉嫌重大责任事故罪被批准逮捕。

## 四、专家点评

（一）经验教训

这是一起典型的电气故障引发集生产经营、仓储、住人等于一体的由既有建筑改造的"三合一""多合一"场所火灾。导致这起事故发生的关键因素有以下几个方面：

（1）电气线路的选择和敷设不符合要求。施工中将一根无标识铝制四芯旧电缆与原有五芯电缆相连接，用于地下室照明和制冷设备供电；电缆未采取穿金属导管或封闭式金属槽盒，或采用阻燃、不燃性电缆等可靠的耐火保护措施，被直接覆盖在聚氨酯材料内，且安全载流量不能满足负载功率的要求；电缆与断路器不匹配，发生电气故障时断路器未有效动作。

（2）有关方面违反冷库安全规程相关要求，违规施工作业。保温材料施工单位在喷涂聚氨酯保温材料过程中，直接用聚氨酯保温材料覆盖了3号冷库间内新增、更换和原有的未进行耐火保护的电气线路。

（3）出租屋建设、管理存在漏洞。主要集中在违法建设、不同功能区未划分防火分区、疏散楼梯的形式不符合要求，安全疏散条件差，消火栓等建筑消防设施缺位、没有防烟排烟窗口，以及接地不良、私拉乱接电线严重，用火用电随意等方面。

（二）意见建议

（1）建立健全城市既有建筑保留利用和更新改造工作机制。改革开放以来，我国建筑业迅猛发展，产生了很多既有建筑。如何在保证安全的前提下，充分改造、利用这些既有建筑，是十分重要的课题。一是做好城市既有建筑基本状况调查；二是制定引导和规范既有建筑保留和利用的政策；三是加强既有建筑的更新改造和拆除管理，指导和监督既有建筑所有者或使用者定期开展建筑安全性评价，及时加固建筑，更新、维护设施设备，延长其使用寿命，使既有建筑能够满足新的使用功能。

（2）以人为本，坚决整改既有建筑中可能造成重大人员伤亡的重点问题。一是重点对安全接地、线路负荷、明敷线路的安全保护措施、各类电气保护开关以及配电箱等及时进行检查和技术改造，保证用电安全；二是凡是安全疏散楼梯、出口不足的出租房屋，应当增设、增建安全出口和疏散楼梯，严禁在工作、营业期间尤其是夜间工作时上锁，按要求设置防烟、排烟设施和疏散指示标志、应急照明灯，保障疏散走道、疏散楼梯和安全出口正常使用；三是不同生产、经营性质的区域，必须采取设置防火隔墙、防火门窗，堵塞孔隙的防火分隔措施进行防火分隔，防止火灾蔓延、扩大；不同防火分区内，应当保证各自安全出口、楼梯数量符合要求。

（3）做好村民自建房的引导、管理工作。按照《国务院办公厅关于改善农村人居环境的指导意见》（国办发〔2014〕25号）和《住房城乡建设部改革创新、全面有效推进乡村规划工作的指导意见》（建村〔2015〕187号）要求，县级以上城乡主管部门或被授权的乡、镇人民政府应按规定受理、核发乡村建设规划许可证。对于违法建设的，应当由辖区人民政府牵头，组织国土、住建等有关部门，联合和发动街道、乡镇、社区（村）委会进行排查摸底，按照"打非治违"的总体要求，督促群众办理相关手续并依法整治。对房屋本身采用易燃、可燃材料建设，耐火等级不高的，如土木结构、砖木结构以及彩钢夹芯苯板结构房屋，不得出租用于生产、办公、住宿。

（4）加强消防设施建设、管理。应当积极结合乡村规划，建设公共消防设施或能够在火灾时发挥作用的简易消防设施，如手抬机动泵、消防取水点等。出租用于办公、生产、住宿的公共建筑、生产型建筑，应当按要求设置室内外消火栓、灭火器等。没有市政消防给水管网的，应当自行建设消防水池，设置高位消防水箱或稳压设施，并设置消防水泵，以满足临时高压的消防给水和消火栓系统要求。按照出租屋租赁管理规定和消防安全管理要求，督促房屋出租人、承租人签订消防安全责任协议，明确各自消防安全责任，落实火灾防范和消防设施管理、使用、维护保养措施。

（5）充分做好灭火救援准备工作。街道、乡镇应当利用各类基层网格组织、治安联防队、保安巡逻队以及单位、社区微型消防站等力量，配备必要的消防器材、通信设备，结合自身夜间值班安排，建立相应的防火巡查制度，重点对辖区内规模较大、人员相对密集的生产经营性场所组织开展夜间防火巡查。同时还要加强各类防火巡查队伍的消防培训和业务训练，使其具备初起火灾扑救及组织疏散能力，确保一旦发生火灾，能够快速到场处置，做到灭早、灭小、灭初期，防止小火酿成大灾。

**扩展阅读**

既有建筑如何实施现行强制性工程建设规范？《既有建筑维护与改造通用规范》（GB 55022）指出：强制性工程建设规范具有强制约束力，是保障人民生命财产安全、人身健康、工程安全、生态环境安全、公众权益和公众利益，以及促进能源资源节约利用、满足经济社会管理等方面的控制性底线要求，工程建设项目的勘察、设计、施工、验收、维修、养护、拆除等建设活动全过程中必须严格执行，其中，对于既有建筑改造项目（指不改变现有使用功能），当条件不具备、执行现行规范确有困难时，应不低于原建造时的标准。与强制性工程建设规范配套的推荐性工程建设标准是经过实践检验的、保障达到强制性规范要求的成熟技术措施，一般情况下也应当执行。在满足强制性工程建设规范规定的项目功能、性能要求和关键技术措施的前提下，可合理选用相关团体标准、企业标准，使项目功能、性能更加优化或达到更高水平。推荐性工程建设标准、团体标准、企业标准要与强制性工程建设规范协调配套，各项技术要求不得低于强制性工程建设规范的相关技术水平。

农村用户应当在进线处安装剩余电流保护器，即户保，也叫家保。下列情况还要设置末级保护：属于1类的移动式电气设备及手持电动工具；生产用的电气设备；安装在户外的电气装置；临时用电的电气设备，应在临时线路的首端设置末级保护；机关、学校、宾馆、饭店、企事业单位和住宅等，除壁挂式空调电源插座外的其他电源插座或插座回路；游泳池、喷水池、浴池的电气设备；安装在水中的供电线路和设备；医院中可能直接接触人体的电气医用设备；农业生产用的电气设备；大棚种植或农田灌溉用电力设施；温室养殖与有苗、水产品加工用电（其额定动作电流为10毫安，特别潮湿的场所为6毫安）；施工工地的电气机械设备；抗旱排涝用潜水泵；家庭水井用三相或单相潜水泵，以及其他需要设置保护器的场所。

**关联文献**

《国务院办公厅关于改善农村人居环境的指导意见》（国办发〔2014〕25号）

《住房城乡建设部改革创新、全面有效推进乡村规划工作的指导意见》（建村〔2015〕187号）

《住房和城乡建设部进一步做好城市既有建筑保留利用和更新改造工作的通知》（建城〔2018〕96号）

《既有建筑维护与改造通用规范》（GB 55022）

《农村电网低压电气安全工作规程》（DL/T 477）

《农村低压电力技术规程》（DL/T 499）

《农村电网剩余电流保护器安装运行规程》（DL/T 736）

《农村电网建设与改造技术导则》（DL/T 5131）

# 2018年四川省达州市好一新集团有限公司"6·1"火灾事故①
## ——防火分隔不完整导致建筑立体燃烧

2018年6月1日17时52分许，四川省达州市通川区西外镇塔沱市场好一新商贸城发生火灾事故，过火面积约51000平方米，造成1人死亡，直接经济损失9000余万元。事故现场概貌如图43-1所示。

图43-1　四川达州"6·1"火灾事故现场概貌

起火建筑（好一新商贸城）东面长149.8米，南面长120.0米，西面长141.8米，北面长115.3米，分地下一层（负一楼）、地上五层，负一楼为仓库和冷库（水果类用），地上一层为服装批发市场和小商品门市，二层为日用百货，三层为家用电器商场，四层为库房，五层为KTV，总建筑面积91000平方米，主体为钢

① 资料来源：泸州市龙马潭区人民政府.达州市通川区塔沱市场"2018·6·1" 重大火灾事故调查报告[EB/OL].[2019-07-31].http://www.longmatan.gov.cn/ztzl/aqsczl/aljx/content_45907.

筋混凝土结构（冷库过火情况如图43-2所示）。起火点冷库位于好一新商贸城负一楼南侧出入口东北30米处，南北长111.76米，东西宽38.1米，自南向北依次分隔为1~7号库，冷库前方为卸货台，卸货台东西宽4米，南北长56.4米。冷库的照明线路从地上一层氨气制冷系统机房内设置的总配电房接入，负一层电缆桥架在3号冷库内配电房分路，向7个冷库配电。

图43-2　冷库过火情况

## 一、事故经过

2018年6月1日17时30分许，好一新商贸城负一楼冷库3号库内通道北侧香蕉堆垛中部起火，17时49分左右，好一新商贸城负一楼冷库3号库租户朱某将3号库门打开后，发现库内有大量浓烟且在通道北侧香蕉堆垛中部有明火，于是在3号库内拿起一个塑料桶先后在门口南侧值班室处和门口北侧消火栓处接水进入库内灭火，第二次进入库内时，内部发生爆燃，朱某逃出，向外呼救；17时53分左右，库管员陈某在办公室发现3号库有浓烟和火光冒出，立即拨打119报警电话。冷库机房工作人员得知火情后，随即切断了冷库制冷设备和液氨设备电源，并赶赴事发冷库进行灭火；消防控制室值班员通过监控发现3号库有浓烟冒出，也携带灭火器材前往处置，但因火势较大，三人未能靠近起火冷库；保安在巡逻时发现火情，也试图去灭火，同样因火势发展迅猛未能靠近。由于库房内顶棚敷设有裸露的聚苯乙烯保温材料，库房之间隔墙缝隙使用聚苯乙烯保温材料填充，火势失控后短时间内发生轰燃，烟火蔓延至5号库，导致该库房内一名业主中毒窒息死亡。

达州市消防支队接报后按照四级火警力量调派程序立即调派9个消防中队、1个小型消防站、1个企业专职消防队、42辆消防车、168名消防官兵到场处置。四川省消防总队接报后立即启动跨区域增援机制，先后调集17个支队、182辆消防车、839名消防官兵赶赴现场处置。应急管理部消防局调集重庆市消防救援总队29辆消防车、254名消防官兵赶赴现场支援。6月6日10时，经多批次余火清理，灭火工作彻底结束。此次灭火行动共疏散群众1157人，抢救出1名被困人员，保护了约11000平方米建筑面积、520间商铺和毗邻批发市场，最大限度地减少了火灾损失和社会影响。

### 二、事故原因

（一）直接原因

该起火灾起火原因为好一新商贸城负一层冷库3号库内租户朱某自行拉接的照明电源线短路，引燃下方的香蕉包装纸箱蔓延成灾。

（二）间接原因

（1）建筑体量大、内部结构复杂、火灾荷载大。好一新商贸城建筑面积9.1万平方米，建筑内呈"回"字形结构（图43-3），建筑内储存大量的服装、塑料、电器、家具、摩丝、发胶、杀虫剂、化妆品等易燃、可燃物，火灾荷载大。负一楼建筑面积约1.9万平方米，隔间多、内部通道杂乱，且每个隔间均设置了夹层储存货物，货物成垛堆积、种类繁多，使隔间长时间处于阴燃状态；另外，每个隔间都设置了防盗卷帘门，部分火点隐蔽不易被发现，由阴燃变成明火后向四周蔓延，呈焖窑式燃烧。

（2）违法建设。在建设过程中，未按批准的规划和相关设计文件施工，违法超建筑红线建设，合计增加面积约1万平方米。违法违规占用消防通道改建商铺，将地面一层部分疏散通道违规改建为商铺，共242间，面积2480平方米。

图43-3　四川达州"6·1"火灾事故起火建筑内部情况

擅自占用消防通道，取消东侧消防通道。好一新集团在市场功能变更后（由农副产品批发变更为小商品批发市场），未对建筑设计、消防设计做相应变更。改建地下冷库工程未进行消防设计审核和验收，也未办理施工图审查、工程质量安全监督备案和竣工验收。没有重新核算防火分区、疏散宽度，负一层冷库与地上商铺未进行防火分隔。竣工图中在相同区域的防排烟设计、火灾自动报警系统设计、消火栓布置设计均为空白图纸。地下室东侧建筑沿外墙没有设置直通室外的疏散楼梯。

（3）单位主体责任不落实。好一新商贸城公司（包含商贸城、塔沱市场）从业人员众多，含租户等超过3000人，没有设立专门的安全管理机构；无安全生产责任制、事故隐患排查整改等规章制度；安全教育培训、应急演练等工作不落实；安全检查流于形式，对长期存在的事故隐患排查整治不力。违法将改建地下冷库工程的工艺设计、安装，承包给无制冷工艺设计和安装资质的达州市杰欣安装有限公司实施。

（4）政府相关部门对违法建设、消防安全等监管责任落实不到位，属地政府监管责任落实不到位。规划建设部门没有到施工现场进行查勘便违规补办了建设工程规划许可证和建筑工程施工许可证，明知好一新商贸城存在违规超面积建设、虚构扩建保鲜库项目、违规改建消防（疏散）通道为商铺等违法行为，未经审核便同意并发放竣工规划验收合格证；违规同意其通过验收并备案。消防部门对好一新商贸城消防安全失管失察，处罚卷宗弄虚作假，审核把关不严。商务、公安、安监等部门落实监管责任不力。

### 三、责任追究

（一）被追究刑事责任人员（15人）

（1）该案直接责任人、塔沱市场冷库经理2人涉嫌失火罪。

（2）好一新集团法定代表人、副总经理、塔沱市场部总经理、塔沱市场经管中心经理4人涉嫌重大事故责任罪。

（3）原消防支队时任支队长、法制科时任科长、时任参谋等4人涉嫌职务违法犯罪。

（4）原市规划建设局时任局长因受贿罪被判处无期徒刑。

（5）市规划建设局规划科时任科长、副科长、一般工作人员等4人涉嫌职务违法犯罪。

（二）被给予党纪政纪和组织处分人员（33人）

达州市、通川区党政领导10人，消防部门12人，商务部门4人，公安部门2人，规划部门4人，安监部门1人。

（三）被给予行政处罚单位

（1）好一新集团。未按照国家法律法规的规定建立健全安全管理机构和安全生产规章制度；擅自改变规划，违法建设，未按照原市规划建设局批准的设计图组织施工，将消防通道、疏散通道违法改建为商铺；未经原市规划建设局和市消防支队审批，将好一新商贸城负一楼鲜果交易区临东面部分区域改建为冷库，将冷冻工艺设计、设备安装等交由无相关资质的单位实施；未按照有关规定对负一楼冷库防火设计办理审批和验收手续；对商贸城存在的区域性火灾隐患整治不力。依据《中华人民共和国安全生产法》的规定，由应急管理部门给予行政处罚。同时，对好一新集团存在的未批先建、擅自修改施工图纸、超规划红线和超规模建设等违法行为，由住房和城乡建设部门另案查处。

（2）好一新商贸城公司。未按照国家有关法律法规的规定建立健全安全管理机构和安全生产管理相关制度；对市场内经营从业人员安全培训教育不到位；规章制度执行不严格，安全管理混乱，安全检查流于形式，对租户违规在冷库私拉乱接电线的违规行为处置措施不力，导致本次事故发生。依据《中华人民共和国安全生产法》的规定，由应急管理部门给予行政处罚。

## 四、专家点评

### （一）经验教训

这是一起典型的商贸市场火灾，具有人员密集，建筑内外部结构复杂，火灾荷载大，燃烧烟雾大、毒性大、持续时间长，容易形成立体燃烧，扑救、疏散难度大等特点。此类场所发生火灾事故，必然与涉事单位消防安全责任不落实，消防安全管理不到位，存在消防安全违法违规行为等问题相关联，同时与安全监管部门和负有安全监管职责的相关部门监管不力、执法不严甚至存在失职、渎职等问题密不可分。这起火灾事故的关键因素主要有以下几点：

（1）市场管理混乱，私自改建扩建、私拉乱接电线成为常态。市场没有设立专门的安全管理机构，无安全生产责任制、事故隐患排查整改制度等规章制度，违规增建商铺，商户私自在每个隔间均设置夹层储存货物，随意接电用电。该市场对省政府工作通报的物流仓储集中区域火灾隐患置若罔闻，致使通报的隐患长期未得到整改。

（2）违规使用保温材料，未采取防火分隔措施。1~7号冷库每一个小库之间的隔墙与梁之间的缝隙，均未使用不燃烧材料进行封堵，而是采用保温材料填充，其楼板、屋梁及内柱表面大量使用由聚苯乙烯泡沫、聚氨酯泡沫以及丙纶等高分子易燃材料组成的保温材料，其裸露在外参与燃烧的总体量达到了约500立方米；整个商贸大厦的配电线缆架设在铁质桥架上横穿了整个冷库，在穿越时未按规定进行防火封堵。3号库发生爆燃后，高温烟气通过隔墙与梁之间的缝隙和电缆桥架与墙的缝隙向南北两侧突破，引燃了整个冷库裸露在外的保温材料。

### （二）意见建议

商场、市场的消防安全管理，除了要严格落实国家有关法律、法规和技术标准外，还应该实施更加严格的技术防范措施。2019年应急管理部消防救援局印发《大型商业综合体消防安全管理规则（试行）》，为推动大型商业综合体落实消防安全主体责任，提升消防安全管理水平，提出了更加明确的要求。结合这起事故，主要强调以下几个方面：

（1）明确消防安全管理责任。大型商业综合体有两个以上产权单位、使用单位的，各单位对其专有部分的消防安全负责，对共有部分的消防安全共同负责。大型商业综合体有两个以上产权单位、使用单位的，应当明确一个产权单位、使用单位，或者共同委托一个委托管理单位作为统一管理单位，并明确统一消防安全管理人，对共用的疏散通道、安全出口、建筑消防设施和消防通道等实施统一管理，同时协调、指导各单位共同做好大型商业综合体的消防安全管理工作。对于属于火灾高危场所的单位，还应当积极开展消防安全评估，及时掌握单位整体消防安全状况。

（2）冷库保温材料严禁裸露，严格落实防火分隔措施。附设在大型综合体内的冷库，不应使用易燃、可燃的聚苯板、聚氨酯泡沫等材料，且保温材料应采用水泥、抹灰等不燃材料覆盖。防火门、防火卷帘、防火封堵等防火分隔设施应当保持完整有效；电缆井、管道井等竖向管井和电缆桥架应当在穿越每层楼板处采取可靠措施进行防火封堵，管井检查门应当采用防火门。

（3）确保疏散和应急逃生、救援路线畅通。疏散通道、安全出口应当保持畅通，禁止堆放物品、锁闭出口、设置障碍物；楼层的窗口、阳台等部位不得有影响逃生和灭火救援的栅栏；安全出口、疏散通道、疏散楼梯间不得安装栅栏，人员导流分隔区应当有在火灾时自动开启的门或可易于打开的栏杆；营业厅的安全疏散路线不得穿越仓储、办公等功能用房。

（4）确保重点部位安全。餐饮场所严禁使用液化石油气及甲、乙类液体燃料；餐饮场所使用天然气作燃料时，应当采用管道供气，并安装燃气泄漏报警装置。设置在地下且建筑面积大于150平方米或座位数大于75座的餐饮场所不得使用燃气；不得在餐饮场所的用餐区域使用明火加工食品，开放式食品加工区应当采用电加热设施；厨房区域应当靠外墙布置，并应采用耐火极限不低于2小时的隔墙与其他部位分隔。

（5）严格用火用电管理。不得在营业期间进行施工作业，严禁明火（包括焊割）作业；严禁私拉乱接电气线路，电气线路的敷设必须采取如穿管、布槽等相应的耐火保护措施；严禁违规在可燃物较多的仓库、卖场等场所使用电热器具，高温照明灯具应当与可燃物保持足够的距离。

**扩展阅读**

什么是大型商业综合体？大型商业综合体是指面积不小于5万平方米的集购物、住宿、餐饮、娱乐、展览、交通枢纽等两种或两种以上功能于一体的单体建筑和通过地下连片车库、地下连片商业空间、下沉式广场、连廊等方式连接的多栋商业建筑组合体。

大型商业综合体的消防安全由谁负责？①大型商业综合体的产权单位、使用单位是大型商业综合体的消防安全责任主体，对大型商业综合体的消防安全工作负责，可以委托物业服务企业等单位（以下简称委托管理单位）提供消防安全管理服务，并应当在委托合同中约定具体服务内容。②以承包、租赁或者委托经营等形式交由承包人、承租人、经营管理人使用的，当事人在订立承包、租赁、委托管理等合同时，应当明确各方消防安全责任。实行承包、租赁或委托经营管理时，产权单位应当提供符合消防安全要求的建筑物，并督促使用单位加强消防安全管理。承包人、承租人或者受委托经营管理者，在其使用、经营和管理范围内应当履行消防安全职责。③大型商业综合体有两个以上产权单位、使用单位的，各单位对其专有部分的消防安全负责，对共有部分的消防安全共同负责，应当明确一个产权单位、使用单位，或者共同委托一个委托管理单位作为统一管理单位，并明确统一消防安全管理人，对共用的疏散通道、安全出口、建筑消防设施和消防车通道等实施统一管理，同时协调、指导各单位共同做好大型商业综合体的消防安全管理工作。④大型商业综合体的产权单位、使用单位应当明确消防安全责任人、消防安全管理人，设立消防安全工作归口管理部门，建立健全消防安全管理制度，逐级细化明确消防安全管理职责和岗位职责。消防安全责任人应当由产权单位、使用单位的法定代表人或主要负责人担任。消防安全管理人应当由消防安全责任人指定，负责组织实施本单位的消防安全管理工作。

**关联文献**

《大型商业综合体消防安全管理规则（试行）》（应急消〔2019〕314号）

《人员密集场所消防安全评估导则》（XF/T 1369）

《单位消防安全评估》（XF/T 3005）

《消防安全工程　第3部分：火灾风险评估指南》（GB/T 31593.3）

《消防安全工程　第9部分：人员疏散评估指南》（GB/T 31593.9）

《火灾烟气致死毒性的评估》（GB 38310）

# 第九部分

## 典型电动车火灾事故

电动自行车、电动摩托车早已经成为居民日常代步工具，保有量日趋增多。据统计，我国电动自行车保有量已经超过3亿辆。与此同时，与电动车有关的火灾事故不在少数，我国平均每年发生电动自行车火灾2000余起。

电动车本身是由电池和电气线路组成，在长时间充电、使用过程中，电池发热及充电线路过热，或电池正负极接线柱接触不良等问题，从而会引起打火、短路等故障，最终引起车体塑料零部件、海绵座垫等高分子材料起火。根据近年来消防部门调查的电动车火灾原因分析，电动自行车因整车线路故障引发火灾的事故占90%以上，其中停放充电时引发火灾的事故占80%以上；在20时至次日5时之间的火灾发生率占67%左右。亡人火灾基本上都发生在充电过程中[①]。电动车充电是引起此类火灾的首要因素。

锂电池因为其能量密度高、使用寿命长等特点，在电动自行车领域应用最为广泛。但同时，锂电池一旦发生故障，也容易起火爆炸。锂电池发生火灾的原因有：内部隔膜破损、电芯外部及内绝缘不良造成电池短路，过充导致金属锂枝状晶体突破隔膜材料，造成电解液气化、结构破坏等[②]。由于上述过程通常较为缓慢，因而是否处于充电状态与锂电池发生火灾没有必然联系。锂电池火灾往往具有起火突然、蔓延迅速、伴有爆炸等特点。

电动车辆火灾事故造成人员伤亡的原因，绝大多数是使用非标蓄电池或不合格适配器，电池内部热失控。起火后造成人员伤亡的主要原因是起火车辆违规停放或电池在室内充电、存放，没有采取防火分隔措施；燃烧时产生的有毒烟气短时间内充斥走道、楼梯间和客厅，本来用于逃生的安全出口、通道反而成为夺命的"死亡通道"，人员无法逃生。近10年25例较大以上电动车火灾事故中，烟气在楼梯竖向蔓延的占比80%，在楼道横向蔓延的占16%，通过其他孔洞竖向蔓延的占4%。

本部分选取4个电动车典型案例进行剖析、点评。

---

① 丁宏军. 从消防角度看电动车的发展 [J]. 建筑电气，2019，38（2）：3-7.

② 范志强. 电动汽车内短路诱发热失控的机理研究进展 [J]. 新能源汽车，2020（11）：85-86.

## 案例44

# 2013年北京市石景山区喜隆多购物广场"10·11"火灾事故①
## ——电动车蓄电池充电起火导致商场受灾

2013年10月11日凌晨2时59分，位于北京市石景山区苹果园南路的喜隆多商场首层北京麦当劳食品有限责任公司杨庄餐厅（以下简称杨庄餐厅）发生火灾，火势迅速蔓延至喜隆多购物广场，火灾导致两名参与救火的消防官兵不幸牺牲，大厦工作人员及商户无人员伤亡，火灾造成直接经济损失1308万元。火灾事故现场概貌如图44-1所示。

图44-1　喜隆多购物广场"10·11"火灾事故现场概貌

---

① 资料来源：徐建军. 电动车充电引发的致命大火 [J]. 劳动保护，2018（1）：76-77.

喜隆多购物广场为钢筋混凝土结构，局部为钢结构。每层分别为一个防火分区，二、三、四层中部扶梯处四周设防火卷帘。建筑内部隔墙为加气混凝土砌块墙，外墙及保温材料为岩棉夹芯彩钢板。该建筑内设有3部疏散楼梯，分别位于建筑东侧、中部和北侧；3个东西向疏散主通道，分别位于喜隆多购物广场内南部、中部和北部。其中，一层南侧有包括麦当劳杨庄餐厅在内的10个专营经营性场所；二层为服装和喜隆多购物广场部分办公区；三层为内衣、鞋帽、童鞋童装、儿童娱乐、床上用品及喜隆多购物广场部分办公区；四层西侧为餐饮小吃，东侧为文体用品、办公用品、工艺用品、十字绣、家居用品等经营场所。麦当劳餐厅位于喜隆多购物广场一层西侧，建筑面积314平方米，餐厅内部主要分为食品经营操作间、就餐区、卫生间和甜品操作间（站）等区域，设有直通室外的安全出口2个。

## 一、事故经过

杨庄餐厅实行24小时营业，2013年10月10日晚，外送员先后将4块电动车蓄电池与充电器连接后，插在餐厅甜品操作间的外接插线板上。事故发生前，餐厅内共有6名员工上班。11日2时52分，2名员工在餐厅外擦拭玻璃时闻到异味。2时56分，麦当劳杨庄餐厅值班经理接到员工报告后，进入甜品操作间查看。查看过程中，甜品操作间内南侧柜台中部偏西下方突然有烟冒出。约2分钟后，冒烟处窜出明火并开始蔓延。期间，商场火灾自动报警系统发出首次火警，其火警信号来自麦当劳杨庄餐厅的区域火灾报警控制器，但麦当劳员工在火灾发生且火灾自动报警系统首次报警后，对麦当劳内区域消防控制器报警进行了复位操作。北京喜隆多购物中心有限公司当夜值班的消防中控员刘某发现中控主机上显示报警，3时许，刘某发现麦当劳、喜隆多购物广场一层和二层的西B区同时报警且没有复位。当晚值班经理听到中控室内发出的火灾警报声音，前往中控室询问，后到报警显示部位查看，发现杨庄餐厅甜品操作间外卖窗口已经开始燃烧并有火苗向外冒出。

3时13分，麦当劳杨庄餐厅南门上方及购物广场外立面位置的门头灯箱、LED条状电子屏、广告牌和外墙表面装饰发生猛烈燃烧，形成"火雨"，火势借助材料和钢架支撑结构中空抽拔力作用迅速竖向蔓延，形成竖向燃烧。同时，火势先后通过南侧外墙玻璃窗进入购物广场内部，迅速蔓延扩大至主体建筑其他区域。3时22分,刘某将火灾自动报警联动控制器由手动设置转换为自动设置状态。但因3时15分1号回路总线短路故障,造成控制器控制模块、信号模块已无法正常发出和接收信号,致使购物广场内自动喷水灭火系统、防火卷帘门等固定消防设施未有效发挥作用。

2时59分,北京消防总队作战指挥中心接到报警后,先后调集15个消防中队、63部消防车、300余名消防官兵到场进行火灾扑救。10时20分,火势得到有效控制,11时整大火被扑灭。在进行火情侦察过程中,2名消防官兵因火势迅速蔓延,建筑突然坍塌牺牲。

## 二、事故原因

(一)直接原因

火灾直接原因为喜隆多购物广场一层麦当劳杨庄餐厅甜品操作间内电动自行车蓄电池在充电过程中发生电气故障。

(二)间接原因

(1)火灾初期阶段未实施有效处置。监控录像显示,早期发现火情的麦当劳杨庄餐厅员工等发现起火后,未实施任何扑救措施,在火灾发生且火灾自动报警系统首次报警后,麦当劳员工在没有查证是否有火警的情况下,于2时58分左右对区域消防控制器报警进行复位操作,喜隆多购物广场消防控制室值班人员未立即确认火警信息,最终导致火灾无法在初期得到及时控制而蔓延扩大。火灾发生2分钟后,烟气已弥漫至麦当劳营业厅,但仍有顾客坐在店内,整个过程中没有显示麦当劳员工组织疏散顾客。

(2)火灾荷载大,形成立体性燃烧造成火势迅速蔓延扩大。购物广场内经营大量可燃易燃商品,致使火灾形成立体燃烧后无法有效控制。购物广场内二层经营服装,三层经营针织用品、童装、箱包,四层经营餐饮、日杂百货等,商家摊位众多,经营物品起火后产生大量的有毒有害烟气且火势蔓延快,增大了火灾扑救的难度。麦当劳杨庄餐厅门口上方广告牌和玻璃窗等可燃材料和蔓延途径的存在,使火势突破餐厅后迅速形成立体燃烧,并向购物广场内蔓延。

(3)用火用电管理不规范。麦当劳杨庄餐厅在甜品操作间(站)没有统一的用电制度,餐厅使用接线板套接线板的方法,没有按照内部规定采用独立的充电间,外送员工对充电电池的数量完全按照自己的需要充、拔,充电随意性较大,餐厅没有员工检查、管理，用电不规范。公司在日常监督检查中虽发现了杨庄餐厅违反公司制度长期允许外送人员使用外接线板给电动车电瓶充电的安全隐患，但未予制止。

（4）麦当劳北京公司主体责任不落实。企业安全管理机构不健全，在员工人数超过300人的情况下，未按照《中华人民共和国安全生产法》要求设置安全生产管理机构或配备专职安全生产管理人员。未建立健全安全责任制体系，公司主要领导、业务分管领导和部分负责人安全管理职责分解不清晰。杨庄餐厅事故发生前，在未向建设行政主管部门办理施工许可的情况下，实施了餐厅的装修工程。

### 三、责任追究

（一）被建议追究刑事责任人员

北京麦当劳食品有限公司杨庄餐厅总经理、生产运营经理，北京喜隆多购物中心有限公司中控室值班员、值班经理、办公室主任5人，涉嫌犯罪，由公安机关立案侦查，依法追究刑事责任。

（二）被建议给予行政处罚的人员和单位

（1）北京麦当劳食品有限公司总经理，未建立健全本单位安全生产责任制；未对所属餐厅进行过监督检查，未及时消除事故隐患；未督促下属餐厅实施本单位的生产安全事故应急救援预案，由北京市安全生产监督管理部门给予其9.5万元罚款的行政处罚。

（2）北京喜隆多购物中心有限公司主要负责人，未履行本单位主要负责人安全职责，将本单位安全工作交由行政办公室主任负责；未督促、检查本单位的安全生产工作，及时消除固定消防设施存在的事故隐患；未督促落实本单位的消防管理制度，致使消防控制室长期一人值班，由北京市安全生产监督管理部门给予其9.5万元罚款的行政处罚。

（3）石景山区集体经济办公室主任兼农工商总公司主要负责人，对北京喜隆多购物中心有限公司消防安全隐患和违法违规行为失管失察等行为负有重要领导责任，由北京市监察局依法依纪追究其行政责任。

（4）北京麦当劳食品有限公司未组织杨庄餐厅员工定期进行应急演练，致使员工未能在火灾初起时实施有效扑救；未督促餐厅管理人员和员工消除安全隐患，未严格执行企业安全用电相关制度；未设置安全生产管理机构或者配备专职安全生产管理人员；对从业人员进行安全生产教育和培训不到位；未按照建筑法规要求向建设行政主管部门办理施工许可，由北京市安全监管局给予其22万元罚款的行政处罚。

（5）北京喜隆多购物中心有限公司未按照要求配备具备相应资格的人员在中控室进行值班；隐患排查整改不到位，未能及时消除消火栓泵控制柜、喷淋泵控制柜开关设置于手动状态等存在的安全隐患，致使火灾时固定消防设施作用未有效发挥作用；日常安全教育、培训教育流于形式，针对性不强，由北京市安全监管局给予其22万元罚款的行政处罚。

（6）石景山区农工商总公司作为喜隆多购物广场的产权单位，日常监督检查不到位，对北京喜隆多购物中心有限公司消防安全隐患和违法违规行为失管失察，由北京市安全监管局给予其20万元罚款的行政处罚。

## 四、专家点评

### （一）经验教训

电动车一直以使用方便、快捷、价格便宜、驾驶易学易会等原因，在我国城乡居民生活和交通领域起着不可替代的作用。中国自行车协会调查结果显示，近年来，我国电动自行车年销量超过3000万辆，社会保有量超过3亿辆。由此而来的是电动车火灾发生频率的上升。据不完全统计，2014年至2019年冬春期间（每年11月1日至次年3月31日），全国共发生电动自行车引发的较大以上亡人火灾14起，死亡63人，伤34人，直接财产损失18.7万元；2020年度全国发生的65起较大火灾中，有11起为电动自行车引发。这起火灾，电池充电中着火是起因，商场值班人员处置不当导致事故扩大，火灾扑救难度加大，最终导致两名消防员不幸牺牲。导致这起事故发生、蔓延扩大的关键因素主要有以下两个：

（1）没有专用的充电地点。电动车存放地点没有与建筑保持安全距离；电池未设置专门的充电间或充电设施，电池充电随意性大。

（2）火灾在初期处置不当。北京麦当劳食品有限公司对员工日常安全培训教育不到位，对全员安全用电、消防演练、火灾扑救等方面的安全培训教育缺乏针对性。在自动消防设施报警的情况下，未经查证就进行了消音、复位。早期发现火情的麦当劳杨庄餐厅员工等发现起火后，未实施任何扑救措施，且未组织人员安全疏散。

（二）意见建议

以往与电动车及电池有关的火灾案例多见于居民住宅区，这次事故发生在典型的人员密集场所正在营业期间。这起事故说明，即使有人在场，也不能完全避免电动车电池着火和火灾蔓延扩大，再一次证明了划定电动车专门停车区域、采取有效防火分隔措施，以及具备早发现、早处理能力的重要性和必要性。因此提出以下几点建议：

（1）集中设置充电场所。结合使用需要，集中设置充电的专门场所，且不应设置在人员密集场所、高层建筑和有人居住的建筑内部。充电装置应采用不燃烧材料制作，单独设置过流和短路保护措施，并具有过充保护功能。在室外设置的电动车停放点，应当与建筑物保持一定的安全距离，或者采取安全可靠的防火分隔措施，防止发生火灾后威胁场所安全。

（2）加强人员密集场所消防设施操作人员的管理培训，坚决杜绝无证上岗、单人上岗、脱岗睡岗；加强值班操作人员实际操作技能和应急处置能力，对消防水泵、防烟排烟风机等关键重要设备做到情况清楚、操作熟练、开启迅速；切实制定符合单位实际的灭火疏散预案，定期开展全员灭火和疏散演练，每名员工熟知就近消防设施如灭火器、消火栓的位置和基本操作方法；熟知自己在预案中的职责、行动程序和要求。

**扩展阅读**

消防控制室值班时间和人员应符合以下要求：实行每日24小时值班制度。值班人员应通过消防行业特有工种职业技能鉴定，持有初级技能以上等级的职业资格证书；每班工作时间应不大于8小时，每班人员应不少于2人。值班人员对火灾报警控制器进行日检查、接班、交班时，应填写消防控制室值班记录表的相关内容。值班期间每2小时记录一次消防控制室内消防设备的运行情况，及时记录消防控制室内消防设备的火警或故障情况；正常工作状态下，不应将自动喷水灭火系统、防烟排烟系统和联动控制的防火卷帘等防火分隔设施设置在手动控制状态。其他消防设施及其相关设备如设置在手动状态时，应有在火灾情况下迅速将手动控制转换为自动控制的可靠措施。消防控制室值班人员接到报警信号后，应按下列程序进行处理：接到火灾报警信息后，应以最快方式确认；确认属于误报时，查找误报原因并填写建筑消防设施故障维修记录表；火灾确认后，立即将火灾报警联动控制开关转入自动状态（处于自动状态的除外），同时拨打"119"火警电话报警；立即启动单位内部灭火和应急疏散预案，同时报告单位消防安全责任人。单位消防安全责任人接到报告后应立即赶赴现场[①]。

**关联文献**

《消防控制室通用技术要求》( GB 25506 )

《火灾自动报警系统设计规范》( GB 50116 )

《火灾自动报警系统施工及验收标准》( GB 50166 )

《城市消防远程监控系统技术规范》( GB 50440 )

《物联网 标准化工作指南》( GB/Z 33750 )

《商店建筑设计规范》( JGJ 48 )

《商店建筑电气设计规范》( JGJ 392 )

---

① 全国消防标准化技术委员会火灾探测与报警分技术委员会.消防控制室通用技术要求: GB 25506—2010[S]. 北京: 中国标准出版社, 2011.

案例45

# 2016年广东省深圳市宝安区沙井街道马安山社区出租屋"8·29"较大火灾事故①
## ——电动车充电引发火灾

2016年8月29日2时15分许，宝安区沙井街道马安山社区二区14-15号出租屋发生一起火灾事故，造成7人死亡，47人受伤。起火建筑概貌如图45-1所示。

图45-1　深圳"8·29"火灾事故起火建筑概貌

---

① 资料来源 安全管理网. 深圳市宝安区沙井街道马安山社区二区14-15号出租屋"8·29"火灾事故调查报告 [EB/OL].[2018-09-17].http://m.safehoo.com/Case/Case/Blaze/201809/1536605.shtml.

涉事出租屋为自建房，未办理任何合法性手续，于2012年10月建成，2013年6月用于出租。建筑基地面积433.53平方米，共12层（含1层夹层），总建筑面积5811.43平方米，整个建筑共设有280间出租房，登记备案住户548人，事发当晚实际住户272户，共475人（受灾建筑周围环境如图45-2所示）。起火楼层在该建筑一楼，共设有8个房间，一楼夹层另有8个房间，5名死者均在一楼夹层的东北角房间内。事发建筑一层外厅共停放39台电动摩托车，一层外厅为建筑楼梯直通室外的空间；一层内厅停放74台电动摩托车和3台三轮电动摩托车；夹层停放91台自行车，1台三轮车，1台电动摩托车；出租屋房间内停放4台电动摩托车。

图45-2　深圳"8·29"火灾事故受灾建筑周围环境

## 一、事故经过

2016年2月28日22时20分许，住户杨某回来，将电动摩托车停放在一层北面中庭车库由东向西第一排，由南向北第四个车位处，投币后使用车辆配置的充电器在9号充电插口对其电动摩托车进行充电，然后进入A1110房休息。29日2时10分许，在涉事出租屋一层东北角A1008房打麻将的何某发现起火，随即找房东并通知丈夫贾某抱小孩出来避险。一同打麻将的杜某、张某、宋某拿灭火器进行灭火（火灾现场前厅共有7个灭火器，据张某笔录反映，事发时共找到5个灭火器，只有1个灭火器可以使用），杜某同时用手机打电话报警。

公安消防部门接报后，立即赶赴现场开展灭火及救援工作。事故最终造成7人死亡，47人受伤。

事故发生后，省、市领导先后赶赴现场组成临时指挥部，对事故处置、医疗救治、善后处理、事故调查及隐患排查做出部署。

## 二、事故原因

### （一）直接原因

涉事出租屋一层北面中庭处停放的由东向西第一排，由南向北第四辆电动摩托车在9号充电插口充电过程中电气线路短路引燃周围可燃物，造成此次火灾事故。涉事建筑过火情况如图45-3所示，电动车车库过火情况如图45-4所示。

### （二）间接原因

（1）涉事出租屋属违法建筑，且存在重大安全缺陷。该涉事出租屋为高层住宅，未取得任何法律手续，其建筑设计不符合国家建筑物防火设计规范要求：建

图45-3　深圳"8·29"火灾事故涉事建筑过火情况

图45-4　深圳"8·29"火灾事故电动车车库过火情况

筑仅设置一部安全疏散楼梯；建筑未按照要求设置封闭楼梯间；室内消火栓仅连接建筑屋顶水箱，室内消火栓供水量无法满足灭火需要；一楼夹层、疏散楼梯与电动自行车停放点未作有效防火分隔；建筑每层装有两个室内消火栓，但消防管网为PVC（聚氯乙烯）管；每层灭火器失效不能使用。

（2）消防安全管理责任未落实。涉事出租屋竣工后，层层转包出租，业主梁某、二手房东袁某、三手房东刘某、四手房东钟某（事发前实际管控人）均是出租经营的既得利益者，但在租赁经营中均未落实对出租屋的消防安全管理主体责任，将不符合消防安全的建筑物业进行出租经营，面对该建筑重大隐患熟视无睹，从未采取措施进行整改，特别是对政府部门关于"严禁电动车在楼梯间、前室、疏散走道等公共空间摆放、充电"的消防管理要求置若罔闻。此次事故中，电动自行车在充电过程中起火，停放电动自行车的场所与一层夹层、疏散楼梯连通，高温有毒烟气迅速蔓延，是造成群死群伤的重要原因。

（3）起火电动摩托车属非法改装。涉事电动摩托车是在宝安区沙井街道上星社区华凌路90号的某自行车行组装生产的，该车行主体类型为个体工商户。经查，该车行涉嫌生产、销售伪造厂名、厂址的无人力骑行功能的电动摩托车。市场监督管理部门面对销售门店以关门逃避检查的情况，不认真履行检查职责，检查工作走过场，以致假冒伪劣电动摩托车流入市场。

（4）街道网格综合管理所在巡查工作中发现涉事出租屋存在大量电动自行车在室内充电的安全隐患，却没有按照工作职责要求将该隐患上报，工作存在失职。

（5）街道执法队未按照有关规定对违法建筑进行查处，采取欺骗的方式应付上级国土部门的检查。2012年6月沙井街道办事处对涉事出租屋实施假没收，签署虚假的没收资产移交手续，应付上级机关检查，导致涉事出租屋存在的安全隐患长期没有得到整治。

（6）社区警务室未认真履行职责，没有按照工作职责对涉嫌从事旅业经营的辖区内最大的单体出租屋进行过检查。

### 三、责任追究

（一）被司法机关采取强制措施人员（10人）

（1）涉事出租屋业主涉嫌失火罪，被宝安区检察院批准逮捕。

（2）宝安区沙井街道马安山村原村民等3人，因涉嫌非法转让土地使用权罪，被宝安区检察院批准逮捕。

（3）二手房东涉嫌重大责任事故罪，被依法刑事拘留。

（4）三手房东涉嫌重大责任事故罪，被依法刑事拘留。

（5）四手房东（事发前实际管控人）涉嫌失火罪，被宝安区检察院批准逮捕。

（6）马安山社区书记、马安山股份公司董事长，涉嫌重大责任事故罪，被依法刑事拘留。

（7）非法安装电动车充电桩的刘某，涉嫌重大责任事故罪，被依法刑事拘留。

（8）沙井街道上星社区华凌路车行实际经营者，因生产、销售伪劣产品罪，被宝安区检察院批准逮捕。

（二）被建议给予政纪处分人员（6人）

其中，市场监督管理部门2人；街道执法部门2人；公安机关2人。

（三）被建议给予问责处理的单位（4个）

宝安市场监督管理局新桥所、沙井街道办事处、南沙派出所、宝安区政府。

（四）其他已被追究刑事责任的人员（2人）

（1）沙井街道办副主任李某犯受贿罪，被广东省高级人民法院判处有期徒刑十三年六个月。

（2）沙井街道执法队负责查违工作的副队长黄某犯受贿罪、玩忽职守罪，被广东省深圳市宝安区人民法院判处有期徒刑十一年六个月。

### 四、专家点评

#### （一）经验教训

电动自行车常用的电池主要有铅酸蓄电池、锂离子电池等。虽然电动自行车采用的电池类型不同，但是导致其发生火灾的原因不外乎线路故障、蓄电池内部故障和充电部件故障几种情况。其中有些是产品本身质量不过关，还有些是许多消费者对电动自行车使用、保养不当造成的。例如，长期过充电会导致电池温度升高、内部部件损害，发生热失控；随意在潮湿、不通风的地方充电，充电时充电器覆盖物品，长时间让充电器随车颠簸、震动诱发线路故障短路；长期颠簸行驶或野蛮行驶致使元器件破损等。对于目前常见的锂电池发生火灾的原因则主要有：内（内部隔膜破损）、外（电芯外部及内绝缘不良）部短路，过充（锂枝状晶体突破隔膜），导致过热致电解液气化、结构破坏，电解液和锂迸射燃烧。电动车起火，往往具有起火突然、蔓延迅速、伴有爆炸等特点。这起火灾事故，除了电动车自身的普遍性问题，还有以下两个重要原因：

（1）人员密集场所违法建设，违规经营。梁某从原土地所有村民处违法购买土地后，拆除地块上原有建筑物，建起共12层，总建筑面积5811.43平方米的高层住宅，其建设行为未取得任何法律手续，存在严重设计缺陷，其建设规模大大超出了深圳市关于村民宅基地建设有关基底面积不超过100平方米，建筑面积不超过480平方米的规定。涉事出租屋竣工后，层层转包出租，业主梁某、二手房东袁某、三手房东刘某、四手房东钟某（事发前实际管控人）均是出租经营的既得利益者，但在租赁经营中均未落实对出租屋的消防安全管理主体责任，将不符合消防安全的建筑物业进行出租经营，面对该建筑重大隐患熟视无睹，从未采取措施进行整改。经查，该出租屋是马安山社区最大的单体出租屋，内有280间出租房，登记备案人口548人，事发当晚实际住户272户，共475人，变相从事旅业。擅自扩大建筑规模，违规接待大量住户是导致事故造成较大人员伤亡的重要原因。

（2）涉事电动车系假冒伪劣产品。涉事电动摩托车是在宝安区沙井街道上星社区华凌路90号的深圳市宝安区沙井涯迪自行车行（个体工商户）组装生产的，实际经营者为陈某个人。陈某分别从无锡、台州的电动车生产厂家采购电动车各种零配件进行组装并自行打印合格证，合格证上标注的生产厂家和地址都系陈某伪造。涉案同类型电动摩托车经由深圳市市场和质量监督委员会宝安局抽样送检不合格。

（二）意见建议

（1）正确选购、维护、使用电动车。一是选购电动车时，购买有品质保障、声誉较好的品牌。二是正确维护保养电动车，主要有：确保电源、充电器和电池的额定电压相匹配；充电时应注意防潮、防震动，严禁覆盖充电器和电池，应通风散热；充电时间不要过长，也不要私拉电线充电；电动车蓄电池达到寿命应注意及时更换，故障应当送专业维修。三是正确使用电动车，主要有：不野蛮行驶，注意减少颠簸，经常检查线路元件，不超载骑行，以免对电机和电池造成损伤；不在不良天气和环境条件下使用，防止日晒雨淋；车辆不入楼、不入户、不上电梯，停放于指定地点；不把电动车停放在共用走道、楼梯间、安全出口处等，不在公共区域内充电。

（2）加强电动车源头检查，主要排查电动车生产企业是否严格按照强制性国家标准生产，销售门店以及电子商务平台是否销售假冒伪劣电动车或相关零配件，从事电动车维修的企业、作坊是否违规改装电动车等，对检查发现的问题依法依规严肃查处，并向社会发布警示信息，规范市场秩序。

（3）加强居民住宅区的联合检查。基层乡镇街道、村（居）民委员会、公安派出所、住宅小区管理单位等基层力量，重点对辖区居民住宅、小单位小场所、快递外卖企业站点等开展经常性摸排检查，对电动车违规停放、充电，以及占用、堵塞疏散通道和安全出口的，及时清理搬离。

（4）完善基础设施建设。新小区在建设初期，将电动车停车场、充电桩、充电区在修建性详细规划阶段统筹安排，合理布置。老旧小区在合适地点重新安排地点。受到场地、面积制约的，可以由街道、社区考虑多个小区联合布置。

（5）加强消防宣传教育和疏散演练。通过报纸、电视、广播、网络等媒体，加强电动车停放充电引发火灾的防范常识宣传和典型火灾案例警示教育，提醒居民不在房间或公共楼道内停放电动车或为电动车充电。结合消防宣传"七进"工作，深入居民社区，广泛宣传电动车违规存放、充电的火灾危险性，普及消防安全常识。村（居）民委员会、物业服务企业等，组织开展消防培训和应急演练，增强群众消防安全意识和疏散逃生能力。

**扩展阅读**

导致电动车发生火灾的诱因有：①电动车自身问题；②私自更换大容量电池，老化电池继续使用，不同容量电池混用，导致超负荷、短路；③电气线路敷设不规范，质量不达标；④用户私装防盗器，增加用电负荷；⑤充电操作不当；⑥存放场所内的充电线路故障；⑦充电器及蓄电池故障；⑧采用易燃、可燃零部件或材料。

把电动自行车或其他物品放在楼梯间里，如果引发火灾，导致人员死亡，即涉嫌失火罪，不仅要被判处有期徒刑，并且还要附带民事赔偿。如2018年11月3日12时许，辽宁铁岭开原男子李某存放在开原市福源华城二期某楼梯间的电动自行车在充电过程中引发火灾，造成楼内住户任某和儿子在逃生时不幸被熏倒，母子俩双双身亡。2021年5月17日，法院对此案做出判决：李某因失火罪被判刑三年八个月并附民事赔偿133.6万元；开发商和住宅公司分别赔偿16.7万元。切记：楼内停车，害人害己！

近年部分有影响的电动车火灾案例见表45-1。

表45-1 近年部分有影响的电动车火灾案例（举例）①

| 发生时间 | 发生地点 | 火灾原因 | 结果 |
| --- | --- | --- | --- |
| 2013-01-09 | 广东省广州市白云区广州大道北一自行车店铺 | 电动车蓄电池电源线路短路 | 3人死亡 |
| 2013-08-08 | 浙江省温州瑞安市锦湖街道瓦窑一路18号民房 | 电动车电线短路 | 7人死亡 |

---

① 搜狐网.警醒 | 今晨深圳出租屋失火7人遇难，这几年电动车火灾葬送了多少人的生命！[EB/OL].[2018-07-23].https://www.sohu.com/a/242859826_100009712.

**续表**

| 发生时间 | 发生地点 | 火灾原因 | 结果 |
|---|---|---|---|
| 2014-03-11 | 江苏省海门市江心沙农贸市场一民房 | 电动三轮车导线绝缘层破损，与放置电瓶组箱体之间搭铁短路，产生的高温喷溅物引燃周围可燃物 | 3人死亡 |
| 2014-03-25 | 江苏省常州市新北区晋陵北路一店面 | 电瓶车电气线路故障 | 3人死亡 |
| 2015-04-17 | 浙江省温州市苍南县钱库镇钱东路267号民房 | 电动车在充电状态下线路故障引燃可燃物 | 5人死亡，2人受伤 |
| 2015-06-28 | 河南省信阳市商城县观庙镇状元街一副食店 | 电动自行车电气线路短路引燃周围可燃物 | 6人死亡、1人受伤 |
| 2016-01-21 | 北京市朝阳区小红门乡马道村一居民住宅 | 电动自行车蓄电池电源线短路引燃周围可燃物 | 3人死亡 |
| 2016-01-23 | 新疆维吾尔自治区乌鲁木齐市新市区迎宾北路九运司家属院 | 电动自行车电气线路短路引燃车上的可燃材料，进而引燃楼梯间存放的木质沙发等可燃物 | 4人死亡 |
| 2017-02-16 | 福建省漳州市芗城区金源广场旁边高坑村路口一店面 | 电动车充电时电气线路故障 | 6人死亡、2人受伤 |
| 2017-03-16 | 山西省忻州市忻府区长征中街一住宅楼二单元地下室 | 电动车充电过程中发生故障 | 4人死亡 |
| 2017-11-23 | 江苏省张家港市善港村一民房 | 电动自行车充电故障 | 3人死亡 |
| 2018-01-23 | 陕西省西安市雁塔区青龙路王家村一民房 | 一层中厅电动车上方电气线路短路引燃下方电动车及周围可燃物 | 4人死亡、15人受伤 |

**关联文献**

《电动自行车安全技术规范》（GB 17761）

《电动摩托车和电动轻便摩托车通用技术条件》（GB/T 24158）

《电动汽车 安全要求》（GB/T 18384）

《充电电气系统与设备安全导则》（GB/T 33587）

《电动汽车分散充电设施工程技术标准》（GB/T 51313）

《居住区电动汽车充电设施技术规程》（T/CECS 508）

《电动汽车用电池管理系统技术条件》（GB/T 38661）

《电动汽车用动力电池蓄电池产品规格尺寸》（QC/T 840）

《电动汽车用锂离子动力蓄电池包和系统 第3部分：安全性要求与测试方法》（GB/T 31467.3）

《电动汽车动力蓄电池安全要求及实验方法》（GB/T 31486）

《电动摩托车和电动轻便摩托车用锂离子电池》（GB/T 36672）

《电动自行车电池盒尺寸系列及安全要求》（GB/T 37645）

《车用动力电池回收利用 再生利用》（GB/T 33598）

《车用动力电池回收利用 梯次利用》（GB/T 34015）

《车用动力电池回收利用 管理规范》（GB/T 38698）

# 2019年广西壮族自治区桂林市雁山区 "5·5" 较大火灾事故①

## ——电动车起火导致租住学生死亡

2019年5月5日6时39分许，广西壮族自治区桂林市雁山区雁山镇西龙村一民房发生火灾，造成5人死亡，6人重伤，32人轻微受伤。起火建筑概貌如图46-1所示。

图46-1　桂林市雁山区 "5·5" 较大火灾事故起火建筑概貌

---

① 资料来源：广西桂林市应急管理局. 桂林市雁山区 "5·5" 较大火灾事故调查报告 [EB/OL].[2019-12-23].
http://yjglj.guilin.gov.cn/zdlyxxgk/sgdcbg/201912/t20191224_1644024.htm.

起火民房在广西师范大学漓江学院北侧，为村民刘某自建房，土地性质为广西师范大学漓江学院征地预留发展用地。2009年，刘某在未办理任何手续的情况下开始建房，房屋共6层，框架结构，占地面积450平方米，总建筑面积2700平方米。建筑一层为门面，一层楼梯间北侧大厅为电动自行车停放处，大厅内靠东墙停放9辆电动自行车；靠西墙停放8辆电动自行车及1辆摩托车；一层楼梯间东北角停放1辆电动自行车，西南侧停放1辆电动自行车；一层楼梯间西侧房间内停放6辆电动自行车及2辆自行车。二层为架空层，三层至六层为出租房，每层14间。2014年5月，刘某以370万元的价格将房屋卖给赵某；2017年9月，赵某将房屋租给陈某，事发前，陈某是涉事出租房的实际承租人与经营者。整个建筑共有56间出租房，事发当晚住有73人，部分租客是附近大学的学生。

## 一、事故经过

2019年5月4日20时37分，412室租户蒙某回到出租房，将涉案电动自行车停放在一楼北面大厅靠西墙的电动自行车停放处（未进行充电），随后回屋休息。5月5日6时39分许，该大厅西北角上方的监控摄像头画面显示，靠西墙停放的一排电动自行车处有烟冒出，约2分20秒后出现火光。6时45分许，在出租房东面的"致青春"短租公寓中休息的李某发现事发出租房一楼冒出浓烟，随后拨打电话报警。

桂林市消防支队指挥中心接到报警后，立即调派3个中队，8辆消防车，48名消防员前往扑救。7时10分，火灾被扑灭，现场共搜救、疏散被困人员73人。雁山派出所接110指挥中心转群众报警后，立即组织警力赶赴现场，同时向分局值班领导报告。雁山分局先后投入警力40余人次参与现场救援处置工作，协助撤离现场人员，为救护车辆疏通道路，并立即设置警戒区对现场进行管控。38名受伤人员分别送至中国人民解放军第924医院、南溪山医院进行治疗。

在市委、市政府统一指挥下，相关部门及时开展伤亡家属接待及安抚和善后处理等工作。

## 二、事故原因

### （一）直接原因

雁山区雁山镇西龙村刘某民房一楼北面大厅靠西墙由北向南数第2辆电动自

图46-2 桂林市雁山区"5·5"较大火灾事故电动车过火情况

行车电气故障引起火灾。电动车过火情况如图46-2所示。

（二）间接原因

（1）业主消防安全责任未落实。该建筑为村民自建房，建设和出租经营均未向相关部门申办手续。六层的建筑仅设有一部敞开式的疏散楼梯，且在楼道口、疏散通道堆放杂物，影响疏散逃生（楼道内情况如图46-3所示）。一楼设置电动自行车停放充电的场所，与疏散楼梯之间未设置防火分隔，未设置独立式烟感报警器、简易喷淋、智能充电桩等设施，导致起火后未及时发现，烟气沿楼梯向上快速蔓延。该建筑层层转包出租，没有明确消防安全责任人和管理人，只配备了1名管理员，该管理员火灾当晚在六楼房间休息，没有开展防火巡查，未能及时发现和处置初期火灾。

（2）广西师范大学漓江学院对刻意规避学校管理，自行在校外租房居住的学生管理不力。没有按照《教育部关于切实加强高校学生住宿管理的通知》《教育部办公厅关于进一步做好高校学生住宿管理的通知》切实做好学生教育管理工作。

（3）当地镇政府及职能部门对辖区内群租房、电动自行车停放充电消防安全监管不力。雁山镇政府、雁山镇派出所贯彻执行国务院《消防安全责任制实施办法》不到位，组织领导本辖区消防工作不到位，开展消防安全网格化管理工作

图46-3　桂林市雁山区"5·5"较大火灾事故楼道内情况

不到位，消防安全工作存在漏洞和死角，消防安全治理工作流于形式，对辖区内群租房、电动自行车停放充电等情况底数不清，未能及时排查发现隐患并督促整改。

### 三、责任追究

（一）对直接导致事故发生的相关责任人员的处理（3人）

（1）涉事出租房经营者陈某，2019年5月6日因涉嫌失火罪被雁山公安分局依法刑事拘留。

（2）涉事出租房日常管理者吴某，2019年5月6日因涉嫌失火罪被雁山公安分局依法刑事拘留。

（3）涉事房屋房主赵某涉嫌失火罪，依法追究其刑事责任。

（二）对间接导致事故发生的相关责任人员的处理（3人）

（1）时任广西师范大学漓江学院党委副书记、纪委书记、副院长邓某被给予政务记过处分。

（2）时任广西师范大学漓江学院党委副书记、院长杨某被给予政务警告处分。

（3）建议广西师范大学漓江学院给予广西师范大学漓江学院副院长杨某相应

处理。

（三）对间接导致事故发生的责任单位的处理

（1）广西师范大学漓江学院对间接导致此次事故负有重要责任，责令广西师范大学漓江学院向自治区教育厅做出深刻书面检查。

（2）雁山镇人民政府及公安部门对间接导致此次事故负有重要责任，责令雁山区人民政府向桂林市人民政府做出深刻书面检查。

（3）雁山区雁中路口绿原金钢电动自行车销售点，由桂林市市场监督管理局给予行政处罚。

## 四、专家点评

（一）经验教训

这起看似简单的火灾事故却导致5人死亡，6人重伤，另有30余人轻微受伤，究其原因，主要有以下三点：

（1）居民对电动自行车的火灾危险性认识不足。不论电动车是否处于充电状态，其车身线路和蓄电池仍有引发火灾的可能。电动车火灾危险性主要表现在：一是私拉乱接电线，一旦线路出现故障，极易引发火灾；二是私自改动车内电气线路，或私自更换大容量电池，容易导致电线超负荷、短路等；三是购买劣质充电器或与原厂电池不匹配的充电器，容易引发电气故障；四是老化电池继续使用、不同容量电池混用，容易导致火灾；五是电动车围挡、坐垫、灯具采用高分子材料制作，这些材料燃烧速度快，并会产生大量有毒烟气。

（2）人员逃生方式不正确。此次火灾中伤亡的人员均为盲目逃生人员，伤亡位置多在一层与二层之间的楼梯间里。根据以往案例，超过一半的电动车火灾事故都发生在夜间充电过程中；电动车火灾导致人员死亡的事故，超过九成是因为电动车在楼道起火后、楼内人员从楼道慌忙逃生时被烟熏致死。实验表明，电动车一旦燃烧，楼道很快就会陷入高温毒烟密布状态，把逃生通道切断。此时，受困人员不应盲目逃生。

（3）建筑物消防安全疏散条件不足。这起事故中，出租房经营者陈某在一楼设置了电动自行车停放充电的场所，不符合广西地方标准《电动自行车停放充电场所消防安全规范》（DB 45/T 1553—2017），充电场所与疏散楼梯之间没有进行防火分隔，也没有设置独立式烟感报警器、简易喷淋、智能充电桩等设施，导致起火后没能及时发现，烟气沿楼梯向上快速蔓延。该出租房共有六层，却仅有一部疏散楼梯，导致人员无法通过其他路径疏散。

（二）意见建议

（1）加强电动车安全防范措施。居民小区应统一设置电动车充电桩，规范充电，有关部门还应依法严厉打击非法改装、销售电动车的行为，尤其要让居民知道非法改装电动车可能会承担的法律责任。如2016年3月13日3时42分许，广西南宁明秀路北一里107号民安公寓发生一起电动车火灾事故，造成2人死亡及多人受伤。经消防部门调查，车主曾某电动车的电瓶、大灯、控制器等经过改装，起火原因为电动车车头大灯处电气线路故障，引燃电动车可燃材料造成。车主曾某因过失引发火灾被依法判处有期徒刑4年。

（2）加强群租房周边管理力度。对于城中村、寄宿制学校、人员密集的工厂以及文化服务场所集中的区域周边，要定期组织隐患排查，重点检查用火用电、消防设施、安全出口和疏散楼梯、消防车道、电动车停放等情况。对于消防安全条件不合格的，依法采取措施。

（3）宣传正确的逃生自救方法。这起火灾中，没有盲目跑的人反而安全，是因为这些人避开了火灾中充斥在楼道内的大量热和烟。火灾发生时，虽然应优先通过疏散通道、楼梯逃生，但疏散通道、楼梯间内已经看到烟火、感受到高温时，切忌贸然强行通过。正确的方式是关闭房门，如有烟气窜入可以将毛巾打湿堵住门缝，并打开外窗排出烟气，及时报警、等待救援。

**扩展阅读**

公安部《关于规范电动车停放充电加强火灾防范的通告》要求："公民应当将电动车停放在安全地点，充电时应当确保安全。严禁在建筑内的共用走道、楼梯间、安全出口处等公共区域停放电动车或者为电动车充电。公民应尽量不在个人住房内停放电动车或为电动车充电；确需停放和充电的，应当落实隔离、监护等防范措施，防止发生火灾。""物业服务企业、主管单位和村民委员会、居民委员会，应当立即组织对住宅小区、楼院开展电动车停放和充电专项检查，及时消除隐患。对检查发现电动车违规停放、充电的，应当制止并组织清理；对拒不清理的，要向消防机构或者公安派出所报告。"

发现楼梯内已有刺鼻浓烟时，如果外窗排烟不力，不可贸然在没有个人防护措施的情况下通过该楼梯疏散。

**关联文献**

《教育部关于切实加强高校学生住宿管理的通知》（教社政〔2004〕6号）

《教育部办公厅关于进一步做好高校学生住宿管理的通知》（教思政厅〔2007〕4号）

《关于整顿规范住房租赁市场秩序的意见》（建房规〔2019〕10号）

典型火灾事故案例50例（2010—2020）

# 案例47

## 2019年云南省大理市"6·11"较大火灾事故①
### ——充电引发火灾致多人死亡

　　2019年6月11日6时4分许，大理镇银苍社区叶榆路北端17幢4号一住户房屋发生火灾，火灾造成6人死亡，烧损房屋装修、家具家电、电动自行车及电池、营业用家具设备等物品，过火面积约230平方米，直接经济损失34.9万元。事故现场概貌如图47-1所示。

图47-1　大理市"6·11"较大火灾事故现场概貌（拼接图）

---

① 资料来源：大理白族自治州人民政府. 大理市"6·11"较大火灾事故调查报告 [EB/OL]. [2019-08-06].
　　http://www.dali.gov.cn/dlrmzf/c101654/201908/04287f1c263f4b76b54be39585ff5a0c.shtml.

起火建筑位于大理省级旅游度假区大理镇银苍社区叶榆路北端17幢4号，为三层砖混结构房屋，三层局部及房屋顶部加盖简易房，实际面积约259.56平方米，东西朝向，面西而建，东、南、北侧毗邻民房建筑（东侧为民房，南侧为土八碗餐厅，北侧为旺来超市），西侧临叶榆路。该建筑一层中部设有木龙骨石膏板隔墙，隔墙将整层房屋分为南、北两部分。南侧房屋为大理市建华旅游信息咨询服务部，约77平方米，分为电动自行车出租区、厨房区、卧室及卫生间。北侧房屋为大理市乐足推拿按摩店前台，约9平方米。二层整层为乐足推拿按摩店足疗按摩用房，分一厅三室，约76.2平方米。三层为出租住宿区，分一厅二室，约66.3平方米。三层顶部局部加盖层使用彩钢瓦简易搭建，为出租住宿区，约30.6平方米。建筑中部一至三层设有一部敞开式楼梯，楼梯顶部设置全封闭玻璃采光顶，楼梯不能通屋面，三层至顶部加盖层设置一部外置简易钢质楼梯。该建筑二层、三层、三层顶部加盖简易房，仅在一层前台设有一个安全出口。

一、事故经过

2019年6月11日6时4分许，位于大理省级旅游度假区大理镇银苍社区叶榆路北端17幢4号建筑一层大理市建华旅游信息咨询服务部内距南墙0.5米、距西门3.3米的南墙中柱货架底部旁的沃趣牌锂电池在充电过程中起火。发生火灾时，该建筑内住有10人，其中3人居住在一层卧室，3人居住在三层主卧室，1人住在三层次卧室，3人居住在三层加盖卧室。火灾造成一层卧室2人死亡，三层主卧、次卧4人共6人死亡，其余4人获救。

6时7分，大理州消防救援支队指挥中心接到群众报警，立即调派古城消防救援中队出动4车16人前往灭火救援。6时23分，火势得到控制；6时40分，明火全部被扑灭。

火灾发生后，大理州立即开展起火原因调查、火灾性质认定、死者善后、舆情应对、维护稳定等工作。

二、事故原因

（一）直接原因

大理市建华旅游信息咨询服务部内南墙中柱处货架底部旁的锂电池在充电过程中起火，引燃周围可燃物蔓延成灾，并产生大量有毒有害烟气致人死亡。

（二）间接原因

（1）防火分隔措施不到位。大理市建华旅游信息咨询服务部是没有完善防火分隔设施的"三合一"场所，存放大量电动自行车及电池，该服务部同时对多个锂电池和多辆电动自行车进行长时间充电，未采取隔离、监护等防范措施。

（2）该建筑属于违章建筑、违规装修。该建筑原为2层的砖混住宅，产权人违章加盖，转租人、经营者装修、改造后，造成大量隐患。如材料燃烧性能低，楼梯南侧与一层分割的隔墙采用木龙骨进行装修装饰，三层局部及顶部加盖层建筑材料为彩钢板；排烟条件差，二层、三层原露台被改造为封闭厅室，中部楼梯设置全封闭玻璃采光顶；疏散条件差，仅设有一部宽90厘米的敞开式疏散楼梯间，楼梯不能通屋面，建筑仅在一层西侧设置出口，外墙窗户设置铁栅栏。

（3）违规销售与电动自行车标准不相匹配的蓄电池，违规改装电动自行车。大理市建华旅游信息咨询服务部的电动自行车均为车架和电池分别购买，购买时由大理市祖丹电动车经营部、大理市浩宇电动车有限公司、大理市子昊电动车经营部分别临时组装，组装后的电动自行车电池电压和容量不符合国家标准。

（4）该建筑违规出租、转租。该建筑使用功能为住宅，产权人出租给他人作经营使用，承租人又将一层、二层分别转租给他人，均未明确各自的消防安全责任。

### 三、责任追究

（一）相关责任人处理情况（5人）

大理市建华旅游信息咨询服务部经营者李某、合伙人赵某、建筑产权人杨某、大理市浩宇电动车有限公司实际经营者吴某、乐足推拿按摩店经营者孔某涉嫌犯罪，移交有关办案机关。转租人李某已在事故中死亡，不追究其责任。

（二）属地政府及相关责任部门处理情况

（1）大理市人民政府向大理州人民政府做出深刻书面检查；由大理州人民政府约谈大理市人民政府及其相关部门。

（2）大理省级旅游度假区管理委员会向大理市人民政府做出深刻书面检查；由大理市人民政府约谈大理省级旅游度假区管理委员会及其相关部门。

（3）大理市消防安全委员会向大理州消防安全委员会做出深刻书面检查。

## 四、专家点评

（一）经验教训

此类火灾具有发生突然、升温迅速、伴有大量有毒烟气等特点。根据模拟试验，一楼楼道内的电动车起火后，浓烟很快封堵逃生通道。在明火燃烧104秒后，火焰温度达到284℃；明火燃烧约7分钟后，烟气温度高达约500℃。这起火灾事故中，导致人员伤亡的主要原因有以下几个：

（1）在"三合一"场所中大量存放电动自行车及锂电池。起火的旅游信息咨询部兼营旅游电动车租赁业务，但没有与二层的按摩店和三层的住宅进行分隔，电动自行车和充电区域也没有设置在单独的安全地点，大大增加了火灾风险。

（2）排烟不畅。电动自行车在燃烧过程中产生大量有毒有害烟气，由于建筑在违章改造过程中将楼梯和阳台封闭，导致多人中毒身亡。

（3）安全疏散不畅。住宅部分没有与商业部分单独设置疏散楼梯，多个不同性质场所共用一个安全出口，火灾中死亡的6人未及逃生，均死于住宅内。

（二）意见建议

结合这起火灾事故提出建议如下：

（1）将电动车、锂电池及其充电设施置于安全区域，防止突然起火后扩散蔓延。在进行城市规划时，应充分考虑电动车的使用、停放、充电需求，划定方便、合理的专门区域。建筑管理单位和居民小区应当加强管理，杜绝电动车入室、入楼、入电梯，纠正将电动车停放在楼梯间内的行为。对于经营、销售电动车或锂电池的商户，应当加强宣传教育及管理，防止以店代库、安装、更换电池违法经营。

（2）加强住宿场所的防烟、排烟措施。建筑的住宿与非住宿部分之间必须采用不开门窗、洞口的防火墙，以及耐火极限不低于1.5小时的楼板将住宿场所与非住宿场所进行分隔，防止烟气蔓延；在住宿场所的每个房间设无栅栏的可开启外窗，无法开窗的房间，其装修材料均应为不燃烧材料。

（3）确保安全疏散条件。住宿与非住宿部分分别设置独立的疏散设施，当难以完全分隔时，不应设置人员住宿场所；住宿部分采用在首层能直通室外的室内封闭楼梯间、防烟楼梯间或室外疏散楼梯，并加强通风、耐火措施，不得在疏散楼梯、出口、窗口设置火灾时无法打开的栅栏。综合楼、底商住宅楼的住宅与商业部分必须分别设置独立的疏散楼梯或安全出口。

锂电池主要由正极材料、负极材料、电解质和隔膜组成，主要依靠Li⁺在两个电极之间的充放电往返嵌入和脱嵌工作。电池一般采用含有锂元素的材料作为正极材料，但有些材料化学稳定性和热稳定性较差，在过充、撞击、短路过程中很容易引发火灾及爆炸事故（锂电池结构如图47-2所示）。日常生活中，过充这种安全隐患属极为常见的现象。在过充过程中，锂电池的电压会失去控制持续上升，处于贫锂状态的正极材料会分解放热，当正极电势升至电解液氧化分解电势时，电解液会在正极表面氧化分解，释放出大量气体和热量[1]。

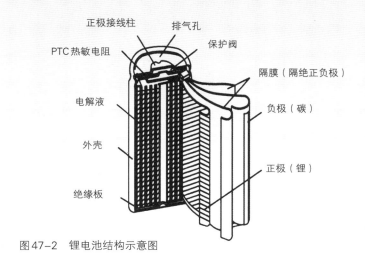

图47-2 锂电池结构示意图

《家用和类似用途电器的安全 电池充电器的特殊要求》（GB 4706.18）

《充电电气系统与设备安全导则》（GB/T 33587）

---

① 周会会，宋鹏，苏文彬. 锂离子电池火灾事故的原因分析及对策研究 [J]. 电池工业，2017（8）：26-28.

# 第十部分

## 典型违章作业火灾事故

电焊、切割类违章操作是导致火灾事故的一类重要原因。

从发生地点看，考察部分近10年以来因电焊、切割违章操作引发的15起较大以上火灾，12例发生在企业、商场及公寓等公共场所，2例发生在未入住的高层建筑中，1例发生在住宅小区地下车库的采暖加压泵房内。

从火灾发生的时间看，被考察的15例案例中，14例发生在8时至17时的白天工作时间。

在以上被考察的15个案例中，施工人员不具备电焊资格作业的案例占比超过7成，且分包现象十分普遍。施工方受利益驱使进行一次或多次分包，对具体施工人员资质、专业技能以及从业经历等缺乏必要的监管，且对施工人员没有进行必要的相关培训，违章、违规作业导致火灾发生的现象较为严重。

在被考察的案例中，直接原因均系作业时没有对周围环境可燃物进行清理，焊渣迸溅引燃周围可燃物造成。其中，又有近一半是引燃保温装饰材料，如2018年12月17日河南农牧产业集团公司"12·27"重大火灾事故；约20%是引燃了商场中存放的商品，如2014年哈尔滨南十六金龙商厦有限公司"9·1"火灾事故；约30%为引燃废旧沙发、纸箱、木材等杂物，如2013年泉州海日星工艺美术有限公司"12·26"火灾事故，系气焊切割掉落的金属熔融物引燃下方可燃物造成火灾发生，另有引燃危险化学品事故1例。

究其原因，主要有：一是作业人员职业能力和素质普遍不高，很多是无证上岗，对作业过程中的火灾危险性等缺乏基本了解；二是违规分包、转包，负有管理责任的相关单位没有履行应有的监管和现场监护职责；三是边施工、边营业、边生产，没有制定或履行相关动火制度，客观上增加了火灾危险性；四是施工现场的消防设施和防火分隔保护措施不到位。

本部分选取3个典型案例进行剖析、点评。

# 2013年黑龙江省哈尔滨市国润服装面料大市场"1·7"火灾事故①

## ——违章电梯施工烧毁商场，幸无人员伤亡

2013年1月7日，位于黑龙江省哈尔滨市南岗区中兴大道45号的哈尔滨国润服装面料大市场有限公司发生火灾，过火面积15000余平方米，未造成人员伤亡，火灾直接经济损失1586.4万元。事故现场概貌如图48-1所示。

图48-1 哈尔滨"1·7"火灾事故现场概貌

---

① 资料来源: 许岳辉.违规电焊又成火灾"元凶": 哈尔滨国润家饰城"1·7"火灾事故原因分析[J].广东安全生产，
2013（14）：22-23.

哈尔滨国润服装面料大市场有限公司时有员工60余人，商场业户200余户，是一家以服装面料经营为主的商场。商场建筑于2000年建设，2001年投入使用，原为地下一层，地上两层，建筑长110.5米，宽85米，建筑面积22006平方米。2012年，在原建筑基础上接建三至五层，接建后总建筑面积50056平方米，建筑高度21.45米。该建筑一、二、三层为钢筋混凝土框架结构，四、五层为钢框架现浇混凝土楼板结构，耐火等级二级。起火时，该建筑只有地下一层和地上一、二层投入使用：地下一层建筑面积3441平方米，为仓库、发电机房、配电室、水泵房、消防控制室等。地上每层建筑面积9319平方米，第一、二层为精品屋和摊床。第三、四、五层火灾发生时处于空置状态；屋顶局部为设备用房，建筑面积20平方米。

## 一、事故经过

2012年11月13日，起火单位与哈尔滨市南岗区博坤装饰工程队签订了室外观光电梯施工协议，2012年12月中旬，现场施工开始。2013年1月7日9时10分许，施工人员姜某、关某2人在观光电梯井架距离地面3.4米处进行电焊操作，关某发现作业面下方361°体育用品商店库房内起火，立即高喊"着火了"，并与姜某跳下作业面，进入361°体育用品商店，与商店员工王某等共同取用商场内灭火器进行初期火灾扑救。1月7日9时19分，在场员工拨打了119火警电话，距离发现火灾已经近10分钟时间，因为361°体育用品商店西侧与商场一层相通，火势已迅速蔓延至商场一层内部（图48-2）。

（a） （b）

图48-2　哈尔滨"1·7"火灾蔓延情况

1月7日9时15分许，位于地下一层的消防控制中心得到商场保安通知，9

时18分许，值班人员将控制柜从手动状态转入自动状态，并手动启动了消火栓泵和喷淋泵。9时20分许，消防设施转入自动状态不久，因配电室电缆沟进水短路，商场整体断电。随后，消防备用电源发电机开始启动，但启动后数秒钟，发电机也停止了工作。因消防系统断电，火灾后，该商场防火卷帘仅部分降落。火灾从361°体育用品商店西侧与商场一层相通处，迅速蔓延至商场内部。

　　9时20分，哈尔滨市消防支队119作战指挥中心一次性调派5个消防中队、24辆消防车、107名消防官兵到场处置。9时25分，指挥中心增派15个中队、67辆消防车、320余名消防官兵及战勤保障大队、修理所、消防医院前往增援。15时30分，大楼内部明火全部被扑灭。1月8日凌晨5时，火场全部清理完毕。

## 二、事故原因

### （一）直接原因

　　工人在对商场私自增建的观光电梯进行电焊操作时，焊渣飞落引燃体育用品商店库房内可燃物导致火灾。施工电梯外立面如图48-3所示。

图48-3　施工电梯外立面

### （二）间接原因

　　（1）未按要求办理施工审批，现场防护不到位。失火前一周，因施工需要，贴临施工现场的钢化玻璃窗被部分拆除，用木板代替，但木板未能完全遮挡窗口，存在孔洞。经调查，火灾系焊渣由此孔洞飞落至临近体育用品商店库房内（图48-4、图48-5）。

（2）消防设施未能出水灭火。发生火灾当天，起火建筑地下一层配电室隔壁房间内一处消火栓正在改造，尚未安装栓口，该房间内地面处有一开口长1.2米、宽1米、深0.8米的电缆沟，该建筑的消防主、备电源电缆均通过此电缆沟接入配电室，并且电缆接头未做防水处理。火灾发生后，大量水流从此处消火栓口涌出，导致电缆沟进水短路（图48-6）。

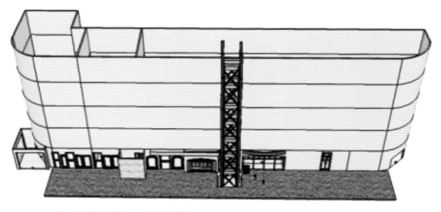

图48-4 施工楼梯临近窗口存在孔洞

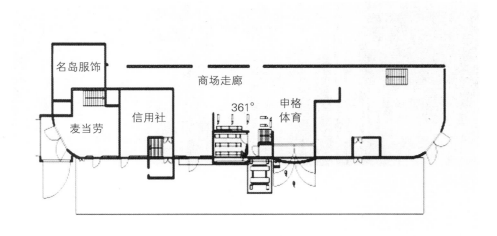

图48-5 施工楼梯与起火库房的相对位置

图48-6 电缆沟布线　　　　　　图48-7 施工现场的切割机

（3）施工人员不具备相应的施工资质。3名临时作业人员均没有电梯施工资质和特种作业操作证（切割机如图48-7所示）。

（4）施工方、委托方均未履行安全生产管理职责。商场委托不具备资质的人员施工，且边施工、边营业，默许违法行为，没有尽到巡查、制止的法定职责。

### 三、责任追究

程某、姜某、关某等施工人员，因犯重大责任事故罪均被判处有期徒刑6年。

### 四、专家点评

(一)经验教训

这起事故没有造成任何人员伤亡，说明单位在平时的宣传教育和演练方面还是可圈可点的。但是，这次事故同样具有典型违章操作事故的所有共同点：边营业边施工、无证操作、没有进行有效的防火分隔等。另外，消防供电因为水渍短路故障给火灾扑救和人员疏散造成了不小的困难。导致这起事故发生、扩大的主要原因如下：

（1）营业期间消防设施未保持完好有效。发生火灾时，该单位由于扩建需要，增设和更新了部分消防设施，相关设备正在交割调试，营业期间没有正常使用。火灾发生后，消火栓泵启动，电缆沟大量进水导致消防系统设备断电，未能正常运行。

（2）施工单位违反规定冒险作业。施工单位未落实施工现场安全管理制度，未组织施工人员进行安全生产培训教育，未组织灭火和应急疏散演练，未对特种岗位施工人员资质进行核对和查验，对施工现场存在的违法违规行为及安全隐患未采取有效措施督促整改。电焊操作人员无特种作业人员资格证，未办理相应的动火审批手续，未采取可靠的防火分隔等安全防护措施进行电焊作业，严重违反操作规定。

（3）起火单位履行消防安全职责不到位。经消防监督部门多次告知禁止在具有火灾危险性部位动用明火，营业期间禁止施工作业，但哈尔滨国润服装面料大市场有限公司虽签字并接收，但均未落实。

（二）意见建议

（1）加强消防设施的维护管理。按照《中华人民共和国消防法》的规定，聘请有能力的维保、检测单位及时对消防设施进行维护保养，并定期进行全面检测。单位自身也要按照国家标准《建筑消防设施的维护管理》（GB 25201），定期开展巡查、检查，确保消防设施正常使用，并按要求填写相应记录。

（2）加强单位内部电力设施的管理。按照《建筑设计防火规范》（GB 50016）、《火灾自动报警系统施工及验收规范》（GB 50166）以及《电力工程电缆设计标准》（GB 50217）中关于电缆敷设、电缆防火与阻止延燃的要求，对关键电力线缆、管沟、桥架、夹层、竖井进行全面检查，防止消防供配电系统出现故障。

（3）加强现场施工人员的管理教育。严格特种作业资格审查，杜绝无证上岗。在进入现场施工前，施工单位应当组织有关施工人员学习施工现场安全管理规定，明确告知"必须"及"禁止"事项，并宣讲应急预案、组织演练。动火施工人员应当遵守消防安全规定，并落实相应的消防安全措施。

（4）加强施工现场用火用电管理。禁止在具有火灾、爆炸危险的场所使用明火；因特殊情况需要进行电气焊等明火作业的，动火部门和人员应当按照单位的用火管理制度办理审批手续，落实现场监护人，在确认无火灾、爆炸危险后方可动火施工。公众聚集场所施工需要使用明火时，施工单位和使用单位应当共同采取措施，将施工区和使用区进行防火分隔，清除动火区域的易燃、可燃物，配置消防器材，实行专人监护，保证施工及使用范围内的消防安全。

（5）制定符合单位实际的应急疏散预案并定期演练。按照《人员密集场所消防安全管理》（GB/T 40248）的指导，完善预案的组织机构、实施程序，并定期组织演练宣贯。

扩展阅读

在编制灭火和应急疏散预案时，需要编写的基本内容有[1]：

（1）明确火灾现场通信联络、灭火、疏散、救护、保卫等任务的负责人；规模较大的人员密集场所应由专门机构负责，组建各职能小组；并明确负责人、组成人员及其职责。

（2）火警处置程序。

（3）应急疏散的组织程序和措施。

（4）扑救初起火灾的程序和措施。

（5）通信联络、安全防护和人员救护的组织与调度程序和保障措施。

施工现场用火应符合下列规定[2]：

（1）动火作业应办理动火许可证；动火许可证的签发人收到动火申请后，应前往现场查验并确认动火作业的防火措施落实后，再签发动火许可证。

（2）动火操作人员应具有相应资格。

（3）焊接、切割、烘烤或加热等动火作业前，应对作业现场的可燃物进行清理；作业现场及其附近无法移走的可燃物应采用不燃材料对其覆盖或隔离。

（4）施工作业安排时，宜将动火作业安排在使用可燃建筑材料的施工作业前进行。确需在使用可燃建筑材料的施工作业之后进行动火作业时，应采取可靠的防火措施。

（5）裸露的可燃材料上严禁直接进行动火作业。

（6）焊接、切割、烘烤或加热等动火作业应配备灭火器材，并应设置动火监护人进行现场监护，每个动火作业点均应设置1个监护人。

（7）五级（含五级）以上风力时，应停止焊接、切割等室外动火作业；确需动火作业时，应采取可靠的挡风措施。

（8）动火作业后，应对现场进行检查，并应在确认无火灾危险后，

---

[1] 全国消防标准化技术委员会.人员密集场所消防安全管理: GB/T 40248—2021[S]. 北京: 中国标准出版社，2021.

[2] 中华人民共和国住房和城乡建设部.建设工程施工现场消防安全技术规范: GB 50720-2011[S]. 北京: 中国计划出版社，2011.

动火操作人员再离开。

（9）具有火灾、爆炸危险的场所严禁明火。

（10）施工现场不应采用明火取暖。

（11）厨房操作间炉灶使用完毕，应将炉火熄灭，排油烟机及油烟管道应定期清理油垢。

**关联文献**

《人员密集场所消防安全管理》（GB/T 40248）

《社会单位灭火和应急疏散预案编制及实施导则》（GB/T 38315）

# 案例49

# 2019年山东省济南市齐鲁天和惠世制药有限公司"4·15"重大着火中毒事故①
## ——违规作业引燃化学制剂导致多人中毒伤亡

2019年4月15日15时10分左右，位于山东省济南市历城区董家镇的齐鲁天和惠世制药有限公司（以下简称天和公司）四车间地下室，在冷媒系统管道改造过程中，发生重大着火中毒事故，造成10人死亡、12人受伤，直接经济损失1867万元。事故单位概貌如图49-1所示。

图49-1　济南"4·15"重大着火中毒事故单位概貌

---

① 资料来源：山东省应急厅.济南齐鲁天和惠世制药有限公司"4·15"重大着火中毒事故调查报告[EB/OL].[2019-09-06].http://yjt.shandong.gov.cn/zfgw/201909/t20190910_2371510.html.

天和公司时有员工2300余人，内设4个化学合成车间、1个回收车间、6个冻干车间以及6个生产辅助部门。管道改造位于四车间地下室，为负一层，主要分走廊、外室、内室三个区域，总面积约1370平方米，内室约886平方米。从车间外南侧地坪沿楼梯向下进入地下室，通过宽2.4米、长15米的南北向走廊进入外室，布置有循环水泵、制冷机、冷媒罐、冷媒泵、真空泵等设备；再向东通过一道内门进入内室，布置有冷媒槽、清水槽、循环水槽、低浓水槽、冷媒泵等，设备及管道较多。事故发生时的作业区域为地下室内室。

## 一、事故经过

2019年4月15日，天和公司安排对四车间地下室−15℃冷媒管道系统进行改造。上午8时30分左右，公司技改处安排施工单位信邦公司负责人姬某带领施工人员到达四车间地下室。9时10分、9时30分左右，临时用电许可证和动火票被分别交付给四车间安排的施工作业监护人孙某。15时左右，7名施工人员在内室作业，四车间监护人孙某在场，四车间维修班高某、王某2人在内室循环水箱南侧进行引风机风道维护作业，四车间操作工赵某在内室门口附近清理地面积水。15时10分左右，部分施工人员看到堆放冷媒增效剂的位置上方冒出火光，随即产生爆燃，黄色烟雾迅速弥漫，立即打电话向四车间副主任报告。接报后，有关人员在实施救援时分别报告了公司安全总监，总监报告了公司总经理李某，李某向历城区应急管理局报告了事故情况。

接到报告后，济南市委、市政府及历城区启动应急预案，现场成立了事故处置领导小组，下设医疗救护、环境监测、善后处置、舆情引导等7个专项工作组，有力有序做好事故处置各项工作。应急管理部危化司领导一行连夜赶到事故现场，协调指导事故救援和调查工作。此次事故应急救援共投入公安干警、医护人员等340余人，调动车辆60余台，出动救护车10车次、消防车3辆。被陆续搜救出来的10人中，8人当场死亡，2人送医院抢救无效死亡。12名搜救人员因烟雾熏呛受伤送医院治疗，截至4月22日全部康复出院。经环保部门连续7天监测，事故对周边环境未造成影响，4月22日后停止监测。

## 二、事故原因

### （一）直接原因

天和公司四车间地下室管道改造作业过程中，违规进行动火作业，电焊或切割产生的焊渣或火花引燃现场堆放的冷媒增效剂（主要成分为氧化剂亚硝酸钠，有机物苯并三氮唑、苯甲酸钠），瞬间产生爆燃，放出大量氮氧化物等有毒气体，造成现场施工和监护人员中毒窒息死亡。

（二）间接原因

（1）天和公司未深刻吸取以前事故教训，未落实安全生产主体责任。①风险辨识及管控措施不到位，未严格按照山东省地方标准《安全生产风险分级管控体系通则》（DB37/T 2882—2016）和《生产安全事故隐患排查治理体系通则》（DB37/T 2883—2016）开展安全生产风险分级管控和隐患排查治理，特别是对动火作业没有按标准判定风险等级，四车间动火作业风险分级管控JHA（工作危害分析）记录表中，将动火风险全部判定为低风险。②对特殊作业安全管理不到位。受限空间管理未结合现场情况的变化重新进行辨识，未将作业条件发生变化的地下室纳入受限空间管理，未办理受限空间作业票证。③对改造项目管理不规范。负责技术改造零星维修项目的技改部门没有制定规范的施工方案和安全作业方案，以任务派工单代替施工方案，该次施工即既未履行变更管理手续，又无书面材料和正规设计图纸。④对外包施工队伍管理不到位，安全教育不到位。对外包施工队伍安全生产条件和资质审查把关不严，日常管理不到位。施工前培训考核缺少动火、临时用电、受限空间作业等重要内容。施工队伍进入作业现场前，未对施工作业人员进行作业前的安全技术交底和安全培训教育。⑤事故应急处置能力不足。企业部分救援人员自我保护意识不强，进入事故现场时佩戴空气呼吸器不规范，在不了解事故现场毒性的情况下，曾在转移遇难人员时摘下呼吸器请求增加人手，导致12名救援人员中毒呛伤。⑥未深刻汲取以往事故教训，事故防范和整改措施落实不到位。该企业2015—2016年连续发生了3起火灾爆炸事故，暴露出企业安全意识淡薄、整改落实不彻底，制度执行不到位，导致同类事故重复发生。

（2）信邦公司安全生产主体责任不落实。①严重违章作业。施工人员违反《化学品生产单位特殊作业安全规范》（GB 30871）要求，未落实现场作业安全条件，在未对可燃易燃物采取移除或隔离防护措施的情况下，违章动火作业；未制定安全作业方案和应急预案，施工现场未按规定配备应急防护器材；擅自增加现场作业人员数量，导致事故伤亡人员增加。②安全教育不到位。未对项目负责人、项目经理和施工人员实行全员培训，未建立安全生产教育和培训档案；以取得相关资格证书代替对公司安全员培训，以建设单位进行进场安全培训代替公司的安全培训；对项目部聘用人员以考代培，未开展公司级安全教育。③对外派项目部管理严重缺位。对部分项目负责人以包代管、包而不管。允许部分人员在公司个人缴纳社会保险，挂靠在公司名下，并作为项目负责人以公司名义承揽工程；对项目负责人疏于管理。④安全生产责任制落实不到位。未按照《山东省生产经营单位安全生产主体责任规定》第六条规定，安全生产责任制没有实现全覆盖，除公司经理、安全生产副经理、总工程师、项目负责人、安全处长、安全员外，其他岗位和人员均未明确安全职责；未按照《山东省生产经营单位安全生产主体责任规定》第十二条规定设置安全总监。

（3）光达公司非法生产、销售危险化学品。①非法生产危险化学品。光达公司LMZ冷媒增效剂的主要成分亚硝酸钠属于危险化学品，且含量大于或等于70%，没有办理危险化学品安全生产许可手续，在未取得LMZ冷媒增效剂安全生产许可手续的情况下非法生产。②未将LMZ冷媒增效剂纳入危险化学品管理。未按照《危险化学品目录（2015版）实施指南（试行）》（安监总厅管三〔2015〕80号）要求，将LMZ冷媒增效剂纳入危险化学品管理。未办理危险化学品登记手续。③未按法规要求提供LMZ冷媒增效剂的"一书一签"。光达公司按合同规定送货到天和公司时，未提供LMZ冷媒增效剂的安全技术说明书，也未在外包装件上粘贴或者拴挂化学品安全标签。光达公司与天和公司签订的《天和公司LMZ冷媒增效剂技术协议》中，其危险性概述为无环境危害、无燃爆危险、无健康危害，消防措施为无危险特性、无有害燃烧产物、不燃烧、不需要泄漏应急处理。

（4）当地党委、政府及有关部门未依法认真履行安全生产属地监管职责，贯彻落实国家安全生产法律法规和"党政同责、一岗双责、齐抓共管"不到位，落实、指导督促安全生产工作不力。

## 三、责任追究

### （一）因在事故中死亡，免予追究责任人员（1人）

孙某，天和公司事故车间作业监护人，负责当日动火作业现场监护，工作失职，放任作业人员违章动火作业，对事故发生负有直接责任。

（二）已被司法机关采取措施人员（11人）

天和公司四车间主任、副主任、安全员、EHS（环境和职业健康安全管理）办公室安全员、EHS总监兼总经理助理、法定代表人、董事长兼总经理、信邦公司项目现场负责人、信邦公司副总经理、信邦公司总经理、光达公司研发中心冷媒组负责人等，因构成涉嫌重大责任事故罪，已被公安机关采取措施，依法追究刑事责任。

（三）被建议移送司法机关追究刑事责任人员（3人）

光达公司法定代表人、总经理、光达公司副总经理、光达公司安全部部长等，对事故发生负有主要责任，涉嫌构成重大责任事故罪，被建议依法追究刑事责任。

（四）被建议给予党纪政务处分及组织处分人员（16人）

根据《中国共产党纪律处分条例》《中国共产党问责条例》《行政机关公务员处分条例》《事业单位工作人员处分暂行规定》等规定，9名人员被建议给予党纪政务处分，7名人员被建议给予组织处分。

## 四、专家点评

（一）经验教训

从已公布的事故调查报告来看，事发单位对动火施工作业不是没有进行管控，但在这起事故中所犯的致命错误至少有两个。

（1）没有明确化学药剂的危险性。未对采购的冷媒增效剂进一步跟踪索要相关资料，了解新材料的组分及其危险性。风险管控措施不落实，负责对此次动火作业现场审核确认及审批的相关人员，未对作业现场存放的冷媒增效剂进行风险辨识，未督促现场作业人员及时移除或采取隔离措施。事故发生后，光达公司提供的《LMZ冷媒增效剂安全技术说明书》与其生产的危险化学品不相符，且不符合《化学品安全技术说明书内容和项目顺序》（GB/T 16483）和《化学品安全技术说明书编制指南》（GB/T 17519）编制要求。所提供的企业标准《LMZ冷媒增效剂》（Q/CGD 002—2018）无LMZ冷媒增效剂的组成成分信息，且介绍"为一般化学品"。

（2）施工作业管理存在漏洞。一是没有对外来人员进行警示教育，吃了"内紧外松"的亏；二是受限空间管理未结合现场情况的变化重新进行辨识，未将作业条件发生变化的地下室纳入受限空间管理，未办理受限空间作业票证；三是技改部门没有制定规范的施工方案和安全作业方案，在管道改造作业的同时，四车间维修班在四车间地下室循环水箱南侧进行引风机风道维护作业，未明确相关要求、制定相关安全防护措施。

（二）意见建议

（1）加强危险化学品采购、入库、入场和信息管理。危险化学品的使用单位要核查生产、供货企业的有关生产资质，防止误采购、误用非法生产的化学品；严格查验每批次进厂化学品的包装、说明书和标签，并切实进行比对、验证；对照化学品安全技术说明书，识别相关风险，并培训相关人员，确保其详细了解化学品的物化性质和危害特性，严格按照要求储存和使用。对于非法生产、不按要求提供信息或信息与实际不相符，甚至刻意隐瞒化学品危害信息的，一律将其从供应商名单中剔除，并按有关规定向监管部门报告。

（2）着力管控外来不确定因素。把外来合作单位、相关人员纳入本单位安全管理，签订安全协议，履行告知义务，消除管控盲区；严格外来单位，尤其是施工作业单位的资质审核，发现没有资质应立即停止其工作；对外来人员进行严格的入厂安全教育培训，尤其是要确保其对禁止事项、危险源、事故预案的知晓；施工作业前，应提前制定施工方案，向作业人员进行现场安全交底。

（3）强化特殊作业安全监管。完善并严格执行特殊作业管理制度，强化动火、受限空间等风险辨识，制定有针对性的作业方案，严格控制受限空间作业人数；做好生产现场的规范管理，保持作业环境整洁，按要求设置安全通道、应急疏散通道、消防设施设备；强化现场监护，对现场无关物品清理、作业程序及方法、安全防护措施及设备等分阶段、多频次逐一检查。

扩展阅读

《化学品安全技术说明书编制指南》（GB/T 17519）规定，化学品标识应当写明化学品中英文名称、生产企业信息等标识、应急咨询电话和推荐用途及限制用途。在编写危险品标签时，要有象形图、信号词，以及包括预防措施、事故响应、安全储存和废弃处置在内的防范说明。

**关联文献**

《化学品安全技术说明书编制指南》（GB/T 17519）

《化学品安全技术说明书内容和项目顺序》（GB/T 16483）

《化学品GHS标签和安全技术说明书的可理解性测试方法》（GB/T 34714）

《化学品生产单位特殊作业安全规范》（GB 30871）

《企业安全生产标准化基本规范》（GB 33000）

# 2020年广东省东莞市松山湖 "9·25" 较大火灾事故①

## ——电焊引燃可燃物导致实验室火灾

2020年9月25日15时许，位于东莞市松山湖高新技术产业开发区华为团泊洼项目一在建实验室内发生火灾事故。事故造成3人死亡，直接经济损失约 3945 万元。事故现场概貌如图50-1所示。

图50-1 东莞市松山湖 "9·25" 较大火灾事故现场概貌

---

① 资料来源：东莞市人民政府. 东莞市松山湖 "9·25" 较大火灾事故调查报告 [EB/OL].[2021-02-24].http:// www.dg.gov.cn/shgysyjslyxxgkzl/ldly/zhsgjyly/syjglj/content/post_3467447.html.

涉事建筑物位于东莞市松山湖高新技术产业开发区的华为团泊洼基地内，系华为团泊洼研发实验室项目6号厂房，被命名为"G2栋"，其东面是G6栋、南面是G3栋、西面是阿里山路、北面是G1栋。G2栋主要包括外部的主体建筑和内部的远场天线暗室。G2栋主体建筑占地5583.05平方米，总建筑面积11087.92平方米，地上1层，局部4层，建筑高度为53.2米，内部空间约25万立方米。地上1层设计作为通信测试的暗室实验室使用，钢架结构；局部4层为附属楼，设计作为设备房、办公用房。

## 一、事故经过

2020年9月25日14时40分许，大连中山化工（实验室吸波材料施工单位）的施工现场负责人葛某在G2栋一楼巡查时，闻到疑似吸波材料燃烧的味道，立即组织现场施工人员寻找火源，后来发现暗室顶棚一灯箱处冒出浓烟，葛某等人用干粉灭火器扑救无果后，赶紧疏散现场人员离开。15时5分5秒，暗室顶棚有明火出现，消防控制室的火灾自动报警系统发出火灾警报信号。15时13分，暗室内出现大片火光。15时14分许，火势蔓延到暗室门外。

15时14分接到报警后，松山湖公安分局立即通知路面警力赶往现场，配合消防部门开展现场救援、疏散群众及维护现场秩序。接报后，市消防救援支队指挥中心调派15个单位，35辆消防车，150名指战员赶赴现场救援。至16时50分，救援人员将可见明火扑灭。17时许，火场已无阴燃和冒烟现象。19时许，救援人员在G2栋4楼北面检修走廊搜索发现3名遇难人员，经在外待命的松山湖社区卫生服务中心和东华医院松山湖园区医护人员检查，确认已经死亡。

事故发生后，东莞市、松山湖区有关领导到场组织救援，并成立善后处理工作组，督促协调相关事故单位做好善后处置工作。

## 二、事故原因

### （一）直接原因

2020年9月25日14时40分许，电焊工李某在暗室顶棚上东北角进行电焊作业，高温焊渣引燃暗室内顶棚的环保型装饰胶、吸波材料（聚氨酯材料）等物质引发火灾。

（1）报警晚，延误了灭火最佳时机。此次火灾发生后，园区内的企业、施工单位、物业等有关人员均没有及时向消防部门报警，而是使用灭火器、消火栓等方式自行扑救，但效果不理想。从最先发现冒烟到消防部门接到119报警电话，时间过了约30分钟，错过了最佳灭火时机。消防救援人员到达现场时，火灾已进入猛烈燃烧阶段。

（2）火灾荷载大，内部结构复杂。G2栋建筑为单层超高大空间钢结构建筑，建筑内部空间约25万立方米，建筑中间设有一个长约85米、宽约44米、高约44米的暗室。暗室内部的吸波材料使用数量巨大，据了解，已安装约1.6万平方米，现场仍存放约2000平方米吸波材料。火灾发生后，由于单体空间大，火灾迅速进入立体燃烧，燃烧热值非常高，辐射热非常强，并产生大量毒害烟气。着火建筑由于高温灼烧，钢构件强度迅速下降，顶层钢吊顶整体坍塌，将燃烧物埋压（图50-2）。

（3）消防设施发挥作用不明显。由于G2栋未投入使用，起火建筑内的暗室处于施工状态中，火灾发生时火灾自动报警系统发出了火灾警报信号，但由于施工单位在安装暗室过程中，大空间智能型主动喷水灭火系统的水炮被障碍物挡

图50-2　暗室屏蔽钢结构坍塌情况

住，喷水灭火保护范围变小，发挥作用不明显，只能对暗室外部进行喷水灭火，暗室内部火灾蔓延迅速。

（4）现场施工单位、物业管理方应急处置不当。大连中山化工、深圳万科物业现场有关人员对火灾现场判断及危害认识不足，发现起火后没有及时向消防部门报警，进入火场的物业人员没有采取有效的个人防护措施。

（5）相关单位未落实企业安全生产主体责任，安全生产管理不到位。

①大连中山化工作为施工单位，未针对涉事项目制定电焊技术方案和操作规程，将焊接作业交由不具有特种作业操作资质（焊工证）的人员施工；未建立健全生产安全事故隐患排查治理制度，对现场各施工环节安全风险未能充分辨识、分析、评估，未能采取有效措施及时发现并消除事故隐患；安全检查工作流于形式，电焊作业时未按规定安排专人监护；未针对涉事吸波工程项目进行专门的安全生产教育培训，仅靠现场管理人员的口头提醒，施工人员安全意识淡薄，未严格按照作业规范施工；发现火情后，未及时报火警或通知物业管理方，延误了最佳灭火时机；供应的吸波材料氧指数经检测不合格，不符合合同约定和国家标准。

②北方工程设计院作为涉事暗室的设计和制造单位，也即涉事暗室建设的专业承包单位，未按规范要求的耐火等级对暗室屏蔽钢结构进行设计，现场屏蔽钢结构未采取相应的防火保护措施，导致火灾发生后暗室屏蔽钢结构在火灾发生时过早坍塌，间接增加了火灾救援难度；督促、检查安全生产工作不力，对下游供应商提供的吸波材料未把好质量关，致使氧指数不符合要求的吸波材料被投入安装使用；作为暗室吸波工程的发包单位，对承接吸波材料供应和安装的分包单位（大连中山化工）未进行统一协调、管理，对分包单位的日常安全生产检查工作流于形式；安全风险评估和防范不足，未落实书面安全技术交底的安全管理制度，对施工现场安全风险管控不足。

### 三、责任追究

（一）被建议移送司法机关人员（3人）

（1）葛某，系大连中山化工委派到松山湖华为团泊洼项目暗室吸波材料施工现场负责人。作为施工现场的消防安全责任人，未落实消防安全主体责任，枉顾电焊人员不具有相关操作资质而安排其上岗作业，现场安全管理履职不当，负有直接责任，其涉嫌重大劳动安全事故罪。

（2）李某，系松山湖华为团泊洼项目暗室吸波材料施工现场电焊工之一，在不具备特种作业资格且没有采取相关防范措施的情形下进行电焊作业，引发火灾，对事故发生负有直接责任，其涉嫌重大劳动安全事故罪。

（3）王某，系松山湖华为团泊洼项目暗室吸波材料施工现场电焊作业组织人员、焊工之一，其涉嫌在大连市为李某等人伪造特种作业操作证。

（二）被建议追究行政责任单位

（1）大连中山化工有限公司、北方工程设计研究院有限公司对事故发生负有责任，建议由应急管理部门依法对该公司进行行政处罚。

（2）深圳市万科物业服务有限公司，违反《中华人民共和国消防法》的规定，建议由消防部门对该公司进行依法处理。

（3）中国电子科技集团公司第四十一研究所，未能履行涉事项目总承包单位的安全管理职责，对分包单位统一协调、管理不力，违反《中华人民共和国安全生产法》的有关规定，建议致函由其属地应急管理部门进行依法处理。

（4）华为投资控股有限公司在未组织竣工验收情况下，擅自将 G2 栋建筑投入使用，违反《中华人民共和国建筑法》第六十一条第二款之规定，建议由住建部门对其进行行政处罚。

（三）对相关企业人员的处理建议（5人）

（1）大连中山化工有限公司主要负责人、北方工程设计研究院有限公司主要负责人、北方工程设计院驻东莞市松山湖华为团泊洼基地项目经理兼工程部主任3人，被建议分别由相关主管部门进行处理。

（2）深圳万科物业驻东莞市松山湖华为团泊洼基地项目经理和消防安全责任人、华为投资控股有限公司松山湖团泊洼基地项目总监2人，被建议由其所属企业进行处理。

（四）被建议给予党纪政纪处分人员（3人）

松山湖质安监站土建质量监督员、松山湖质安监站站长、松山湖城市建设局党支部副书记3人被建议给予党纪政纪处分。

## 四、专家点评

（一）经验教训

除却其他因素，导致这起事故发生、蔓延的关键原因主要有以下几个：

（1）起火物未受控，有关材料易燃、可燃。现场用于安装施工的吸波材料氧指数经检测不合格，不符合合同约定和国家标准，大大降低了吸波材料的阻燃性。

（2）点火源未受控，现场施工不合规。施工单位未针对涉事吸波工程项目进行专门的安全生产教育培训，仅靠现场管理人员的口头提醒。施工人员安全意识淡薄，未严格按照作业规范施工。电焊作业时没有专人监护。

（3）人的行为未受控，施工人员不具备能力。焊割作业是一项专业性较强、危险性较大，可能造成严重后果，必须具备一定专业知识和操作水平方可开展的特种作业活动。《安全生产许可证条例》规定，"特种作业人员经有关业务主管部门考核合格，取得特种作业操作资格证书"。事发单位并没有找正规施工企业，而是图方便、便宜找了无证的施工人员。

（二）意见建议

（1）加强用工管理。企业在用工前必须认真核查施工人员的有关证照。不能提供合法、有效证照的，不得入场施工。对流动施工队伍，应及时宣传国家有关法律法规的规定，督促相关从业人员尽快取得资格证书。

（2）加大"两违"现象查处力度。相关职能部门应当进一步强化日常监管，健全完善违法用地、违法建设"两违"的监管和查处机制，加大对"两违"现象的打击力度，严格依法查处违法建设行为，对相关手续不完整，擅自建设、使用的，依法予以制止。

（3）学习、贯彻安全生产责任制和安全规范。按照"全覆盖、零容忍、严执法、重实效"的总体要求，认真组织开展各企业，尤其是施工企业、施工人员自身隐患排查，配备专职安全生产管理人，进一步健全完善安全生产责任制和各项管理制度，将企业安全生产责任制落实到每个环节、每个岗位、每个人员；组织宣贯，开展有针对性的安全教育和培训，制定生产安全事故应急救援预案并组织演练；配备符合国家标准要求的安全防护用品和消防有关设施、设备。

扩展阅读

　　国家对于焊割作业操作人员的资格有明文规定。《中华人民共和国安全生产法》规定："生产经营单位的特种作业人员必须按照国家有关规定经专门的安全作业培训，取得相应资格，方可上岗作业。特种作业人员的范围由国务院安全生产监督管理部门会同国务院有关部门确定。"要从事焊割作业，按照国家现行法律法规，需要根据从业、作业的行业、范围等取得不同的证书。目前与焊割有关的主要有以下四类：

第一类：特种作业操作证（俗称上岗证）。特种作业操作证是准入类上岗证书，如从事特种作业目录中焊接与热切割作业规定的操作项目，需要在上岗前考取相应特种作业操作证。《特种作业人员安全技术培训考核管理规定》规定的"焊接与热切割作业"，是指运用焊接或者热切割方法对材料进行加工的作业（不含《特种设备安全监察条例》规定的有关作业）。如要从事《特种设备安全监察条例》规定以外的焊接与热切割作业，需要按要求取得特种作业操作证。发证机关：应急管理部门。

第二类：特种设备安全管理和作业人员证（俗称特种设备焊工证）。同样属于准入类证书。《特种设备安全监察条例》规定，锅炉、压力容器、电梯、起重机械、客运索道、大型游乐设施、场（厂）内专用机动车辆的作业人员及其相关管理人员，应当按照国家有关规定，经特种设备安全监督管理部门考核合格，取得国家统一格式的特种设备作业人员证书，方可从事相应的作业或者管理工作。发证机关：质量技术监督部门。

第三类：建筑施工特种作业操作资格证（俗称工地焊工证）。也是准入类证书。是《安全生产许可证条例》《建筑施工特种作业人员管理规定》《建筑施工特种作业人员安全技术考核大纲（试行）》《建筑施工特种作业人员安全操作技能考核标准（试行）》规定的，在房屋建筑和市政工程施工活动中应当取得的建筑焊工（电焊、气焊、切割）资格证书。发证机关：住房和城乡建设部门。

第四类：职业资格证书（俗称焊工等级证）。技能证明类证书。《劳动法》规定："国家确定职业分类，对规定的职业制定职业技能标准，实行职业资格证书制度，由经过政府批准的考核鉴定机构负责对劳动者实施职业技能考核鉴定。"人力资源和社会保障部《关于公布国家职业资格目录的通知》（人社部发〔2017〕68号）公布的职业资格目录清单中，焊工属于职业技能准入类资格。发证机关：人力资源和社会保障部门。

**关联文献**

《中华人民共和国劳动法》

《安全生产许可证条例》（国务院令第653号）

《特种设备安全监察条例》（国务院令第549号）

《特种作业人员安全技术培训考核管理规定》（国家安全生产监督管理总局令第30号）

《建筑施工特种作业人员管理规定》（建质〔2008〕75号）

《关于公布国家职业资格目录的通知》（人社部发〔2017〕68号）

《建设工程施工现场消防安全技术规范》（GB 50720）

《焊接与切割安全》（GB 9448）

附

录

# 社会单位消防安全共性问题小结

社会单位消防安全共性问题小结

**1.消防安全责任制不健全、不落实**
- （1）消防安全观念、意识不强，疏忽大意或轻信能够避免
- （2）未建立岗位安全制度、制度体系不完整或不符合自身实际
- （3）消防安全标准化管理水平有待进一步提高
- （4）消防安全工作奖惩不到位，责任制落实没有着力点

**2.工程项目或设施、设备本身存在"先天性"消防安全问题**
- （1）未批先建，未验先用，或非法取得相关行政许可
- （2）擅自变更已审批的规模、范围、内容、时效、用途
- （3）施工质量、产品质量不过关，且没有经过检验、检测，或检验、检测报告与实际不符
- （4）明知存在问题，却不整改、不停用、不拆除，以致最终成灾

**3.规程及操作存在问题**
- （1）应建立而未建立消防安全规程，或规程本身存在漏洞，不完整、不合理、不便于操作
- （2）作业审批和现场监护不落实、不严格
- （3）相关人员不具备岗位要求的能力和素质
- （4）作业环境、工艺条件、设备状态、人员状态、人机交互等作业的客观因素不具备消防安全条件

**4.消防安全设施设备没有发挥应有作用**
- （1）未按规范并结合自身需要设置设施、设备，或者已设置的设施、设备与防护要求不匹配
- （2）不及时检查、检测，不按要求及时维护、保养更换消防安全设施、设备，导致不完好有效
- （3）多产权建筑物有关共用消防设施、设备的设置、检查、检测、维保、使用等相关责任不明确
- （4）对已配备的消防设施、设备不会使用，或使用、操作不当

**5.消防宣传教育和应急演练不全面、不深入、不及时**
- （1）忽视对员工的消防安全教育，岗前教育培训缺失或流于形式
- （2）重点部位、重点环节、重点工种培训针对性不强，或者囿于某个岗位、某个环节、某种情形，对员工整体消防安全观的塑造相对弱化
- （3）消防安全教育讲得多，实际操作和现场演练开展得少，员工印象、感受、体会不深刻
- （4）消防安全教育培训投入不足，对流动性较大的临时人员、外聘人员的消防安全管理教育存在盲点

# 附录2
## APPENDIX

# 部分消防安全规定及有关文献一览表

| | 消防管理：通用 | |
|---|---|---|
| 序号 | 文件名称 | 文号或发布时间 |
| 1 | 中华人民共和国消防法 | |
| 2 | 中华人民共和国安全生产法 | |
| 3 | 中华人民共和国突发事件应对法 | |
| 4 | 中华人民共和国刑法 | |
| 5 | 中华人民共和国刑事诉讼法 | |
| 6 | 中华人民共和国行政处罚法 | |
| 7 | 中华人民共和国行政强制法 | |
| 8 | 中华人民共和国行政诉讼法 | |
| 9 | 中华人民共和国治安管理处罚法 | |
| 10 | 中华人民共和国国民经济和社会发展第十四个五年规划和二〇三五年远景目标纲要 | |
| 11 | 生产安全事故报告和调查处理条例 | 国务院令第493号 |
| 12 | 物业管理条例 | 国务院令第379号 |
| 13 | 安全生产许可证条例 | 国务院令第653号 |
| 14 | 特种设备安全监察条例 | 国务院令第549号 |
| 15 | 保安服务管理条例 | 国务院令第564号 |
| 16 | 消防监督检查规定 | 公安部令第120号 |
| 17 | 机关、团体、企业、事业单位消防安全管理规定 | 公安部令第61号 |
| 18 | 生产安全事故应急预案管理办法 | 应急管理部令第2号 |
| 19 | 生产安全事故罚款处罚规定（试行） | 国家安全生产监督管理总局令第77号 |
| 20 | 地方党政领导干部安全生产责任制规定 | 厅字〔2018〕13号 |
| 21 | 关于推进安全生产领域改革发展的意见 | 中发〔2016〕32号 |
| 22 | 关于深化消防执法改革的意见 | 厅字〔2019〕34号 |

续表

| 消防管理：通用 | | |
|---|---|---|
| 序号 | 文件名称 | 文号或发布时间 |
| 23 | 国家信息化发展战略纲要 | 中办发〔2016〕48号 |
| 24 | 消防安全责任制实施办法 | 国办发〔2017〕87号 |
| 25 | 消防工作考核办法 | 国办发〔2013〕16号 |
| 26 | 关于推进城市安全发展的意见 | 国办发〔2018〕1号 |
| 27 | 国务院关于在市场监管领域全面推行部门联合"双随机、一公开"监管的意见 | 国发〔2019〕5号 |
| 28 | 关于进一步加强企业安全生产工作的通知 | 国发〔2010〕23号 |
| 29 | 促进大数据发展行动纲要 | 国发〔2015〕50号 |
| 30 | 关于促进智慧城市健康发展的指导意见 | 发改高技〔2014〕1770号 |
| 31 | 国家安全发展示范城市评价与管理办法 | 安委〔2019〕5号 |
| 32 | 关于实施遏制重特大事故工作指南 构建安全风险分级管控和隐患排查治理双重预防机制的意见 | 安委办〔2016〕11号 |
| 33 | 安全生产行政执法与刑事司法衔接工作办法 | 应急〔2019〕54号 |
| 34 | 关于全面推进"智慧消防"建设的指导意见 | 公消〔2017〕297号 |
| 35 | 建筑消防设施的维护管理 | GB 25201 |
| 36 | 企业安全生产标准化基本规范 | GB 33000 |
| 37 | 社会单位灭火和应急疏散预案编制及实施导则 | GB/T 38315 |
| 38 | 重大火灾隐患判定方法 | XF 653 |

| 消防管理：建设工程 | | |
|---|---|---|
| 序号 | 文件名称 | 文号或发布时间 |
| 1 | 中华人民共和国建筑法 | |
| 2 | 建设工程质量管理条例 | 国务院令第279号 |
| 3 | 高层民用建筑消防安全管理规定 | 应急管理部令第5号 |
| 4 | 煤矿重大事故隐患判定标准 | 应急管理部令第4号 |
| 5 | 建设工程消防设计审查验收暂行规定 | 建设部令第51号 |
| 6 | 城市危险房屋管理规定 | 建设部令第4号 |
| 7 | 煤矿安全规程 | 国家安全生产监督管理总局令第87号 |
| 8 | 关于全面推进城镇老旧小区改造工作的指导意见 | 国办发〔2020〕23号 |

| 消防管理：建设工程 | | |
|---|---|---|
| 序号 | 文件名称 | 文号或发布时间 |
| 9 | 建设工程消防设计审查验收工作细则 | 建科规〔2020〕5号 |
| 10 | 关于印发贯彻落实城市安全发展意见实施方案的通知 | 建办质〔2018〕58号 |
| 11 | 关于开展城市居住社区建设补短板行动的意见 | 建科规〔2020〕7号 |
| 12 | 关于开展既有建筑改造利用消防设计审查验收试点的通知 | 建办科函〔2021〕164号 |
| 13 | 关于加强既有房屋使用安全管理工作的通知 | 建质〔2015〕127号 |
| 14 | 住房城乡建设部进一步做好城市既有建筑保留利用和更新改造工作的通知 | 建城〔2018〕96号 |
| 15 | 关于整顿规范住房租赁市场秩序的意见 | 建房规〔2019〕10号 |
| 16 | 住宅物业消防安全管理 | XF 1283 |
| 17 | 汽车加油加气站消防安全管理 | XF/T 3004 |
| 18 | 住宿与生产储存经营合用场所消防安全技术要求 | XF 703 |
| 19 | 燃气工程项目规范 | GB 55009 |
| 20 | 石油储罐火灾扑救行动指南 | XF/T 1275 |
| 21 | 锂离子电池企业安全生产规范 | T/CIAPS 0002 |
| 22 | 工业硅安全生产规范 | YS/T 1185 |

| 消防管理：人员密集场所 | | |
|---|---|---|
| 序号 | 文件名称 | 文号或发布时间 |
| 1 | 公共娱乐场所消防安全管理规定 | 公安部令第39号 |
| 2 | 旅游安全管理办法 | 国家旅游局令第41号 |
| 3 | 社会福利机构消防安全管理十项规定 | 民函〔2015〕280号 |
| 4 | 养老服务机构消防安全须知八条 | 民政部、应急管理部2019年8月 |
| 5 | 文物建筑消防安全管理十项规定 | 文物督发〔2015〕11号 |
| 6 | 关于进一步加强文物消防安全工作指导意见 | 文物督发〔2019〕19号 |
| 7 | 公众聚集场所消防安全管理要点 | 应急〔2021〕34号 |
| 8 | 大型商业综合体消防安全管理规则（试行） | 应急消〔2019〕314号 |
| 9 | 汗蒸房消防安全整治要求 | 公消〔2017〕第83号 |

| 消防管理：人员密集场所 | | |
|---|---|---|
| 序号 | 文件名称 | 文号或发布时间 |
| 10 | 教育部关于切实加强高校学生住宿管理的通知 | 教社政〔2004〕6号 |
| 11 | 教育部办公厅关于进一步做好高校学生住宿管理的通知 | 教思政厅〔2007〕4号 |
| 12 | 人员密集场所消防安全管理 | GB/T 40248 |
| 13 | 普通高等学校安全技术防范系统要求 | GB/T 31068 |
| 14 | 文物建筑消防安全管理 | XF/T 1463 |

| 消防管理：火灾事故调查 | | |
|---|---|---|
| 序号 | 文件名称 | 文号或发布时间 |
| 1 | 火灾事故调查规定 | 公安部令第121号 |
| 2 | 公安机关消防刑侦部门火灾调查工作协作规定 | |
| 3 | 火灾技术鉴定方法 | GB/T 18294 |
| 4 | 火灾物证痕迹检查方法 | GB/T 27905 |
| 5 | 电气火灾痕迹物证技术鉴定方法 | GB/T 16840 |
| 6 | 电气火灾模拟实验技术规程 | GB/T 27902 |
| 7 | 电工电子产品着火危险试验 | GB/T 5169 |
| 8 | 火灾现场勘验规则 | XF 839 |
| 9 | 火灾原因认定规则 | XF 1301 |
| 10 | 火灾现场照相规则 | XF 1249 |
| 11 | 雷击森林火灾调查与鉴定规范 | LY/T 2576 |

| 消防管理：消防安全评估、社会消防技术服务 | | |
|---|---|---|
| 序号 | 文件名称 | 文号或发布时间 |
| 1 | 安全评价检测检验机构管理办法 | 应急管理部令第1号 |
| 2 | 社会消防技术服务管理规定 | 应急管理部令第7号 |
| 3 | 消防技术服务机构从业条件 | 应急〔2019〕88号 |
| 4 | 火灾高危单位消防安全评估导则（试行） | 公消〔2013〕60号 |
| 5 | 火灾烟气致死毒性的评估 | GB 38310 |

| 消防管理：消防安全评估、社会消防技术服务 | | |
|---|---|---|
| 序号 | 文件名称 | 文号或发布时间 |
| 6 | 消防安全工程　第3部分：火灾风险评估指南 | GB/T 31593.3 |
| 7 | 消防安全工程　第9部分：人员疏散评估指南 | GB/T 31593.9 |
| 8 | 电气设备的安全　风险评估和风险降低 | GB/T 22696 |
| 9 | 人员密集场所消防安全评估导则 | XF/T 1369 |
| 10 | 单位消防安全评估 | XF/T 3005 |
| 11 | 文物建筑火灾风险防范指南（试行） | 应急〔2021〕90号 |
| 12 | 文物建筑火灾风险检查指引（试行） | 应急〔2021〕90号 |
| 13 | 博物馆火灾风险防范指南（试行） | 应急〔2021〕90号 |
| 14 | 博物馆火灾风险检查指引（试行） | 应急〔2021〕90号 |

| 消防管理：消防宣传教育 | | |
|---|---|---|
| 序号 | 文件名称 | 文号或发布时间 |
| 1 | 安全生产宣传教育"七进"活动基本规范 | 安委办〔2017〕35号 |
| 2 | 推进消防宣传"五进"工作方案 | 安委办〔2020〕3号 |

| 消防规划：通用 | | |
|---|---|---|
| 序号 | 文件名称 | 文号或发布时间 |
| 1 | 中华人民共和国城乡规划法 | |
| 2 | 中华人民共和国土地管理法 | |
| 3 | 中华人民共和国土地管理法实施条例 | 国务院令第256号 |
| 4 | 城市综合地下管廊建设规划技术导则 | 住房和城乡建设部2019年 |
| 5 | 城市消防规划规范 | GB 51080 |
| 6 | 城市工程管线综合规划规范 | GB 50289 |
| 7 | 城镇老年人设施规划规范 | GB 50437 |
| 8 | 城市居住区人民防空工程规划规范 | GB 50808 |
| 9 | 城市消防站设计规范 | GB 51054 |

| 序号 | 文件名称 | 文号或发布时间 |
|---|---|---|
| 1 | 住宅室内装饰装修管理办法 | 建设部令第110号 |
| 2 | 建筑高度大于250米民用建筑防火设计加强性技术要求 | 公消〔2018〕57号 |
| 3 | 建筑设计防火规范 | GB 50016 |
| 4 | 建筑防烟排烟系统技术标准 | GB 51251 |
| 5 | 消防控制室通用技术要求 | GB 25506 |
| 6 | 建设工程施工现场消防安全技术规范 | GB 50720 |
| 7 | 建设工程施工现场供电安全规范 | GB 50194 |
| 8 | 建筑钢结构防火技术规范 | GB 51249 |
| 9 | 建筑内部装修设计防火规范 | GB 50222 |
| 10 | 建筑内部装修防火施工及验收规范 | GB 50354 |
| 11 | 消防安全标志设置要求 | GB 15630 |
| 12 | 城市综合管廊工程技术规范 | GB 50838 |
| 13 | 灾区过渡安置点防火标准 | GB 51324 |
| 14 | 建筑材料及制品燃烧性能分级 | GB 8624 |
| 15 | 城市地下综合管廊运行维护及安全技术标准 | GB 51354 |
| 16 | 既有建筑维护与改造通用规范 | GB 55022 |
| 17 | 建筑防火封堵应用技术标准 | GB/T 51410 |
| 18 | 建筑幕墙 | GB/T 21086 |
| 19 | 火灾分类 | GB/T 4968 |
| 20 | 建筑构件用防火保护材料通用要求 | XF/T 110 |
| 21 | 建筑幕墙防火技术规程 | T/CECS 806 |
| 22 | 城市地下综合管廊管线工程技术规程 | T/CECS 532 |

| 建筑防火：民用建筑 | | |
|---|---|---|
| 序号 | 文件名称 | 文号或发布时间 |
| 1 | 文物建筑防火设计导则（试行） | 文物督函〔2015〕371号 |
| 2 | 人民防空工程设计防火规范 | GB 50098 |
| 3 | 汽车库、修车库、停车场设计防火规范 | GB 50067 |
| 4 | 民用机场航站楼设计防火规范 | GB 51236 |

| | 建筑防火：民用建筑 | |
|---|---|---|
| 序号 | 文件名称 | 文号或发布时间 |
| 5 | 飞机库设计防火规范 | GB 50284 |
| 6 | 地铁设计防火标准 | GB 51298 |
| 7 | 民用建筑设计统一标准 | GB 50352 |
| 8 | 综合医院建筑设计规范 | GB 51039 |
| 9 | 铁路车站及枢纽设计规范 | GB 50091 |
| 10 | 住宅设计规范 | GB 50096 |
| 11 | 住宅建筑规范 | GB 50368 |
| 12 | 中小学校设计规范 | GB 50099 |
| 13 | 城市客运交通枢纽设计标准 | GB/T 51402 |
| 14 | 建材家具市场建设及管理规范 | GB/T 33494 |
| 15 | 中等职业学校建设标准 | 建标〔2018〕192 |
| 16 | 高等职业学校建设标准 | 建标〔2019〕197 |
| 17 | 综合社会福利院建设标准 | 建标〔2016〕296 |
| 18 | 特殊教育学校建筑设计标准 | JGJ 76 |
| 19 | 老年人照料设施建筑设计标准 | JGJ 450 |
| 20 | 托儿所、幼儿园建筑设计规范 | JGJ 39 |
| 21 | 博物馆建筑设计规范 | JGJ 66 |
| 22 | 图书馆建筑设计规范 | JGJ 38 |
| 23 | 饮食建筑设计标准 | JGJ 64 |
| 24 | 科研建筑设计标准 | JGJ 91 |
| 25 | 宿舍建筑设计规范 | JGJ 36 |
| 26 | 旅馆建筑设计规范 | JGJ 62 |
| 27 | 体育建筑设计规范 | JGJ 31 |
| 28 | 商店建筑设计规范 | JGJ 48 |
| 29 | 疗养院建筑设计标准 | JGJ/T 40 |
| 30 | 办公建筑设计标准 | JGJ/T 67 |
| 31 | 铁路工程设计防火规范 | TB 10063 |
| 32 | 广播电影电视建筑设计防火标准 | GY 5067 |
| 33 | 邮电建筑防火设计标准 | YD 5002 |
| 34 | 无障碍设计规范 | GB 50763 |

| 建筑防火：工业生产 | | |
|---|---|---|
| 序号 | 文件名称 | 文号或发布时间 |
| 1 | 石油化工企业设计防火标准 | GB 50160 |
| 2 | 精细化工企业工程设计防火标准 | GB 51283 |
| 3 | 煤化工工程设计防火标准 | GB 51428 |
| 4 | 石油天然气工程设计防火规范 | GB 50183 |
| 5 | 有色金属工程设计防火规范 | GB 50630 |
| 6 | 钢铁冶金企业设计防火标准 | GB 50414 |
| 7 | 纺织工程设计防火规范 | GB 50565 |
| 8 | 酒厂设计防火规范 | GB 50694 |
| 9 | 水电工程设计防火标准 | GB 50827 |
| 10 | 火力发电厂与变电站设计防火标准 | GB 50229 |
| 11 | 制浆造纸厂设计规范 | GB 51092 |
| 12 | 焦化安全规程 | GB 12710 |
| 13 | 多晶硅工厂设计规范 | GB 51034 |
| 14 | 洁净厂房设计规范 | GB 50073 |
| 15 | 电子工业洁净厂房设计规范 | GB 50472 |
| 16 | 电子工业职业安全卫生设计规范 | GB 50523 |
| 17 | 医药工业洁净厂房设计标准 | GB 50457 |
| 18 | 锅炉房设计标准 | GB 50041 |
| 19 | 氧气站设计规范 | GB 50030 |
| 20 | 氢气站设计规范 | GB 50177 |
| 21 | 特种气体系统工程技术标准 | GB 50646 |
| 22 | 工业企业煤气安全规程 | GB 6222 |
| 23 | 汽车加油加气站设计与施工规范 | GB 50156 |
| 24 | 水利工程设计防火规范 | GB 50987 |
| 25 | 锂离子电池工厂设计标准 | GB 51377 |
| 26 | 石油化工安全仪表系统设计规范 | GB/T 50770 |
| 27 | 核电厂防火设计规范 | GB/T 22158 |
| 28 | 煤焦化粗苯加工工程设计标准 | GB/T 51325 |
| 29 | 煤焦化焦油加工工程设计标准 | GB/T 51331 |
| 30 | 石油化工钢结构防火保护技术规范 | SH 3137 |
| 31 | 石油化工建设工程项目监理规范 | SH/T 3903 |
| 32 | 石油化工控制室设计规范 | SH/T 3006 |

| 建筑防火：工业生产 | | |
|---|---|---|
| 序号 | 文件名称 | 文号或发布时间 |
| 33 | 气柜维护检修规程 | SHS 01036 |
| 34 | 电池储能电站设计技术规程 | Q/GDW 11265 |
| 35 | 烟草生产建筑设计防火规程 | T/CECS 755 |
| 36 | 火力发电厂运煤设计技术规程 | DL/T 5187 |

| 建筑防火：仓储 | | |
|---|---|---|
| 序号 | 文件名称 | 文号或发布时间 |
| 1 | 国有粮油仓储物流设施保护办法 | 国家发展和改革委员会令第40号 |
| 2 | 物流建筑设计规范 | GB 51157 |
| 3 | 石油库设计规范 | GB 50074 |
| 4 | 石油储备库设计规范 | GB 50737 |
| 5 | 储罐区防火堤设计规范 | GB 50351 |
| 6 | 石油化工全厂性仓库及堆场设计规范 | GB 50475 |
| 7 | 医药工业仓储工程设计规范 | GB 51073 |
| 8 | 粮食平房仓设计规范 | GB 50320 |
| 9 | 粮食钢板筒仓设计规范 | GB 50322 |
| 10 | 球形储罐施工规范 | GB 50094 |
| 11 | 仓储物流自动化系统功能安全规范 | GB/T 32828 |
| 12 | 通用仓库等级 | GB/T 21072 |
| 13 | 仓储货架使用规范 | GB/T 33454 |
| 14 | 仓储场所消防安全管理通则 | XF 1131 |
| 15 | 物资仓库设计规范 | SBJ 09 |
| 16 | 化工粉体料堆场及仓库设计规范 | HG/T 20568 |
| 17 | 应急物资储备仓库消防管理规范 | T/BJXF 006 |
| 18 | 自动化立体仓库设计规范 | JB/T 9018 |
| 19 | 煤炭仓储设施设备配置及管理要求 | WB/T 1087 |
| 20 | 液化烃球形储罐安全设计规范 | SH 3136 |
| 21 | 石油化工企业现场安全检查　石油化工可燃液体常压储罐 | QS/Y 1124.18 |
| 22 | 粮食仓库建设标准 | 建标〔2016〕172 |

| 建筑防火：保温、绝热 | | |
|---|---|---|
| 序号 | 文件名称 | 文号或发布时间 |
| 1 | 建筑材料及制品燃烧性能分级 | GB 8624 |
| 2 | 材料产烟毒性危险分级 | GB/T 20285 |
| 3 | 建筑外墙外保温用岩棉制品 | GB/T 25975 |
| 4 | 建筑绝热用玻璃棉制品 | GB/T 17795 |
| 5 | 模塑聚苯板薄抹灰外墙外保温系统材料 | GB/T 29906 |
| 6 | 挤塑聚苯板（XPS）薄抹灰外墙外保温系统材料 | GB/T 30595 |
| 7 | 绝热用硬质酚醛泡沫制品 | GB/T 20974 |
| 8 | 绝热用喷涂聚硬质氨酯泡沫塑料 | GB/T 20219 |
| 9 | 外墙外保温泡沫陶瓷 | GB/T 33500 |
| 10 | 建筑外墙外保温防火隔离带技术规程 | JGJ 289 |
| 11 | 外墙外保温工程技术标准 | JGJ 144 |
| 12 | 建筑用金属面酚醛泡沫夹芯板 | JC/T 2155 |
| 13 | 建筑用泡沫铝板 | JG/T 359 |
| 14 | 外墙内保温工程技术规程 | JGJ/T 261 |
| 15 | 保温防火复合板应用技术规程 | JGJ/T 350 |
| 16 | 无机轻集料防火保温板通用技术要求 | JG/T 435 |
| 17 | 外墙保温复合板通用技术要求 | JG/T 480 |
| 18 | 建筑结构保温复合板 | JG/T 432 |
| 19 | 聚苯模块保温墙体应用技术规程 | JGJ/T 420 |
| 20 | 保温装饰板外墙外保温系统材料 | JG/T 287 |
| 21 | 建筑用混凝土复合聚苯板外墙外保温材料 | JG/T 228 |
| 22 | 泡沫玻璃外墙外保温系统材料技术要求 | JG/T 469 |
| 23 | 建筑用真空绝热板 | JG/T 438 |
| 24 | 建筑用发泡陶瓷保温板 | JG/T 511 |
| 25 | 岩棉薄抹灰外墙外保温系统材料 | JG/T 483 |
| 26 | 硬泡聚氨酯板薄抹灰外墙外保温系统材料 | JG/T 420 |
| 27 | 酚醛泡沫板薄抹灰外墙外保温系统材料 | JG/T 515 |
| 28 | 胶粉聚苯颗粒外墙外保温系统材料 | JG/T 158 |
| 29 | 聚氨酯硬泡复合保温板 | JG/T 314 |
| 30 | 泡沫混凝土保温装饰板 | JC/T 2432 |

| 建筑防火：保温、绝热 | | |
|---|---|---|
| 序号 | 文件名称 | 文号或发布时间 |
| 31 | 膨胀珍珠岩薄抹灰外墙外保温工程技术规程 | CECS 380 |
| 32 | 硫铝酸盐水泥基发泡保温板外墙外保温技术规程 | CECS 379 |

| 消防设施、器材、产品：火灾报警 | | |
|---|---|---|
| 序号 | 文件名称 | 文号或发布时间 |
| 1 | 火灾自动报警系统设计规范 | GB 50116 |
| 2 | 火灾自动报警系统施工及验收标准 | GB 50166 |
| 3 | 火灾自动报警系统组件兼容性要求 | GB 22134 |
| 4 | 119火灾报警系统通用技术条件 | GB 16282 |
| 5 | 城市消防远程监控系统技术规范 | GB 50440 |
| 6 | 城市消防远程监控系统 | GB 26875 |
| 7 | 电气火灾监控系统 | GB 14287 |
| 8 | 手动火灾报警按钮 | GB 19880 |
| 9 | 典型感烟火灾探测器 | GB 4715 |
| 10 | 典型感温火灾探测器 | GB 4716 |
| 11 | 线型感温火灾探测器 | GB 16280 |
| 12 | 线型光束感烟火灾探测器 | GB 14003 |
| 13 | 特种火灾探测器 | GB 15631 |
| 14 | 独立式感烟火灾探测报警器 | GB 20517 |
| 15 | 火灾报警控制器 | GB 4717 |
| 16 | 防火监控报警插座与开关 | GB 31252 |
| 17 | 火灾探测报警产品的维修保养与报废 | GB 29837 |
| 18 | 火灾报警设备专业术语 | GB/T 4718 |
| 19 | 城镇综合管廊监控与报警系统工程技术标准 | GB/T 51274 |
| 20 | 火灾自动报警系统性能评价 | GB/Z 24978 |
| 21 | 点型感温/感烟火灾探测器性能评价 | GB/Z 24979 |
| 22 | 物联网　标准化工作指南 | GB/Z 33750 |
| 23 | 火灾报警系统无线通信功能通用要求 | XF 1151 |
| 24 | 水力发电厂火灾自动报警系统设计规范 | DL/T 5412 |
| 25 | 核电厂火灾自动报警系统设计准则 | NB/T 20146 |

| 消防设施、器材、产品：给水及灭火设施、设备 | | |
|---|---|---|
| 序号 | 文件名称 | 文号或发布时间 |
| 1 | 消防给水及消火栓系统技术规范 | GB 50974 |
| 2 | 固定消防给水设备 | GB 27898 |
| 3 | 室内消火栓 | GB 3445 |
| 4 | 室外消火栓 | GB 4452 |
| 5 | 消防水带 | GB 6246 |
| 6 | 消防水枪 | GB 8181 |
| 7 | 市政消防给水设施维护管理 | GB/T 36122 |
| 8 | 装配式箱泵一体化消防给水泵站技术规程 | T/CECS 623 |
| 9 | 室内消火栓安装 | 15S202 |
| 10 | 室外消火栓及消防水鹤安装 | 13S201 |
| 11 | 泡沫灭火系统技术标准 | GB 50151 |
| 12 | 泡沫灭火系统施工及验收规范 | GB 50281 |
| 13 | 泡沫灭火系统及部件通用技术条件 | GB 20031 |
| 14 | 泡沫灭火剂 | GB 15308 |
| 15 | 泡沫枪 | GB 25202 |
| 16 | A类泡沫灭火剂 | GB 27897 |
| 17 | 泡沫喷雾灭火装置 | XF 834 |
| 18 | 七氟丙烷泡沫灭火系统 | XF 1288 |
| 19 | 合成型泡沫喷雾灭火系统应用技术规程 | CECS 156 |
| 20 | 固定消防炮灭火系统技术规范 | GB 50338 |
| 21 | 固定消防炮灭火系统施工与验收规范 | GB 50498 |
| 22 | 消防炮 | GB 19156 |
| 23 | 远控消防炮系统通用技术条件 | GB 19157 |
| 24 | 自动消防炮灭火系统技术规程 | CECS 245 |
| 25 | 自动跟踪定位射流灭火系统技术标准 | GB 51427 |
| 26 | 自动喷水灭火系统设计规范 | GB 50084 |
| 27 | 自动喷水灭火系统施工及验收规范 | GB 50261 |
| 28 | 自动喷水灭火系统 | GB/T 5135 |
| 29 | 简易自动喷水灭火系统应用技术规程 | CECS 219 |
| 30 | 水喷雾灭火系统技术规范 | GB 50219 |
| 31 | 细水雾灭火系统技术规范 | GB 50898 |

| 消防设施、器材、产品：给水及灭火设施、设备 | | |
|---|---|---|
| 序号 | 文件名称 | 文号或发布时间 |
| 32 | 细水雾灭火系统及部件通用技术条件 | GB/T 26785 |
| 33 | 船用细水雾灭火系统通用技术条件 | GB/T 22241 |
| 34 | 船舶 A 类机器处固定式局部水基灭火系统通用技术条件 | GB/T 25012 |
| 35 | 气体灭火系统设计规范 | GB 50370 |
| 36 | 气体灭火系统施工及验收规范 | GB 50263 |
| 37 | 柜式气体灭火装置 | GB 16670 |
| 38 | 气体灭火系统及部件 | GB 25972 |
| 39 | 惰性气体灭火剂 | GB 20128 |
| 40 | 二氧化碳灭火系统设计规范 | GB 50193 |
| 41 | 二氧化碳灭火系统及部件通用技术条件 | GB 16669 |
| 42 | 二氧化碳灭火剂 | GB 4396 |
| 43 | 惰性气体灭火系统技术规程 | CECS 312 |
| 44 | 干粉灭火系统设计规范 | GB 50347 |
| 45 | 干粉灭火系统及部件通用技术条件 | GB 16668 |
| 46 | 干粉枪 | GB 25200 |
| 47 | 干粉灭火剂 | GB 4066 |
| 48 | 干粉灭火装置 | XF 602 |
| 49 | 卤代烷灭火系统及零部件 | GB/T 795 |
| 50 | 探火管式灭火装置 | XF 1167 |
| 51 | 公共汽车客舱固定灭火系统 | XF 1264 |
| 52 | 油浸变压器排油注氮灭火装置 | XF 835 |
| 53 | 厨房设备灭火装置技术规程 | CECS 233 |
| 54 | 建筑灭火器配置设计规范 | GB 50140 |
| 55 | 建筑灭火器配置验收及检查规范 | GB 50444 |
| 56 | 手提式灭火器 | GB 4351 |
| 57 | 推车式灭火器 | GB 8109 |
| 58 | 简易式灭火器 | XF 86 |
| 59 | 灭火器维修 | XF 95 |
| 60 | 水系灭火剂 | GB 17835 |
| 61 | 消防车 | GB 7956 |

| 消防设施、器材、产品：疏散及安全标志 | | |
|:---:|:---:|:---:|
| 序号 | 文件名称 | 文号或发布时间 |
| 1 | 消防应急照明和疏散指示系统技术标准 | GB 51309 |
| 2 | 消防应急照明和疏散指示系统 | GB 17945 |
| 3 | 消防安全标志 | GB 13495 |
| 4 | 消防安全标志设置要求 | GB 15630 |
| 5 | 安全标志及其使用导则 | GB 2894 |
| 6 | 图形符号 安全色和安全标志 | GB/T 2893 |

| 消防设施、器材、产品：防火分隔及其他 | | |
|:---:|:---:|:---:|
| 序号 | 文件名称 | 文号或发布时间 |
| 1 | 防火门 | GB 12955 |
| 2 | 防火门监控器 | GB 29364 |
| 3 | 防火窗 | GB 16809 |
| 4 | 防火卷帘 | GB 14102 |
| 5 | 防火卷帘、防火门、防火窗施工及验收规范 | GB 50877 |
| 6 | 建筑用安全玻璃 第一部分：防火玻璃 | GB 15763.1 |
| 7 | 防火封堵材料 | GB 23864 |
| 8 | 钢结构防火涂料 | GB 14907 |
| 9 | 耐火纤维及制品 | GB/T 3003 |
| 10 | 建筑防火封堵应用技术标准 | GB/T 51410 |
| 11 | 防火玻璃非承重隔墙通用技术条件 | XF 97 |
| 12 | 强制性产品认证实施规则 | CNCA-C18 |

| 电 气 | | |
|:---:|:---:|:---:|
| 序号 | 文件名称 | 文号或发布时间 |
| 1 | 电力供应与使用条例 | 国务院令第 196 号 |
| 2 | 承装（修、试）电力设施许可证管理办法 | 国家发展和改革委员会令第 36 号 |
| 3 | 文物建筑电气防火导则（试行） | 文物督发〔2017〕3 号 |
| 4 | 供配电系统设计规范 | GB 50052 |
| 5 | 低压配电设计规范 | GB 50054 |

| 电 气 | | |
|---|---|---|
| 序号 | 文件名称 | 文号或发布时间 |
| 6 | 通用用电设备配电设计规范 | GB 50055 |
| 7 | 电热设备电力装置设计规范 | GB 50056 |
| 8 | 民用建筑电气设计标准 | GB 51348 |
| 9 | 建筑物防雷设计规范 | GB 50057 |
| 10 | 建筑物防雷工程施工与质量验收规范 | GB 50601 |
| 11 | 电力工程电缆设计标准 | GB 50217 |
| 12 | 建筑电气工程施工质量验收规范 | GB 50303 |
| 13 | 电气装置安装工程　接地装置施工及验收规范 | GB 50169 |
| 14 | 电气安装工程　电气设备交接试验标准 | GB 50150 |
| 15 | 电气安装工程　电缆线路施工及验收规范 | GB 50168 |
| 16 | 电气安装工程　低压电器施工及验收规范 | GB 50254 |
| 17 | 电气火灾监控系统 | GB 14287 |
| 18 | 耐火电缆槽盒 | GB 29415 |
| 19 | 电缆及光缆燃烧性能分级 | GB 31247 |
| 20 | 电气设备电源特性的标记　安全要求 | GB 17285 |
| 21 | 剩余电流动作保护装置安装和运行 | GB/T 13955 |
| 22 | 阻燃和耐火电线电缆或光缆通则 | GB/T 19666 |
| 23 | 用电安全导则 | GB/T 13869 |
| 24 | 重要电力用户供电电源及自备应急电源配置技术规范 | GB/T 29328 |
| 25 | 低压电气装置 | GB/T 16895 |
| 26 | 电气附件　家用及类似场所用过电流保护断路器 | GB/T 10963 |
| 27 | 电供暖系统技术规范 | T/CEC 165 |
| 28 | 低温辐射电热膜供暖系统应用技术规程 | JGJ 319 |
| 29 | 施工现场临时用电安全技术规范 | JGJ 46 |
| 30 | 商店建筑电气设计规范 | JGJ 392 |
| 31 | 低温辐射电热膜 | JG/T 286 |
| 32 | 电力设备典型消防规程 | DL 5027 |

| 火灾爆炸危险环境及防止静电 | | |
|---|---|---|
| 序号 | 文件名称 | 文号或发布时间 |
| 1 | 严防企业粉尘爆炸五条规定 | 国家安全生产监督管理总局令第68号 |
| 2 | 民用爆炸物品安全管理条例 | 国务院令第466号 |
| 3 | 爆炸危险环境电力装置设计规范 | GB 50058 |
| 4 | 电气装置安装工程 爆炸危险环境电力装置施工及验收规范 | GB 50257 |
| 5 | 爆炸性环境 | GB 3836 |
| 6 | 可燃性粉尘环境用电气设备 | GB 12476 |
| 7 | 粉尘防爆安全规程 | GB 15577 |
| 8 | 民用爆炸物品工程设计安全标准 | GB 50089 |
| 9 | 石油化工粉体料仓防静电燃爆设计规范 | GB 50813 |
| 10 | 粮食加工、储运系统粉尘防爆安全规程 | GB 17440 |
| 11 | 饲料加工系统粉尘防爆安全规程 | GB 19081 |
| 12 | 铝镁粉加工粉尘防爆安全规程 | GB 17269 |
| 13 | 纺织工业粉尘防爆安全规程 | GB 32276 |
| 14 | 亚麻纤维加工系统粉尘防爆安全规程 | GB 19881 |
| 15 | 烟草加工系统粉尘防爆安全规程 | GB 18245 |
| 16 | 防爆电梯制造与安装安全规范 | GB 31094 |
| 17 | 防爆通风机 | GB 26410 |
| 18 | 防止静电事故通用导则 | GB 12158 |
| 19 | 液体石油产品静电安全规程 | GB 13348 |
| 20 | 防静电工程施工与质量验收规范 | GB 50944 |
| 21 | 港口散粮装卸系统粉尘防爆安全规程 | GB 17918 |
| 22 | 可燃性粉尘环境用电气设备 | GB 12476 |
| 23 | 燃油加油站防爆安全技术 | GB/T 22380 |
| 24 | 燃气加气站防爆安全技术 | GB/T 38429 |
| 25 | 油气回收系统防爆技术要求 | GB/T 34661 |
| 26 | 惰化防爆指南 | GB/T 37241 |
| 27 | 粉尘爆炸泄压指南 | GB/T 15605 |
| 28 | 木材加工系统粉尘防爆安全规范 | AQ 4228 |
| 29 | 铝镁制品机械加工粉尘防爆安全技术规范 | AQ 4272 |
| 30 | 塑料生产系统粉尘防爆规范 | AQ 4232 |

| 火灾爆炸危险环境及防止静电 | | |
|---|---|---|
| 序号 | 文件名称 | 文号或发布时间 |
| 31 | 粮食立筒仓粉尘防爆安全规范 | AQ 4229 |
| 32 | 粮食平房仓粉尘防爆安全规范 | AQ 4230 |
| 33 | 危险场所电气防爆安全规范 | AQ 3009 |
| 34 | 阻隔防爆撬装式加油（气）装置技术要求 | AQ/T 3002 |
| 35 | 防爆工具 | QB/T 2613 |
| 36 | 火力发电厂煤和制粉系统防爆设计技术规程 | DL/T 5203 |
| 37 | 粉尘浓度测量仪 | JJG 846 |
| 38 | 石油化工静电接地设计规范 | SH/T 3097 |

| 危险化学品 | | |
|---|---|---|
| 序号 | 文件名称 | 文号或发布时间 |
| 1 | 中华人民共和国环境影响评价法 | |
| 2 | 中华人民共和国固体废物污染环境防治法 | |
| 3 | 危险化学品安全管理条例 | 国务院令第344号 |
| 4 | 作业场所安全使用化学品公约 | 国际劳工组织第170号公约 |
| 5 | 危险化学品生产企业安全生产许可证实施办法 | 国家安全生产监督管理总局令第41号 |
| 6 | 危险化学品安全使用许可证实施办法 | 国家安全生产监督管理总局令第89号 |
| 7 | 危险化学品经营许可证管理办法 | 国家安全生产监督管理总局令第55号 |
| 8 | 危险化学品建设项目安全监督管理办法 | 国家安全生产监督管理总局令第45号 |
| 9 | 危险化学品登记管理办法 | 国家安全生产监督管理总局令第53号 |
| 10 | 涉及危险化学品安全风险的行业品种目录 | 安委〔2016〕7号 |
| 11 | 关于全面实施危险化学品企业安全风险研判与承诺公告制度的通知 | 应急〔2018〕74号 |
| 12 | 化工园区安全风险排查治理导则（试行） | 应急〔2019〕78号 |
| 13 | 危险化学品企业安全风险隐患排查治理导则（试行） | 应急〔2019〕78号 |
| 14 | 危险化学品企业生产安全事故应急准备指南 | 应急厅〔2019〕62号 |
| 15 | "工业互联网＋危化安全生产"试点建设方案 | 应急厅〔2021〕27号 |

续表

| 危险化学品 | | |
|---|---|---|
| 序号 | 文件名称 | 文号或发布时间 |
| 16 | 危险化学品目录 | 应急管理部 工业和信息化部等 |
| 17 | 易制爆危险化学品名录 | 公安部 |
| 18 | 国家危险废物名录 | 生态环境部 |
| 19 | 危险化学品重大危险源辨识 | GB 18218 |
| 20 | 常用危险化学品的分类及标志 | GB 13690 |
| 21 | 化学品安全标签编写规定 | GB 15258 |
| 22 | 化学品生产单位特殊作业安全规范 | GB 30871 |
| 23 | 可燃气体探测器 | GB 15322 |
| 24 | 化学品安全技术说明书编制指南 | GB/T 17519 |
| 25 | 化学品安全技术说明书内容和项目顺序 | GB/T 16483 |
| 26 | 化学品 GHS 标签和安全技术说明书的可理解性测试方法 | GB/T 34714 |
| 27 | 石油化工可燃气体和有毒气体检测报警设计标准 | GB/T 50493 |
| 28 | 工作场所空气有毒物质测定 | GBZ/T 300 |
| 29 | 空气清新剂和除臭剂的安全标准 | ANSI/UL 283 |
| 30 | 石油天然气工程可燃气体检测报警系统安全规范 | SY 6503 |
| 31 | 危险化学品重大危险源安全监控通用技术规范 | AQ 3035 |

| 燃气及充装、输送、使用 | | |
|---|---|---|
| 序号 | 文件名称 | 文号或发布时间 |
| 1 | 城市道路管理条例 | 国务院令第 198 号 |
| 2 | 城镇燃气管理条例 | 国务院令第 583 号 |
| 3 | 城镇燃气设计规范 | GB 50028 |
| 4 | 城镇燃气技术规范 | GB 50494 |
| 5 | 城镇燃气规划规范 | GB/T 51098 |
| 6 | 城镇燃气分类和基本特性 | GB/T 13611 |
| 7 | 城镇燃气输配工程施工及验收规范 | CJJ 33 |
| 8 | 城镇燃气埋地钢质管道腐蚀控制技术规程 | CJJ 95 |

| 燃气及充装、输送、使用 | | |
|---|---|---|
| 序号 | 文件名称 | 文号或发布时间 |
| 9 | 城镇燃气标志标准 | CJJ/T 153 |
| 10 | 城镇燃气报警控制系统技术规程 | CJJ/T 146 |
| 11 | 城镇燃气加臭技术规程 | CJJ/T 148 |
| 12 | 城镇燃气防雷技术规范 | QX/T 109 |
| 13 | 液化石油气供应工程设计规范 | GB 51142 |
| 14 | 液化石油气 | GB 11174 |
| 15 | 液化石油气钢瓶 | GB 5842 |
| 16 | 小容积液化石油气钢瓶 | GB 15380 |
| 17 | 液化气体气瓶充装规定 | GB 14193 |
| 18 | 液化石油气钢瓶定期检验与评定 | GB 8334 |
| 19 | 钢质焊接气瓶 | GB 5100 |
| 20 | 家用燃气燃烧器具安全管理规则 | GB 17905 |
| 21 | 燃气燃烧器具安全技术条件 | GB 16914 |
| 22 | 瓶装液化石油气调压器 | GB 35844 |
| 23 | 钢质无缝气瓶 | GB/T 5099 |
| 24 | 钢质无缝气瓶定期检验与评定 | GB/T 13004 |
| 25 | 低温液化气体安全指南 | GB/T 35528 |
| 26 | 液化石油气瓶阀 | GB/T 7512 |
| 27 | 液化石油气充装厂（站）安全规程 | SY/T 5985 |

| 交通运输 | | |
|---|---|---|
| 序号 | 文件名称 | 文号或发布时间 |
| 1 | 中华人民共和国道路交通安全法 | |
| 2 | 中华人民共和国特种设备安全法 | |
| 3 | 中华人民共和国港口法 | |
| 4 | 中华人民共和国道路运输条例 | 国务院令第406号 |
| 5 | 公路安全保护条例 | 国务院令第593号 |
| 6 | 道路货物运输及站场管理规定 | 交通运输部令2016年第35号 |
| 7 | 道路运输从业人员管理规定 | 交通运输部令2016年第52号 |

续表

| | 交通运输 | |
|---|---|---|
| 序号 | 文件名称 | 文号或发布时间 |
| 8 | 道路运输车辆技术管理规定 | 交通运输部令2016年第1号 |
| 9 | 交通行政许可实施程序规定 | 交通运输部令2004年第10号 |
| 10 | 危险货物道路运输安全管理办法 | 交通运输部令2019年第29号 |
| 11 | 港口危险货物安全管理规定 | 交通运输部令2012年第9号 |
| 12 | 海关实施行政许可法办法 | 海关总署令第117号 |
| 13 | 海关监管场所管理办法 | 海关总署令第171号 |
| 14 | 国务院关于投资体制改革的决定 | 国发〔2004〕20号 |
| 15 | 港口危险货物重大危险源监督管理办法 | 交水发〔2013〕274号 |
| 16 | 铁路危险货物运输管理规则 | 铁运〔2008〕174号 |
| 17 | 集装箱港口装卸作业安全规程 | GB 11602 |
| 18 | 危险货物分类和品名编号 | GB 6944 |
| 19 | 危险货物运输包装通用技术条件 | GB 12463 |
| 20 | 危险货物品名表 | GB 12268 |
| 21 | 油码头安全技术基本要求 | GB 16994 |
| 22 | 油船油码头安全作业规程 | GB 18434 |
| 23 | 道路运输危险货物车辆标志 | GB 13392 |
| 24 | 汽车及挂车侧面和后下部防护要求 | GB 11567 |
| 25 | 汽车、挂车及汽车列车外廓尺寸、轴荷及质量限值 | GB 1589 |
| 26 | 道路运输液体危险货物罐式车辆 第1部分：金属常压罐体技术要求 | GB 18564.1 |
| 27 | 液化气体汽车罐车 | GB/T 19905 |
| 28 | 液化气体铁路罐车 | GB/T 10478 |
| 29 | 油气化工码头设计防火规范 | JTS 158 |
| 30 | 装卸油品码头防火设计规范 | JTJ 237 |
| 31 | 液化天然气码头设计规范 | JTS 165-5 |
| 32 | 危险货物集装箱港口作业安全规程 | JT 397 |
| 33 | 道路运输车辆卫星定位系统车载终端技术要求 | JT/T 794 |
| 34 | 危险货物道路运输营运车辆安全技术条件 | JT/T 1285 |
| 35 | 危险货物道路运输规则 | JT/T 617 |
| 36 | 道路危险货物运输企业等级 | JT/T 1250 |

| 交通运输 | | |
|:---:|:---|:---|
| 序号 | 文件名称 | 文号或发布时间 |
| 37 | 危险货物道路运输企业安全生产管理制度编写要求 | JT/T 912 |
| 38 | 危险货物道路运输企业安全生产档案管理技术要求 | JT/T 914 |
| 39 | 液体危险货物罐式集装箱 | JB/T 4782 |
| 40 | 冷冻液化气体汽车罐车 | NB/T 47058 |
| 41 | 液化气体罐式集装箱 | NB/T 47057 |
| 42 | 冷冻液化气体罐式集装箱 | NB/T 47059 |
| 43 | 道路运输液体危险货物罐式车辆紧急切断阀 | QC/T 932 |
| 44 | 船台、船坞、浮船坞、码头、港池安全管理规定 | CB 4296 |
| 45 | 锂电池航空运输规范 | MH/T 1020 |
| 46 | 散装液体化学品罐式车辆装卸安全作业规范 | T/CFLP 0026 |
| 47 | 公路隧道交通工程设计规范 | JTG/T D71 |

| 冷　链 | | |
|:---:|:---|:---|
| 序号 | 文件名称 | 文号或发布时间 |
| 1 | 冷库设计规范 | GB 50072 |
| 2 | 冷库安全规程 | GB 28009 |
| 3 | 制冷系统及热泵　安全与环境要求 | GB 9237 |
| 4 | 家用和类似用途电器的安全　带嵌装或远置式制冷剂冷凝装置或压缩机的商用制冷器具的特殊要求 | GB 4706.102 |
| 5 | 家用和类似用途电器的安全　从空调和制冷设备中回收制冷剂的器具的特殊要求 | GB 4706.92 |
| 6 | 道路运输　食品与生物制品冷藏车安全要求与实验方法 | GB 29753 |
| 7 | 冷库管理规范 | GB/T 30134 |
| 8 | 食品冷库 HACCP 应用规范 | GB/T 24400 |
| 9 | 低温仓储作业规范 | GB/T 31078 |
| 10 | 制冷剂编号方法和安全性分类 | GB/T 7778 |
| 11 | 室内配装式冷库 | SB/T 10797 |
| 12 | 气调冷藏库设计规范 | SBJ 16 |
| 13 | 冷库喷涂硬泡聚氨酯保温工程技术规程 | T/CECS 498 |

| 焊 割 | | |
|---|---|---|
| 序号 | 文件名称 | 文号或发布时间 |
| 1 | 中华人民共和国劳动法 | |
| 2 | 特种作业人员安全技术培训考核管理规定 | 国家安全生产监督管理总局令第30号 |
| 3 | 建筑施工特种作业人员管理规定 | 建质〔2008〕75号 |
| 4 | 关于公布国家职业资格目录的通知 | 人社部发〔2017〕68号 |
| 5 | 现场设备、工业管道焊接工程施工规范 | GB 50236 |
| 6 | 焊接与切割安全 | GB 9448 |

| 实验室 | | |
|---|---|---|
| 序号 | 文件名称 | 文号或发布时间 |
| 1 | 检验检测实验室设计与建设技术要求 | GB 32146 |
| 2 | 实验室家具通用技术条件 | GB 24820 |
| 3 | 实验室 生物安全通用要求 | GB 19489 |
| 4 | 生物安全实验室建筑技术规范 | GB 50346 |
| 5 | 电磁波暗室工程技术规范 | GB 50826 |
| 6 | 检验检测实验室技术要求验收规范 | GB/T 37140 |
| 7 | 实验室仪器及设备安全规范　仪用电源 | GB/T 32705 |
| 8 | 移动实验室通用要求 | GB/T 29479 |
| 9 | 移动实验室内部装饰材料通用技术规范 | GB/T 29474 |
| 10 | 工程检测移动实验室通用技术规范 | GB/T 37986 |
| 11 | 移动实验室安全、环境和职业健康技术要求 | GB/T 38080 |
| 12 | 移动实验室安全管理规范 | GB/T 29472 |
| 13 | 实验室废弃化学品收集技术规范 | GB/T 31190 |
| 14 | 实验室管理评审指南 | RB/T 195 |
| 15 | 实验室内部审核指南 | RB/T 196 |
| 16 | 检测实验室安全 | GB/T 27476 |
| 17 | 实验室生物废弃物管理要求 | SN/T 4835 |
| 18 | 实验室废弃化学品安全预处理指南 | HG/T 5012 |
| 19 | 企业内部检测实验室认可指南 | CNAS-GL030 |

| 烟花爆竹 | | |
|---|---|---|
| 序号 | 文件名称 | 文号或发布时间 |
| 1 | 中华人民共和国大气污染防治法 | |
| 2 | 烟花爆竹安全管理条例 | 国务院令第455号 |
| 3 | 烟花爆竹经营许可实施办法 | 国家安全生产监督管理总局令第65号 |
| 4 | 烟花爆竹生产经营单位重大生产安全事故隐患判定标准（试行） | 安监总管三〔2017〕121号 |
| 5 | 烟花爆竹工程设计安全规范 | GB 50161 |
| 6 | 烟花爆竹安全与质量 | GB 10631 |
| 7 | 烟花爆竹作业安全技术规程 | GB 11652 |
| 8 | 烟花爆竹运输默认分类表 | GB/T 38040 |
| 9 | 烟花爆竹批发仓库建设标准 | 建标125 |
| 10 | 烟花爆竹工程设计安全审查规范 | AQ 4126 |
| 11 | 烟花爆竹防止静电通用导则 | AQ 4115 |
| 12 | 烟花爆竹化工原料使用安全规范 | AQ 4129 |
| 13 | 烟花爆竹安全生产标志 | AQ 4114 |
| 14 | 烟花爆竹零售店（点）安全技术规范 | AQ 4128 |
| 15 | 烟花爆竹工程竣工验收规范 | AQ/T 4127 |

| 电池及电动车 | | |
|---|---|---|
| 序号 | 文件名称 | 文号或发布时间 |
| 1 | 关于规范电动车停放充电加强火灾防范的通告 | 公安部2018年 |
| 2 | 固定式电子设备用锂离子电池和电池组 | GB 40165 |
| 3 | 便携式电子产品用锂离子电池和电池组 | GB 31241 |
| 4 | 电动自行车安全技术规范 | GB 17761 |
| 5 | 电动汽车充电站设计规范 | GB 50966 |
| 6 | 家用和类似用途电器的安全　电池充电器的特殊要求 | GB 4706.18 |
| 7 | 电动汽车　安全要求 | GB/T 18384 |
| 8 | 充电电气系统与设备安全导则 | GB/T 33587 |
| 9 | 电动汽车分散充电设施工程技术标准 | GB/T 51313 |
| 10 | 电动汽车充电站通用要求 | GB/T 29781 |
| 11 | 电力储能用锂离子电池 | GB/T 36276 |

| 电池及电动车 | | |
|---|---|---|
| 序号 | 文件名称 | 文号或发布时间 |
| 12 | 锂离子电池材料废弃物回收利用的处理方法 | GB/T 33059 |
| 13 | 电动汽车用电池管理系统技术条件 | GB/T 38661 |
| 14 | 电动汽车用锂离子动力蓄电池包和系统 第3部分：安全性要求与测试方法 | GB/T 31467.3 |
| 15 | 电动汽车动力蓄电池安全要求及实验方法 | GB/T 31486 |
| 16 | 电动摩托车和电动轻便摩托车通用技术条件 | GB/T 24158 |
| 17 | 电动摩托车和电动轻便摩托车用锂离子电池 | GB/T 36672 |
| 18 | 电动自行车电池盒尺寸系列及安全要求 | GB/T 37645 |
| 19 | 车用动力电池回收利用　再生利用 | GB/T 33598 |
| 20 | 车用动力电池回收利用　梯次利用 | GB/T 34015 |
| 21 | 车用动力电池回收利用　管理规范 | GB/T 38698 |
| 22 | 电动汽车用动力电池蓄电池产品规格尺寸 | QC/T 840 |
| 23 | 锂离子电池企业安全生产规范 | T/CIAPS 0002 |
| 24 | 电动汽车交流充电桩技术条件 | NB/T 33002 |
| 25 | 居住区电动汽车充电设施技术规程 | T/CECS 508 |
| 26 | 电动客车锂离子电池箱火灾防控装置通用技术条件 | CCCF/XFJJ–01 |

| 农村、古城寨 | | |
|---|---|---|
| 序号 | 文件名称 | 文号或发布时间 |
| 1 | 中华人民共和国文物保护法 | |
| 2 | 历史文化名城名镇名村保护条例 | 国务院令第524号 |
| 3 | 国务院办公厅关于改善农村人居环境的指导意见 | 国办发〔2014〕25号 |
| 4 | 关于加强历史文化名城名镇名村及文物建筑消防安全工作的指导意见 | 公消〔2014〕99号 |
| 5 | 关于切实加强中国传统村落保护的指导意见 | 建村〔2014〕61号 |
| 6 | 古城镇和村寨火灾防控技术指导意见 | 公消〔2014〕101号 |
| 7 | 住房城乡建设部改革创新、全面有效推进乡村规划工作的指导意见 | 建村〔2015〕187号 |
| 8 | 农村危险房屋鉴定技术导则（试行） | 建村函〔2009〕69号 |
| 9 | 农村防火规范 | GB 50039 |

| 农村、古城寨 | | |
|---|---|---|
| 序号 | 文件名称 | 文号或发布时间 |
| 10 | 乡镇消防队 | GB/T 35547 |
| 11 | 农村电网低压电气安全工作规程 | DL/T 477 |
| 12 | 农村低压电力技术规程 | DL/T 499 |
| 13 | 农村电网剩余电流保护器安装运行规程 | DL/T 736 |
| 14 | 农村电网建设与改造技术导则 | DL/T 5131 |

| 森　林 | | |
|---|---|---|
| 序号 | 文件名称 | 文号或发布时间 |
| 1 | 中华人民共和国森林法 | |
| 2 | 森林防火条例 | 国务院令第541号 |
| 3 | 国家森林公园设计规范 | GB/T 51046 |
| 4 | 森林火险气象等级 | GB/T 36743 |
| 5 | 森林火灾隐患评价标准 | LY/T 2245 |
| 6 | 森林火灾名称命名方法 | LY/T 2014 |
| 7 | 森林火险监测站技术规范 | LY/T 2579 |
| 8 | 森林防火视频监控图像联网技术规范 | LY/T 2582 |
| 9 | 森林防火宣传设施设置规范 | LY/T 2798 |
| 10 | 森林火灾信息处置规范 | LY/T 2585 |
| 11 | 森林防火 VSAT 卫星通信系统建设技术规范 | LY/T 2584 |
| 12 | 森林防火避火罩 | LY/T 2583 |
| 13 | 森林防火安全标志及设置要求 | LY/T 2662 |
| 14 | 森林防火物资储备库工程项目建设标准 | 建标122 |

| 废物处理和再生资源回收 | | |
|---|---|---|
| 序号 | 文件名称 | 文号或发布时间 |
| 1 | 再生资源回收管理办法 | 商务部令2019年1号 |
| 2 | 危险废物贮存污染控制标准 | GB 18597 |
| 3 | 再生资源回收站点建设管理规范 | SB/T 10719 |
| 4 | 大型再生资源回收利用基地建设管理规范 | SB/T 10850 |
| 5 | 再生资源产业园分类与基本规范 | GH/T 1249 |

**说明：** 为方便读者查阅，编者将本书每个典型火灾事故案例后的"关联文献"进行了分类整理、扩充，作为附录。本附录收录了与本书典型火灾事故案例有关的部分法律、法规、规章、文件和技术标准。消防安全涉及社会生产、生活的方方面面，不是哪个单一部门、哪个单一行业的事，这些文献有的是专门的消防安全规定，也有的是融合在总体安排部署中，或在总体要求中体现了消防安全条件。由于篇幅有限，以及版权问题，相关文献的具体内容需要读者自行从其他途径获取、查阅。有关国家、行业、协会、团体规范、标准，分别列出规范、标准编号，具体内容请按照其适用版本进行查阅。鉴于全国各地情况各不相同，地方标准适用范围有限，且数量较多，故本附录未收录地方标准。由于编者水平有限，难免发生遗漏和错误，敬请读者谅解。

# 后 记
## POSTSCRIPT

　　传统上，消防安全需要人来落实。除了效率问题，随着社会经济活动增多，动态隐患和静态隐患相互交织，需要进行消防管理、评估的场所、部位和内容也呈爆炸式增长，依靠人力已不可能做到经常性的完全覆盖。消防安全标准、规范体系庞大复杂，标准高、要求严，落实投入大，是不争的事实。目前，我国专门的消防管理、设计、施工、操作、产品等各类消防法规、规范性文件、技术标准、规范早已超过百部，与之相关的更是不胜枚举。要完全理解、吃透、掌握和应用这些规定，对于在我国社会经济活动中数量占绝大多数的"中、小、微"企业越来越成为不可能完成的任务，即便对大型企业和行业监管部门，也越来越成为艰难的挑战。

　　然而随着社会发展，科学技术的不断进步，也给解决这些难题带来了重要契机。2021年，我国出台了国民经济和社会发展"十四五"规划，其中有两个非常重要的概念："数字中国"和"平安中国"。"平安中国"的总体要求是"坚持总体国家安全观"，按照习近平总书记"各级党委和政府要自觉把公共安全放在贯彻落实总体国家安全观中来思考，放在推进国家治理体系和治理能力现代化中来把握"的要求，消防安全要着眼于在国家治理体系和治理能力提升的大环境中进行把控。中共中央、国务院2021年4月28日发布的《关于加强基层治理体系和治理能力现代化建设的意见》指出，要"加强基层智慧治理能力建设"，因此，充分运用信息化手段，采取"互联网＋基层治理"的模式，是今后基层消防管理的重要手段。

"智慧城市""智慧消防"不是今天才有的事情。2011年，我国就出台了《物联网十二五规划》，2012年开始进行"智慧城市"试点，2014年出台《关于促进智慧城市健康发展的指导意见》，2015年、2016年相继出台《促进大数据发展行动纲要》《国家信息化发展战略纲要》等一系列旨在利用"数字中国"手段，驱动我国社会生产方式、生活方式和治理方式变革的重要政策。

　　建设数字化消防安全管理平台，运用各类监测、预警、评估、智能分析技术和产品，为社会提供精准的消防安全服务，是今后消防公共服务行业发展的重要方向。通过社会资源的科学分配、共享、统一服务，也有望一定程度上解决困扰广大"中、小、微"企业的消防安全投入问题。我们憧憬着，有一天，视频一拍，信号一传，AI（人工智能）就能自动识别、评估各类安全隐患，并发出警示，提供最优的"权威"解决方案。这一天不会太远。